城市矿业研究丛书

报废汽车与循环经济

周全法　贝绍轶　著

科学出版社

北　京

内 容 简 介

本书从资源循环利用和循环经济出发，详细介绍报废汽车拆解、零部件修复和再制造等知识，包括汽车产品生命周期与循环经济、汽车零件失效机理、报废汽车回收拆解与资源再生、报废汽车再生利用管理、报废汽车拆解与破碎工艺、报废汽车发动机拆解与零部件检验、报废汽车底盘拆解工艺、报废汽车电气系统拆解工艺、报废汽车零部件修复与再制造共9章。全书内容条理清晰、文字规范、语言流畅、图文并茂，具有较强的应用性和实用性。

本书既可供从事报废汽车拆解及资源回收利用的相关研究人员与工程技术人员参考，也可作为高等院校汽车服务工程、车辆工程等相关专业的教材。

图书在版编目(CIP)数据

报废汽车与循环经济 / 周全法，贝绍轶著 . —北京：科学出版社，2017.3

（城市矿业研究丛书）

ISBN 978-7-03-052115-6

Ⅰ.①报… Ⅱ.①周… ②贝… Ⅲ.①汽车–废物回收 Ⅳ.①X734.2

中国版本图书馆 CIP 数据核字（2017）第 050404 号

责任编辑：李　敏　杨逢渤 / 责任校对：张凤琴
责任印制：张　倩 / 封面设计：李姗姗

科学出版社 出版

北京东黄城根北街 16 号
邮政编码：100717
http://www.sciencep.com

文林印务有限公司 印刷
科学出版社发行　各地新华书店经销

*

2017 年 3 月第　一　版　　开本：720×1000　1/16
2017 年 3 月第一次印刷　　印张：19 1/4
字数：400 000

定价：136.00 元

（如有印装质量问题，我社负责调换）

《城市矿业研究丛书》编委会

总　　序

一、城市矿产的内涵及发展历程

城市矿产是对废弃资源循环利用规模化发展的一种形象比喻，是指工业化和城镇化过程中产生和蕴藏于废旧机电设备、电线电缆、通信工具、汽车、家电、电子产品、金属和塑料包装物以及废料中可循环利用的钢铁、有色金属、贵金属、塑料、橡胶等资源。随着全球工业化和城市化的快速发展，大量矿产资源通过开采、生产和制造变为供人们消费的各种产品，源源不断地从"山里"流通到"城里"。随着这些产品不断消费、更新换代和淘汰报废，大量废弃资源必然不断在"城里"产生，城市便成为一座逐渐积聚的"矿山"。城市矿产开发利用将生产、流通、消费、废弃、回收、再利用与再循环等产品全生命周期或多生命周期链接贯通，有助于形成从"摇篮"到"摇篮"的完整物质循环链条，日益成为我国缓解资源环境约束与垃圾围城问题的重要举措。2010 年，国家发展和改革委员会、财政部联合下发的《关于开展城市矿产示范基地建设的通知》中提出要探索形成适合我国国情的城市矿产资源化利用管理模式和政策机制。2011年，"十二五"规划纲要中提出要构建 50 个城市矿产示范基地以推动循环型生产方式、健全资源循环利用回收体系。这些政策的出台和不断深入，标志着我国城市矿产开发利用进入了一个全新的发展阶段。

实际上，废弃资源循环利用的理念由来已久，可以追溯到人类发展的早期。例如，我国早在夏朝之前就出现了利用铜废料熔炼的先例，后续各类战争结束后铁质及铜质武器的重熔、混熔和修补成了资源循环的主要领域，新中国成立后对废钢铁等金属的利用也体现了资源循环的理念。上述实践是在一定时期内对个别领域的废旧产品进行循环利用。然而，以废弃资源为主要原料，发展成为规模化城市矿业的历史并不长，其走向实践始于人类对资源环境问题的关注，源于对人与自然关系的思考。

纵观人类工业文明发展进程，经济高速发展所带来的环境污染以及自然资源短缺甚至耗竭等问题成为城市矿产开发利用的两条主要脉络。一方面，随着环境污染和垃圾围城等问题的不断显现，人类逐渐意识到工业高度发达在带来物质财富极大满足的同时，也会对自然生态环境造成严重的负面影响，直接关系到人类最基本的生存问题。《寂静的春天》《只有一个地球》《增长的极限》等震惊世界的研究报告，唤起了人们的生态环境意识。环境保护运动逐渐兴起，成为人类拯救自然也是人类拯救自身的一场伟大革命，世界各国共同为人类文明的延续出谋划策，为转变"大量生产、大量消费、大量废弃"的线性经济发展模式提供了思想保障。另一方面，自然资源是一切物质财富的基础，离开了自然资源，人类文明就失去了存在的条件。然而，人类发展对自然资源需求的无限性与自然资源本身存量的有限性，必然会成为一对矛盾制约人类永续发展的进程，工业文明对资源的加速利用催生了上述矛盾，人类不能再重复地走一条由"摇篮"到"坟墓"的资源不归路。综合上述环境与资源的双重问题，可持续发展理念应运而生。循环经济作为其重要抓手，使人类看到了通过走一条生态经济发展之路，实现人类永续发展的可能。由此，减量化、再利用与再循环的"3R"原则成为全世界应对资源环境问题的共性手段。

城市矿产开发利用是助力循环经济的有效途径，它抓住了 21 世纪唯一增长的资源类型——垃圾，利用了物质不灭性原理，实现了垃圾变废为宝、化害为利的根本性变革，完成了资源由"摇篮"到"摇篮"的可持续发展之路。尤其是发达国家工业化时期较长，各种城市矿产的社会蓄积量大，随着它们陆续完成生命周期都将进入回收再利用环节，年报废量迅速增长并逐渐趋于稳定，为城市矿产开发利用提供了充足的原料供应，并为其能够形成较大的产业规模提供了发展契机。1961 年，美国著名城市规划学家简·雅各布斯提出除了从有限的自然资源中提取资源外，还可以从城市垃圾中开采原材料的设想；1971 年，美国学者斯潘德洛夫提出了"在城市开矿"的口号，各种金属回收新工艺、新设备开始相继问世；20 世纪 80 年代，以日本东北大学选矿精炼研究所南条道夫教授为首的一批学者阐明城市矿产开发利用就是要从废旧电子电器、机电设备等产品和废料中回收金属。自此，城市矿产开发利用逐渐由理念走向了实践。

二、城市矿产开发利用的战略意义

我国改革开放以来，近 40 年的经济快速增长所积累下的垃圾资源为城市矿业的发展提供了可能，而资源供需缺口以及垃圾围城引发的环境问题则倒逼我国政府更加长远深刻地思考传统线性经济的弊端，推行循环经济的发展模式。城市矿产开发利用顺应了我国资源环境发展的需求，具有重大战略意义和现实价值。

1. 开发利用城市矿产是缓解资源约束的有效途径

目前我国正处于工业化和城市化加速发展阶段，对大宗矿产资源需求逐渐增加的趋势具有必然性，国内自然资源供给不足，导致重要自然资源对外依存度不断提高。我国原生资源蓄积量快速增加并趋于饱和，这使得废弃物资源开发利用的潜力逐渐增大。此外，城市矿产虽是原生矿产资源生产的产品报废后的产物，但相较于原生矿产，其品位反而有了飞跃式提升。例如，每开发 1t 废弃手机可提炼黄金 250g，而用原生矿产提炼，则至少需要 50t 矿石。由此，开发利用城市矿产要比从原生矿产中提取有价元素更具优势，不仅可以替代或弥补原生矿产资源的不足，还可以进一步提高矿产资源的利用效率。

2. 开发利用城市矿产是解决环境污染的重要措施

城市矿产中已载有原生矿产开采过程中的能耗、物耗和设备损耗等，其开发利用避免了原生矿产开发对地表植被破坏最为严重且高能耗、高污染的采矿环节，取而代之的是废弃物回收及运输等低能耗、低污染的过程。从资源开发利用的全生命周期视角来看，不仅可以有效降低原生矿石开发及尾矿堆存引发的环境污染问题，还对节能减排具有重要促进作用。据统计，仅 2013 年我国综合利用废钢铁、废有色金属等城市矿产资源，与使用原生资源相比，就可节约 2.5 亿 tce，减少废水排放 170 亿 t、二氧化碳排放 6 亿 t、固体废弃物排放 50 亿 t；废旧纺织品综合利用则相当于节约原油 380 万 t，节约耕地 340 万亩①，潜在的环境效益十分显著。

3. 开发利用城市矿产是培育新兴产业的战略选择

2010 年国务院颁布了《关于加快培育和发展战略性新兴产业的决定》，将节能环保等七大领域列为我国未来发展战略性新兴产业的重点，其中城市矿业是其核心内容之一。相比原生矿业，城市矿业的链条更长，涉及多级回收、分拣加工、拆解破碎、再生利用等环节，需要产业链条上各项技术装备的协同发展，有利于与新兴的生产性服务、服务性生产等相互融合，并贯穿产品全生命周期过程。从而，有效推动了生态设计、物联网、城市矿产大数据以及智慧循环等技术系统的构建。其结果将倒逼技术、方法、工具等诸多方面的创新行为，带动上下游和关联产业的创新发展，从而形成新的经济增长点，培育战略性新兴业态。

4. 开发利用城市矿产是科技驱动发展的必然要求

传统科研活动大多以提高资源利用效率和增强材料性能为目标，研究范畴往往仅包含从原生矿产到产品的"正向"过程。然而，针对以废弃资源为源头的"逆向"科研投入相对较少，导致我国城市矿业仍处于国际资源大循环产业链的低端，再生利用规模与水平不高，再生产品附加值低。为促进我国城市矿业的建设和有序发展，实施"逆向"科技创新驱动发展战略，加强"逆向"科研的投入力度，成为转变城市矿业的发展方式，提高发展效益和水平的必然要求。资源循环利用的新思路、新技术、新工艺和新装备的不断涌现，既可带动整个节能环保产业的升级发展，也可激发正向科研的自主创新能力，从而促进全产业链条资源利用效率的提升。

5. 开发利用城市矿产是扩展就业机会的重要渠道

城市矿产拆解过程的精细化水平直接关系到后续再生利用过程的难易程度以

---

① 1 亩 ≈ 666.7m²。

及最终再生产品的品位和价值。即使在技术先进的发达国家，拆解和分类的工作一般也由熟练工人手工完成，具有劳动密集型产业的特征。据统计，目前我国城市矿业已为超过 1500 万人提供了就业岗位，有效缓解了我国公众的就业压力。与此同时，为推动城市矿业逐渐向高质量和高水平方向发展，面向该行业的科技需求，适时培养高素质创新人才队伍至关重要。国内已有相当一批高校和科研院所成立了以资源循环利用为主题的专业研究机构，从事这一新兴领域的人才培养工作，形成了多层次、交叉性、复合型创新人才培养体系，拓展了城市矿业的人才需求层次，实现了人才就业与产业技术提升的双赢耦合发展。

6. 开发利用城市矿产是建设生态文明的重要载体

生态文明是人类为保护和建设美好生态环境而取得的物质成果、精神成果和制度成果的总和；绿色发展则是将生态文明建设融入经济、政治、文化、社会建设各方面和全过程的一种全新发展举措。城市矿产开发利用兼具资源节约、环境保护与垃圾减量的作用，是将循环经济减量化、再利用、再循环原则应用至实践的重要手段。由此产生的城市矿业正与生态设计和可持续消费等绿色理念相互融合，为我国实现经济持续发展与生态环境保护的双赢绿色发展之路指引了方向。此外，城市矿业的快速发展倒逼我国加快生态文明制度建设的进程，促进如城市矿产统计方法研究、新型适用性评价指标择取等软科学的发展，从而可更加准确地挖掘城市矿产开发利用各环节的优化潜力，为城市矿业结构及布局调整提供科学的评判标准，有利于促进生态文明制度优化与城市矿业升级发展协调发展。

三、城市矿业的总体发展趋势

城市矿产开发利用的资源、环境和社会效益得到了企业与政府双重主体的关注，2012 年城市矿产作为节能环保产业的核心内容被列为我国战略性新兴产业。然而，城市矿产来源于企业和公众生产生活的报废产品，其分布较为分散，而且多元化消费需求使得城市矿产的种类十分繁杂。与其他新兴产业不同，城市矿业发展需要以有效的废弃物分类渠道和庞大的回收网络体系作为重要前提，且需要将全社会各利益相关者紧密联系才能实现其开发利用的目标。由此可见，城市矿业的发展仅依靠市场作用通过企业自身推动难以为继，需要政府发挥主导作用，根据各利益相关者的责任予以有效部署。

而对如此宽领域、长链条、多主体的新兴产业，处理好政府与市场的关系至关重要，如何按照党的十八届三中全会的要求"使市场在资源配置中起决定性作用和更好发挥政府作用"，充分发挥该产业的资源环境效益引起了国家的广泛关注。为此，党中央从加强法律法规顶层设计与基金制度引导两方面入手，为城市矿业争取了更大的发展空间。2010～2015 年，《循环经济发展战略及近期行动计划》《再生资源回收体系建设中长期规划（2015—2020）》《废弃电器电子产品处理基金征收使用管理办法》等数十部法规政策的频繁颁布，体现了国家对城市矿产开发利用的关注，通过政府强制力逐渐取缔微型低效、污染浪费的非法拆解作坊，有效地促进了该产业的有序发展。

根据上述法律法规指示，国家各部委也加强了对城市矿业的部署。截至 2014 年，国家发展和改革委员会确定投入建设第一批国家资源综合利用"双百工程"，首批确定了 24 个示范基地和 26 家骨干企业，启动了循环经济示范城市（县）创建工作，首批确定 19 个市和 21 个县作为国家循环经济示范城市（县），并会同财政部确定了 49 个国家"城市矿产"示范基地；商务部开展了再生资源回收体系建设试点工作，分三批确定 90 个城市试点，并会同财政部利用中央财政服务业发展专项资金支持再生资源回收体系建设，已支持试点新建和改扩建 51 550 个回收网点、341 个分拣中心、63 个集散市场、123 个再生资源回收加工利用基地建设；工业和信息化部开展了 12 个工业固体废物综合利用基地建设试点，会同安全生产监督管理总局组织开展尾矿综合利用示范工程。在上述各部委的联合推动之下，目前我国城市矿业的发展水平日渐增强，集聚程度不断提高，仅 2014 年我国废钢铁回收量就达 15 230 万 t、再生铜 295 万 t、再生铝 565 万 t、再生铅 160 万 t、再生锌 133 万 t。习近平总书记在视察城市矿产龙头企业格林美公司时说，变废为宝、循环利用是朝阳产业。垃圾是放错位置的资源，把垃圾资源化、化腐朽为神奇，是一门艺术，你们要再接再厉。

国家在宏观层面系统布局城市矿产回收利用网络体系为促进我国城市矿业的初期建设提供了必要条件，而如何实现该产业的高值化、精细化、绿色化升级则是其后续长远发展的关键所在，这点得到了国家科技领域的广泛关注。2006 年，《国家中长期科学技术发展规划纲要（2006—2020 年）》明确将"综合治污和废弃物循环利用"作为优先主题；2009 年，我国成立了资源循环利用产业技术创新战略联盟，先后组织政府、企业和专家参与，为主要再生资源领域制定了"十二五"发展路线图，推动了我国城市矿业技术创新和进步；2012年，科学技术部牵头发布了国家《废物资源化科技工程"十二五"专项规划》，全面分析了我国"十二五"时期废物资源化科技需求和发展目标，部署了其重点任务；2014年，国家发展和改革委员会同科学技术部等六部委联合下发了《重要资源循环利用工程（技术推广及装备产业化）实施方案》，要求到2017年，基本形成适应资源循环利用产业发展的技术研发、推广和装备产业化能力，掌握一批具有主导地位的关键核心技术，初步形成主要资源循环利用装备的成套化生产能力。

在此引导下，科学技术部启动了一系列国家863及科技支撑计划项目，促进该领域高新技术的研发和装备的产业化运行，如启动《废旧稀土及贵重金属产品再生利用技术及示范》国家863项目研究。该项目国拨资金4992万元，总投资近1.6亿元，开展废旧稀土及稀贵金属产品再生利用关键技术及装备研发，重点突破废旧稀土永磁材料、稀土发光材料等回收利用关键技术及装备。教育部则批准北京工业大学等数所高校建设"资源循环科学与工程"战略性新兴产业专业和"资源环境与循环经济"等交叉学科，逐步构建"学士—硕士—博士"多层次交叉性、复合型创新人才培养体系。

放眼全球，发达国家开发利用城市矿产的理念已趋于成熟，涵盖了废旧钢铁及有色金属材料、废旧高分子材料、废旧电子电气设备、报废汽车、包装废弃物、建筑废弃物等诸多领域，且在实践层面也取得了颇丰的成绩。例如，日本通过循环型社会建设和城市矿产开发，其多种稀贵金属储量已列全球首位，由一个世界公认的原生资源贫国成为一个二次资源的富国，在21世纪初，其国内黄金和银的可回收量已跃居世界首位。总结发达国家城市矿业取得如此成绩的经验：民众参与是促进城市矿业的重要依托，发达国家大多数公众已自发形成了环境意识，对于任何减少或回收废弃物的措施均积极配合，逐渐成为推动城市矿业发展的中坚力量；法律法规体系是引导城市矿业的先决条件，许多发达国家已处于循环经济的法制化、社会化应用阶段，通过法律规范推动循环经济的发展和循环型社会的建设；政策标准是保障城市矿业的重要条件，发达国家十分注重政策措施的操作性，通过制定相关的行业准入标准，坚决遏制不达标企业进入城市矿业；市场机制是激发城市矿业的内生动力，充分利用市场在资源配置中的决定性地位，通过基金或财税等市场激励政策促进城市矿业形成完备的回收利用网络体系；创新科技是提升城市矿业的核心支撑，通过技术创新促进城市矿产开发利用向高值化、精细化、绿色化方向发展。

由此可见，我国城市矿业的发展虽然已取得了长足的进展，但与国外发达国家相比，仍存在较大差距。例如，公众的生态观念和循环意识仍然薄弱，致使一部分城市矿产以未分类的形式进行填埋或焚烧处理，丧失了其循环利用的价值；法规政策具体细化程度明显不足，缺乏系统性、配套性和可操作性的回收利用细则与各级利益相关者的责任划分，致使执行过程中各级管理部门难以形成政策合力；资源回收利用网络体系建设尚不完善，原城乡供销社系统遗留的回收渠道、回收企业布局的回收站点、小商贩走街串户等多类型、多层级回收方式长期并存，致使正规拆解企业原料成本偏高、原料供应严重匮乏；产业发展规模以及发展质量仍然不足，企业整体资源循环利用效率较低，导致了严重的二次浪费与二次污染，部分再生资源纯度不足，仅能作为次级产品利用，经济效益大打折扣；产业科技水平及研发实力仍需加强，多数城市矿产综合利用企业尚缺乏拥有自主知识产权的核心技术与装备，致使低消耗、低排放、高科技含量、高附加值、高端领域应用的再生产品开发严重不足；统计评价以及标准监管体系仍需健全，缺乏集分类、收运、拆解、处置为一体的整套城市矿业生产技术规范，致使技术装备的通用性不强，无法适应标准化发展的要求。

上述问题的解决是一个复杂系统工程，需要通过各领域的协同科技创新予以支撑。与提高产品性能和生产效率为目标的"正向"科技创新相比，以开发利用城市矿产为主导的"逆向"科技创新属于新兴领域，仍有较大研究空间。第一，城市矿业发展所需的技术装备和管理模式虽与"正向"科研有着千丝万缕的联系，部分工艺和经验也可以借鉴使用，但大部分城市矿产开发利用的"逆向"共性技术绝非简单改变传统技术工艺和管理模式的流程顺序就可以实现，它甚至需要整个科研领域思维模式与研究方式的根本性变革。第二，技术装备归根到底仍是原料与产品的转化器，只有与原料相适配才能充分发挥技术装备的优势以提高生产效率。由于发达国家与发展中国家在城市矿产来源渠道及分类程度方面存在巨大的差异，我国引进发达国家的技术装备仍需耗费大量资金进行改造以适应我国国情。因此，针对城市矿产开发利用的关键共性技术进行产学研用的联合攻关，研发具有一定柔性、适用性较强、资源利用效率显著的技术、装备、工艺和管理模式成为壮大我国城市矿业的有力抓手。第三，与传统产业需求的单学科创新不同，城市矿业发展涉及多个学科的交叉领域，面向该产业的多维发展需求，亟须从哲学、生态学、经济学、管理学等相关学科知识交叉融合方面寻求城市矿业创新发展的动力源泉。

总　序

为了满足国家综合开发利用城市矿产的发展需求，亟须全面理清国内外重点领域支撑城市矿业发展的技术现状，根据多学科交叉的特点准确规划我国城市矿业的发展目标、发展模式及发展路径。为此，"十二五"期间由李恒德院士和师昌绪院士参与指导，由左铁镛院士全面负责主持了中国工程院重大咨询项目"我国城市矿山综合开发应用战略研究"，着眼于废旧有色金属材料、废旧高分子材料、废旧电子电气设备、报废汽车、包装废弃物、建筑废弃物六类典型的城市矿产资源，从其中的关键共性技术入手分析我国城市矿产综合开发应用的总体发展战略，并多次组织行业专家等对相关成果进行系统论证，充分吸收各方意见。现将研究成果整理成系列丛书供各方参阅。丛书的作者均是长期从事城市矿产研究的科研人员和行业专家，既有技术研发和管理模式创新的实力和背景，又有产业化实践的经验，能从理论与实践两个层面较好地阐明我国各类城市矿产开发利用的关键技术装备现状及其存在问题。相信他们的辛勤成果可以为我国城市矿业的发展提供一些经验借鉴和技术探索，最终为构建有中国特色的城市矿产开发利用的理论和技术支撑体系做出贡献！

丛书不足之处，敬请批评指正。

左铁镛　聂祚仁
2016 年 3 月

前　言

　　近十年来，我国汽车产业得到了飞速发展，社会汽车保有量快速增加。截至2015年年底，全国机动车保有量达2.79亿辆，其中汽车达1.72亿辆，机动车驾驶员达3.27亿人。废旧汽车报废量也随之大幅增加，中国汽车报废高峰即将来临，2016年废旧汽车理论报废量将突破700万辆，2019年将超过1300万辆，并保持高速增长态势。汽车凝聚了人类的大量劳动成果和资源，报废汽车中90%以上的材料均可再生利用，相当部分的零部件还可以再制造和再利用。大力推广报废汽车的资源循环技术对于节约资源、保护环境和生态文明建设具有重要意义。

　　为进一步促进我国报废汽车资源循环产业的发展，规范报废汽车拆解回收技术和工艺，提高汽车零部件及材料的回收利用率和保护环境。江苏理工学院依托江苏省报废汽车绿色拆解与再制造工程技术研究中心，承担了全国报废汽车拆解回收专业知识和技能培训工作，从资源再生利用与循环经济角度出发，以汽车寿命周期为主线，系统传授汽车零部件失效机理与汽车再生资源利用、汽车拆解与破碎工艺、报废汽车发动机拆解与零部件检验、报废汽车底盘拆解工艺、报废汽车电气系统拆解工艺以及报废汽车零部件修复与再制造等知识。本书融合了作者及其研究团队近十年在科学研究和实际生产中的研究成果及宝贵经验，充分反映了国内外报废汽车拆解与再制造技术研发的最新成果，具有科学性、规范性和可操作性的特点。

　　参加本书撰写的人员还有：江苏理工学院李国庆（第2章、第3章）、杭卫星（第5章）、蒋科军（第4章，第8章）、王群山（第6章、第7章）、韩冰源（第1章、第9章）。

　　因作者水平有限，书中难免有疏漏之处，恳请广大读者批评、指正。

作　者

2016年7月

目　　录

第1章 汽车产品全生命周期与循环经济

1.1 汽车产品生命周期

1.1.1 产品全生命周期理论

产品全生命周期是指产品从原材料采掘、原材料生产、设计、制造、包装、储运、使用与维修，直至回收处理的全过程。

产品全生命周期管理是指从产品系统的原料获取、论证设计、生产制造、储藏运输、产品运行（使用）、维修到回收处理，以使用需求为牵引，进行全过程、全方位的统筹规划和科学管理。在原料获取阶段考虑原材料的采掘、生产及其对资源环境的影响；在论证设计阶段，统筹考虑产品的服役性能、环境属性、可靠性、维修性、保障性、再制造性、回收利用以及费用、进度等诸多方面要求，进行科学决策；在生产制造阶段实施全面、严格的质量控制；在使用、维修阶段，在正确使用产品的同时，充分发挥维修系统的作用，把握产品故障的规律特征，不断改进和提高维修保障系统的效能，保障产品以最少的耗费获得最大的效能与寿命；在回收处理阶段，使退役报废产品得到最大限度的再利用、再制造，对环境负面影响最小。这种对产品全生命周期各阶段的全过程、全方位的控制管理，实现了传统产品管理的"前伸"与"后延"，保证了产品服役性能的形成与发挥，满足了对产品生命周期费用经济性与环境友好性的要求，是发展循环经济和建设节约型社会的重要方面，也是实现可持续发展的必然要求。

1.1.1.1 产品全生命周期设计

产品全生命周期设计（life cycle engineering design，LCED）是一种在产品设计阶段考虑产品整个生命周期内价值的设计方法（周大森，2010）。产品全生命周期可分为 5 个阶段，即原材料清洁化制备阶段、产品清洁化设计与制造阶段、产品清洁化流通阶段、产品清洁化使用阶段、产品回收处理和再利用阶段。在产品全生命周期过程中，系统不断从外界吸收能源和资源，向外界排放各种废物。

LCED 就是利用并行设计的思想，综合考虑产品生命周期中的技术先进性、环境协调性以及经济性等因素的影响，使所设计的产品对社会的贡献量最大，对制造商、用户以及环境的负面影响最小。LCED 的原则包括以下 3 个方面。

（1）技术先进性原则

技术先进性是产品全生命周期工程设计的前提，主要包括：①产品的设计和生产技术先进可靠；②产品的功能应方便实用、无冗余。

（2）环境协调性原则

环境协调性主要包括节能、降耗、环保和劳动保护四个方面的内容，设计时应遵循以下原则。

1）资源最佳利用原则。产品全生命周期中，废气、废水、废渣等排放物的排量趋于零，即"零排放"；资源的回收利用和投入比率趋于1。

2）能源消耗最少原则。产品全生命周期消耗的能源最少，即输出与输入能源的比值最大。

3）"零污染"原则。产品全生命周期中产生的环境污染趋于零。

4）"零损害"原则。产品全生命周期中对劳动者的损害趋于零。

（3）经济性原则

经济性是产品全生命周期工程设计中必须考虑的因素之一。一个产品若不具备用户可接受的价格，就不可能走向市场。从全生命周期的角度来看，产品成本包括企业成本、用户成本和社会成本，即所谓的全生命周期成本。因此，进行产品全生命周期设计时，必须考虑所设计产品是否会给企业及社会带来丰厚的经济效益和生态效益。

1.1.1.2　产品全生命周期评价

产品全生命周期评价（life cycle assessment，LCA）或全生命周期分析（life cycle analysis，LCA），是一种对产品全生命周期的资源消耗和环境影响进行评价的环境管理工具（高有山，2013）。

产品全生命周期评价是评价一个产品全生命周期整个阶段——从原材料的提取和加工，到产品生产、包装、市场营销、使用、再使用和产品维护，直至再循环和最终废物处置的环境影响的工具。产品全生命周期评价是在 20 世纪 60 年代末到 70 年代初提出的。从 80 年代末到现在，人们对产品全生命周期评价的兴趣逐渐增强，大量的复杂产品和系统需要被评价和分析。90 年代后，世界各国的许多研究机构［如 SETAC、丹麦技术大学的生命周期研究中心（life cycle cost, LCC）、美国中西研究所（midwest research institute, MRI）等］都建立了工作组继续从事有关产品全生命周期评价的方法研究，力图使那些不能操作或操作性差的各类指标易于操作。近几年，产品全生命周期评价在许多工业行业中取得很大成果。

由于产品全生命周期评价可量化地评价产品全生命周期各个阶段的资源消耗和环境影响，并能提供相应的改进建议，被认为是支撑绿色设计和产品全生命周期环境管理的核心工具。国际标准化组织（ISO）环境管理委员会在 ISO14000 系列环境管理标准中为产品全生命周期评价预留了 10 个标准号，并制定了一系列关于产品全生命周期评价的标准。根据 ISO14040 标准，产品全生命周期评价技术框架包括以下 4 个部分：①目标及范围确定——对研究的目标和系统范围进行界定；②清单分析——进行数据的收集和处理，最终列出系统投入和产出的清单；③影响评价——评价与这些投入及产出相关的潜在环境影响；④生命周期解释——综合考虑清单分析和影响评价的方法，进行综合评价，从而形成结论并提出建议。

产品全生命周期评价体系的构建包括 4 个步骤。

（1）目标和范围的界定

明确评估分析的目的与明确被分析产品及其功能。由于产品全生命周期评价包括了产品及其活动的全生命周期，因此确定待研究系统的边界，界定产品全生命周期评价的环境影响分析对象较困难。

（2）清单分析

用量化的数据来标识系统范围内的所有过程对资源的消耗及其环境排放物。全生命周期过程包括原材料的获取、加工，产品的运输、销售、使用、储存、重复利用和使用后的最终处置。预测在产品全生命周期过程中输入和输出的详细情况，填写清单。输入包括原材料和能源；输出包括废水、废气、废渣和其他向环境中释放的物质。其中输入清单的确定和计量是比较容易的，因为这涉及一般企业的正常经济计量活动，而输出清单较难确定。

（3）影响评价

将清单分析所获得的资料用于考察生产过程对环境的影响，此过程被称为全生命周期的影响评价。它考察生产过程中使用的原材料和能源以及向环境中排放的废物，对环境及人体健康实际的和潜在的影响。清单分析并不直接评价输入和输出对环境的影响，它只是为影响评价提供资料。影响评价将清单分析所获得的数据转化成对环境的影响描述，建立系统输出对外界影响的关系。影响评价主要通过分类和价值实现等步骤实现。

1）分类。影响评价的目的在于把前一轮所采集到的纷繁的数据，与具体某个产品全生命周期评价所感兴趣的环境问题分别建立起对应联系。

2）价值评价。价值评价的目的在于，给不同的系统打分，使本来不可比的环境污染排放量指标有某种可比性，可先计算出某种排放在此次评估中对某一种环境问题的危害程度，通常用其所占的百分比来衡量，再计算被评估系统对某项环境问题的危害占该环境问题总量的百分比。

（4）改进分析

根据上面评估所得的结果，说明减少环境影响的需要和措施，提出一些改进性原则与方法。产品全生命周期评价体系构建方法一经提出，便受到各国学术界、工业界和政府的重视，自从 1993 年以来，ISO 便开始进行产品全生命周期评价的国际标准化研究。产品全生命周期评价的普通标准已于 1997 年完成，并编制在 ISO14040 中。但是，由于产品的种类繁多，复杂程度不一以及生命周期评价方法在理论和方法上还不成熟，因此还有待进一步研究与完善。

1.1.2 产品多生命周期理论

产品全生命周期是指本代产品从设计、制造、装配、使用到报废所经历的全部时间。而产品多生命周期则不仅包括本代产品生命周期的全部时间，而且还包括本代产品退役或停止使用后，产品或其零部件在下一代、再下一代等多代产品中的循环使用和循环利用的时间。这里的"循环使用"是指将废旧产品或其零部件直接或经再制造后用在新产品中，而"循环利用"是指将废旧产品或其零部件转换成新产品的原材料。

产品多生命周期工程是指从产品多生命周期的时间范围来综合考虑环境影响与资源综合利用问题和产品寿命问题的有关理论及工程技术的总称，其目标是在产品多生命周期时间范围内，使产品的回用时间最长、环境效益最大（含对环境的负面影响最小）、资源综合利用率最高，为了实现产品多生命周期工程的目标，必须在综合考虑环境和资源利用效率问题的前提下，高质量地延长产品或其零部件的回用次数和回用率，以延长产品的回用时间。

在产品多生命周期工程的体系结构中，绿色制造的理论和技术是产品多生命周期工程的理论和技术基础，而产品及零部件的回用处理技术和废弃物再资源化技术则是其关键技术。

1.1.3　汽车全生命周期工程

汽车从"生"到"死"，整个生命周期主要包括设计、制造、新车销售、运行、维护保养、旧车交易、零配件供应、报废回收、旧车拆解等环节。这些环节并非是一个"线性链"，而是一个多重回路复合的半开放系统。整个社会汽车经济体系中，存在一个大循环和两个小循环。大循环是：原材料→汽车及零配件制造→新车销售、运行→旧车报废、回收→拆解原材料。一个小循环是：制造厂商→新车销售、运行→旧车报废、回收→拆解（再生和梯级利用）→制造厂商。另一个小循环是：零配件供应→保养维护→汽车运行→旧车报废、拆解（再生和梯级利用）→零配件供应。

当前，由于国内报废汽车数量相对较少，从事废旧汽车回收的企业分散，加之体制分割，现有企业活力不足，产业尚不成熟。但随着今后汽车生产量和社会保有量的激增，该产业必然会得到迅速发展。由于废旧汽车回收工程和有用资源的循环利用，涉及整个汽车工业的可持续发展，因此必须对整个汽车行业及相关领域进行系统的研究。从系统的观点分析，汽车循环经济系统可以分为5个系统，即新车设计制造和销售子系统、旧车维护和交易子系统、报废车回收和拆解子系统、回收配件的再生和梯级利用子系统、车用材料的回收利用和处置子系统。

1.1.3.1　新车设计制造和销售子系统

从可持续发展和环境保护的角度出发，为了今后能够有效地回收利用和处理报废汽车，根据回收利用和处理的要求，在汽车设计之初，考虑产品的全生命周期，追求产品最大的社会作用及对制造商、用户和环境的最少费用，往往能取得事半功倍的效果。大多数研究人员认为，产品的早期设计决定了70%～80%的产品全生命周期费用。因此，在新车设计和制造时，在选择车用材料、新车结构和制造工艺时，就必须考虑回收利用和环境保护等问题，也就是所谓的绿色设计、绿色制造乃至绿色产品的概念，这是该子系统今后发展的主攻方向。

1.1.3.2　旧车维护和交易子系统

旧车维护和保养子系统的功能是保证上路车辆的性能达到国家标准和环保要求。实现该子系统的功能关键是要建立严格的汽车安检制度和保证维护所用零配件质量的可靠。为了保证检测的公正、准确，应当由中立的专业部门操作，并建立适当的监督和保证体系，从社会角度建立"责、权、利"平衡的制约机制。

旧车交易子系统的功能是要保证旧车交易有序进行，首先应保证旧车性能达到国家标准和环保要求，其次应保证旧车来源的合法性。从目前旧车交易市场的情况来看，要在达到上述要求的前提下，使旧车交易既能杜绝销赃，又能方便快捷地进行交易，尽快出台旧车维修和旧车交易一体化的行业体制十分必要。

1.1.3.3 报废车回收和拆解子系统

报废车回收和拆解子系统的任务是能够方便、快捷和低成本地报废、回收和拆解报废汽车。建立与现代大规模汽车生产相适应的汽车回收和拆解体系，应当从便于管理和便于高效处理的角度出发，将市场的手段和法律的手段相结合，解决汽车回收和拆解行业存在的问题。当前的任务，一是建立可回收零配件的处理、销售体系，拓展正规的拆车企业利润空间，在此基础上，适当提高报废汽车的收购价，让利于报废车主；二是遏制非法拆车业。

在抓行业规范化经营的同时，应根据国内当前报废汽车数量不大，拆解、回收行业手工作业较多，初投资较小的特点，运用税收和政策等手段，有计划地扶持一批骨干企业，建立与可持续发展相适应的汽车回收处理体系。

1.1.3.4 回收配件的再生和梯级利用子系统

回收配件的再生和梯级利用子系统是拆车业的重要利润来源。梯级利用有两层含义：①从等级高的车种流向等级较低的车种；②从消费层次高的用户或地区流向消费层次较低的用户或地区。为对后者负责起见，保证再生利用的零配件质量，建立相应的质量保证体系十分重要。

从零配件性能和功能的角度出发，建立相应的检验标准，是建立有效的零配件再生利用体系的基础。可以考虑按下列情况对再生零配件进行分类处理：不可再生零件（报废处置）、直接再生零件（可在原车种使用）、有条件再生零件（分为某些车种可用、翻新加工后可用等挡次）。

如果上述办法可行，如何解决由于检测设备、技术等为企业带来的成本压力，便成为实施的焦点问题。由于制造厂商具有设备、技术等优势，在不增加大额成本的条件下，就可以开展工作。可以借鉴国外由制造厂原厂回收的方法。从这个角度讲，"新车、旧车、维修、报废"四位一体化经营，有其独特的优势。

1.1.3.5 车用材料的回收利用和处置子系统

对报废汽车中无法直接、方便利用的材料，包括钢铁、有色金属、玻璃、轮胎等橡胶制品和塑料、海绵等有机材料，也必须考虑专门的回收利用问题，建立车用材料的回收利用和处置子系统。

1.2 循环经济概述

随着社会经济的迅速发展和人民生活水平的不断提高，汽车作为重要的陆路交通工具，在社会生活中扮演着越来越重要的角色。在我国，汽车作为生活消费品已经进入家庭，汽车的拥有量正在逐年增长。据国务院发展研究中心统计，2003 年，中国汽车保有量达 2420 万辆，到 2005 年达 3250 万~3500 万辆，2010年达 5000 万~5500 万辆。国内汽车工业发展迅速，2009 年国内各类汽车产销量均突破 1350 万辆，中国已成为世界最大的汽车消费国和最大的汽车生产国。2008 年国内各类汽车产量达 800 万辆，粗略估算约消耗 2400 万 t 的原材料，包括生铁 80 万 t、钢材 1920 万 t、有色金属 1087 万 t 和塑料 164 万 t。

汽车生产量的增加，对自然环境造成巨大的压力，汽车运行中排出的大量尾气导致环境污染加剧，汽车尾气排放是现代城市的最大污染源之一。此外，废旧汽车报废处理不当，也会造成环境和交通安全等一系列社会问题。报废汽车的露天丢弃堆放，是既浪费材料，又影响环境，还占用土地资源的社会难题，在发达国家已经成为社会公害。因此，废旧汽车的回收、利用和处置，已经在发达国家引起高度重视。因此，有必要对废旧汽车进行合理的利用，对其全生命周期进行合理安排，结合循环经济的相关理论对其进行指导。

1.2.1 循环经济的定义及内涵

1.2.1.1 循环经济的定义

目前，循环经济的理论研究正处于发展之中，还没有十分严格的关于循环经济的定义。一般而言，循环经济（circular economy 或 recycle economy）一词是对物质闭环流动型（closing material cycle）经济的简称，是以物质、能量梯级和闭路循环使用为特征，在资源环境方面表现为资源高效利用、污染低排放、甚至污染 "零排放"（曲向荣等，2012）。

德国 1996 年出台的《循环经济和废物管理法》中，把循环经济定义为物质闭环流动型经济，明确企业生产者和产品交易者担负着维持循环经济发展的最主要责任。

《中华人民共和国循环经济促进法》中将循环经济定义为：循环经济是指将

资源节约和环境保护结合到生产、消费和废物管理等过程中所进行的减量化、再利用和资源化活动的总称。减量化是指减少资源、能源的使用和废物产生、排放、处理处置的数量及毒性、种类等活动，还包括资源综合开发，不可再生资源、能源和有毒有害物质的替代使用等活动。再利用是在符合标准要求的前提下延长废旧物资或者物品生命周期的活动。资源化是指通过收集处理、加工制造、回收和综合利用等方式，将废弃物质或者物品作为再生资源使用的活动。在一般情况下，应当在综合考虑技术可行、经济合理和环境友好的条件下，按照减量化、再利用和资源化的先后次序发展循环经济。因此，循环经济在经济运行形态上强调"资源→产品→再生资源"的物质流动格局；在过程手段上，强调减量化、再利用和资源化的活动。同时，定义强调循环经济在经济学意义上的范畴，即循环经济依然是指社会物质资料的生产和再生产过程，只不过这些物质生产过程以及由它决定的交换、分配和消费过程要更多地、自觉地纳入资源节约和环境保护的因素。事实上，只有从经济角度而非单纯的环境管理角度来看，循环经济才能担负得起调整产业结构、增长方式和消费模式的重任。

循环经济倡导建立在物质不断循环利用基础上的经济发展模式，要求把经济活动按照自然生态系统的模式，组织成一个物质反复循环流动的过程，使整个经济系统以及生产和消费的过程基本上不产生或者只产生很少的废物。循环经济是按照生态规律利用自然资源和环境容量，实现经济活动的生态化转向，是实施可持续发展战略的必然选择和重要保证。

1.2.1.2　循环经济的内涵

所谓循环经济，本质上是一种生态经济，要求运用生态学规律来指导人类社会的经济活动。与传统经济相比，循环经济的不同之处在于：传统经济是一种由"资源→产品→废物"单向流动的线性经济，其特征是高开采、低利用、高排放（弗兰克·亨宁和埃尔韦拉·穆勒，2015）。在这种经济中，人们高强度地把地球上的物质和能源提取出来，然后又把污染物和废物毫无节制地排放到环境中去，对资源的利用是粗放性的和一次性的，线性经济正是通过这种把部分资源持续不断地变成垃圾，以牺牲环境来换取经济的数量型增长的。而循环经济所倡导的是一种与环境相和谐的经济发展模式。要求把经济活动组织成一个"资源→产品→再生资源→再生产品"的反馈式流程，其特征是低开采、高利用、低排放。所有物质和能源要能在这个不断进行的经济循环中得到合理和持久的利用，以把经济活动对自然环境的影响降低到尽可能小的程度。循环经济为工业化以来的传统经济转向可持续发展的经济提供了战略性理论模式。

循环经济力求在经济发展中遵循生态学规律，将清洁生产、资源综合利用、生态设计和可持续消费等融为一体，实现废物减量化、资源化和无害化，达到经济系统和自然生态系统的物质和谐循环，维护自然生态平衡。循环经济就是把清洁生产和废物综合利用融为一体的经济，其本质是一种生态经济，要求运用生态学规律来指导人类社会的经济活动。

循环经济的发展模式表现为"两低两高"，即低消耗、低污染和高利用率、高循环率，使物质资源得到充分合理的利用，把经济活动对自然环境的影响降低到尽可能小的程度，因此循环经济是符合可持续发展原则的经济发展模式，其内涵要求做到以下三点。

(1) 符合生态效率

把经济效益、社会效益和环境效益统一起来，使物质充分循环利用，做到物尽其用，这是循环经济发展的战略目标之一。循环经济的前提和本质是清洁生产，其理论基础是生态效率。生态效率追求物质和能源利用效率的最大化和废物产量的最小化，这体现了循环经济对经济社会生活的本质要求。

(2) 提高环境资源的配置效率

循环经济的根本就是保护日益稀缺的环境资源，提高环境资源的配置效率。根据自然生态的有机循环原理，一方面通过将不同的工业企业、不同类别的产业之间形成类似于自然生态链的产业生态链，从而达到充分利用资源、减少废物产生、物质循环利用、消除环境破坏、提高经济发展规模和质量的目的；另一方面通过两个或两个以上的生产体系或环节之间的系统耦合，使物质和能量多级利用、高效产出并持续利用。

(3) 要求产业发展的集群化和生态化

大量企业的集群使集群内的资源的配置效率得以提高，达到效益的极大化。产业的集群容易在集群区域内形成有特殊的资源优势与产业优势和多类别的产业结构，这样才有可能形成核心的资源与产业，成为生态工业产业链中的主导链，在此基础上将其他类别的产业与之连接，组成生态工业网络系统。

对于内涵而言，不能简单地把循环经济等同于再生利用，"再生利用"尚缺乏做到完全循环利用的技术，循环本质上是一种"递减式循环"，而且通常需要消耗能源，况且许多产品和材料是无法进行再生利用的。因此，真正的"循环经济"应该力求减少进入生产和消费过程的物质量，从源头节约资源和减少污染物的排放，提高产品和服务的利用效率。

1.2.2 循环经济的特征及原则

1.2.2.1 循环经济的特征

（1）开放性特征

通常把循环经济称为物质闭环流动型经济，体现了一种闭合理念，但实际上循环经济的闭合是不完全的，即使存在完全的闭合也是从微观角度或针对小范围而言，循环经济具有开放性。自然环境系统是人类活动参与其中的复合体系，是人与自然的统一整体。系统中能量流动和物质循环的途径与环节是多重的、不断发展变化的，具有开放性。环境系统是一个动态、开放的系统，任何一种要素与外界进行物质交换和能量流动的变化，都会带来环境系统的变化，影响着整个系统的稳定性。

（2）发展特征

循环经济倡导与环境和谐的经济发展模式，要求所有物质和能源要在可持续发展的经济循环中得到合理及持久的利用，以把经济活动对自然环境的影响降低到尽可能小的程度。首先，在生产和生活的全过程中力求资源的节约和有效利用，以减少资源的投入，实现废物的减量化；其次，对生产和消费产生的废物进行综合利用，体现回收再使用和循环利用的原则，达到废物的资源化；再次，对不能循环再生的废物进行无害化处理，使其不给环境带来污染。

（3）技术特征

循环经济的技术主题要求在传统工业经济的线性技术范式基础上，增加反馈机制。在微观层面，要求企业纵向延长生产链条，从生产产品延伸到废旧产品回收处理和再生的横向技术体系处理；在宏观层面，要求整个社会技术体系实现网络化，使资源实现跨产业循环利用，综合对废物进行产业化无害处理。循环经济的技术体系是以提高资源利用效率为基础，以资源的再生、循环利用和无害化处理为手段，以经济社会可持续发展为目标，推进生态环境保护。这实质上是在技术范式革命的基础上实现人与自然的和谐，建立一种新的经济发展模式。

（4）与市场经济的同一性

市场经济是以市场作为实现资源优化配置的基础性手段，以市场机制来启动和调节经济的运行方式。在市场经济条件下，一切经济活动都是直接或间接地处于市场关系之中，所有的劳动产品和生产要素都通过市场加以配置。生产者生产的目的是实现利润最大化。生产什么、生产多少、如何生产，由供求力量以及由此决定的价格机制进行调节。市场机制是推动生产要素流动和促进资源优化配置的基本运行机制。循环经济和市场经济都追求资源的高效利用和优化配置，二者都符合经济发展规律，是经济发展观念和模式的不同反映，因此循环经济和市场经济存在同一性。

1.2.2.2 循环经济的原则

循环经济建立在不同层次、不同生产过程的"减量化、再使用、资源化"（reducing，reusing，recycling，3R）的行动原则基础上，其中每一原则对循环经济的成功实施都必不可少。减量化原则属于输入端控制方法，其基本目的是减少进入生产和消费过程的物质和能量流，以节省对资源的利用；再使用原则属于过程控制方法，其目的在于延长产品和服务的时间强度；资源化原则属于输出端控制方法，通过把废物再次加工成资源继续利用从而达到减少最终处理量，即废品回收利用和废物综合利用。

（1）减量化原则

减量化原则的含义是在生产过程中通过管理技术的改进，减少进入生产和消费过程的物质和能量流，因而也被称为减物质化。换言之，减量化原则要求在经济增长的过程中为使这种增长具有持续性及与环境相容性，必须学会在生产源头的输入端充分考虑节省资源，提高单位生产产品对资源的利用率，预防废物的产生，而不是把眼光放在产生废物后的治理上。对生产过程而言，企业可通过技术改造，采用先进的生产工艺，或实施清洁生产，减少单位产品生产的原料使用量和污染物的排放量；对消费过程而言，要求改变消费至上的生活方式，由过度消费向适度消费和"绿色消费"转变，从追求环境不友好的物质"品牌"向追求崇尚环境友好的物质和精神"质量"的生活方式转化。

（2）再利用原则

再利用原则要求在生产或消费活动中尽可能地多次以及多种方式地使用各种物品，避免物品过早成为垃圾。对生产过程而言，生产企业可使用标准件进行设计和加工，以使设备或装置中的元器件、零部件等升级换代，而无须更换整个产品；对消费而言，应通过相应途径鼓励人们在将物品作为垃圾废弃之前，先思考是否还能维修再使用，或是否可返回市场体系或通过捐赠供他人使用，通过再利用节约能源和材料。

（3）资源化原则

资源化原则要求尽可能地通过对"废物"的再加工处理（再生），使其作为资源，制成消耗资源、能源较少的新产品而再次进入市场或生产过程，以减少垃圾的产生。资源化的途径包括原级资源化和次级资源化两种。

1）原级资源化是最理想的资源化方式，即将消费者遗弃的废弃物资源化，形成与原来相同的新产品。例如，利用废纸生产再生纸，利用废钢生产钢铁等。这种资源化途径由于其生产过程所涉及的原料及生产工艺物耗和能耗均较低而具有良好的环境效益和经济效益。

2）次级资源化是一种将废弃物用来生产与其性质不同的其他产品原料的资源化途径。例如，将制糖厂的蔗渣作为造纸厂的生产原料，将糖蜜作为酒厂的生产原料等。在此资源化过程中，由于事实上已形成生产原料的生态化，因而其物质在不同领域的流动过程中只有资源而不存在废物的概念，可实现资源充分共享的目的，同时可实现变环境污染负效益为节省资源及减少污染正效益的"双赢"效果。

一般原级资源化在形成产品过程中可减少20%～90%的原生材料使用量，而次级资源化可减少25%的原生材料使用量。此外，为了与资源化过程相适应，要鼓励消费者积极购买由再生资源生产的产品，以使循环经济的整个过程实现"封闭的循环"，使工业生产和生活消费过程走向世界生态化。

1.2.3 发展循环经济的意义

1.2.3.1 保护生态环境

伴随着经济的飞速增长，工业化和城市化似乎成为这个时代的象征。然而，资源逐渐耗竭，河水变臭变黑，空气不再清新，噪声不绝于耳，这都是破坏生态环境的代价。即便是在人类认识到环境保护的重要性以后，因破坏环境而付出的代价已经非常惨重了。因此，发展符合可持续发展观的循环经济，是现实和必然的选择。

1.2.3.2 全面建设小康社会

改革开放以来，我国在经济建设上取得了举世瞩目的成就，但环境问题也变得越来越突出，发展循环经济、走新型生态工业化道路已然刻不容缓。全面建设小康社会，要实现"可持续发展能力不断增强，生态环境得到改善，资源利用效率显著提高，促进人与自然的和谐，推动整个社会走上生产发展、生活富裕、生态良好的文明发展道路"的可持续发展目标。由此可见，全面建设小康社会，要把生态文明、物质文明、精神文明和政治文明摆在同等重要的地位。

1.2.3.3 提高区域竞争力

我国人口多、人均资源量少、生态脆弱、环境承载力差，只有发展循环经济，形成闭合的生态产业系统，使资源生生不息，才能实现永续利用的目标。同时，资源的循环利用能够显著降低产品的生产成本，提高产品的市场竞争力。而且区域生态环境的改善，创造了良好的投资环境，能够吸引更多的投资以促进区域经济的发展，经济的发展提升了区域地位，再进一步吸引投资，以此形成良性循环。

1.2.4 国内外循环经济发展状况

循环经济是国际社会在寻求解决资源环境与经济增长矛盾的过程中，提出的一种新的经济发展模式。这种新发展模式的最明显特征是物质的循环利用、高效利用和环境友好，即"资源能源消耗少、经济效益高、污染排放少"的经济发展模式。

发达国家和发展中国家的可持续发展都要求制定很高的有效利用资源的目标，作为避免未来发展危机重要战略的一部分。提高能效的目标要通过产品的整个生命周期来实现，不仅依靠生产过程。为此，2002 年约翰内斯堡可持续发展峰会提出了建设可持续消费与生产体系的行动框架，实现高效利用资源、降低环境负荷的目标。部分国家和地区已经开始响应，包括德国提高资源效率，日本建设循环型社会、工业园区网络，欧洲国家开展的可持续消费与生产体系建设等。目前我国大力倡导的发展循环经济与国际社会提出的可持续消费与生产体系建设理念完全一致。

1.2.4.1 循环经济在国外的发展

（1）德国发展循环经济的经验

从德国几十年的政策演变和循环经济参与者的积极努力经验来看，主要归纳为以下五个方面（任勇和周国梅，2009）。

1）发掘公众潜力非常有效。大部分德国人都积极主动配合各项有关废物减少和回收再利用措施的实施。个体公民和非政府组织是这些政策得以成功实施的重要支持力量。

2）吸引更多的利益相关者参与，并呼吁他们承担责任十分关键。事实证明，自愿承担责任等积极参与行为对于废物政策的顺利实施十分重要。与工业企业和相关机构等压力群体进行主动交流也可以为政策实施带来重要支持。例如，1997年德国造纸行业主动承担提高废纸回收利用率的责任。经过随后几年的投资努力，2001年纸张生产的再生纸利用率达到65%。

3）利用市场机制和市场手段提高资源利用率。污染者付费原则的实施有助于从源头上降低污染。例如，2003年初期引进的一次性饮料瓶押金制度对于减少包装垃圾非常有效，它已经完全转变成适于再包装的可持续消费。

4）尽早调整生产规则，减少危险废物和降低长期成本。例如，《循环经济与废弃物管理法》规定，在废物处置前优先进行废物回收利用。为了适应发展要求，2002年德国政府颁布了《地下废物堆积条例》，详细规定了地下废物堆积种类、岩层和有关文件。

5）运用循环经济原则也可以带来长期经济效益。重点提高能效能大大降低企业经济发展成本。另外，在生产过程中探索生态效益方法也可以激发创新能力，为提高国内乃至国际竞争力创造无限商机。

（2）日本发展循环经济的经验

日本是世界上最早探索循环型经济发展模式的国家之一，是世界上循环经济立法最为完备的国家，也是世界上资源循环利用率最高的国家。早在20世纪60年代，日本政府就成立了"公害对策特别委员会"，它是由相关省、厅组成的保护环境的协调机构。自70年代起，日本开始重视污染物产生后的治理和减少其危害，开始强调从生产和消费源头上防止污染产生。80年代开始，日本为提高经济效益、避免环境污染，以生态理念为基础，重新规划产业发展，提出了一种相对完善的生态经济与环境和谐的经济发展模式（李岩，2013）。90年代，日本首先提出资源循环使用模式并加以实践，主要目的是如何减少最终处置废弃物的数量，通过制定大量法律和法规来实施计划，并取得了明显的效果，使资源循环使用模式走在世界发达国家的前列。但是，日本在发展循环经济中也有一些方面的效果不够理想。例如，日本在减少排放方面进展比较缓慢。统计资料显示，目前废弃物产生量的削减程度不够，尤其是温室气体的排放量还不理想，2005年度排放量比1990年《京都议定书》减排量增加了7.8%，这意味着日本履行6%的减排约定有很大的压力。但总体来说，日本仍然是世界上公认的成功发展了循环经济且已取得了明显社会效益和经济效益的国家。

日本政府在 20 世纪 90 年代末，针对面临的严峻的资源与环境问题，提出了建立循环经济的构想，并把建立循环型社会提升到基本国策的高度，将 2000 年定为"循环型社会元年"，并颁布和实施了《推进循环型社会形成基本法》等 6 部法律，这标志着日本已经进入推进循环经济和建立循环型社会的全面发展阶段。日本发展循环经济的主要经验包括 7 个方面：①完备法律以及合理规划；②国家、地方政府、企业和公民都合理分担责任；③制定了较为健全的促进循环经济发展的政策体系；④发展"静脉产业"为发展循环经济的重要领域；⑤日本政府高度重视与循环经济相关的新技术、新产品和新设备的研制、推广和应用；⑥注重培养公众强烈的环保意识并对其进行环保教育；⑦加强基础研究工作，为循环经济发展提供支持。

（3）美国的循环经济立法

美国在 1965 年制定了《固体废物处置法》，之后经过多次修改，1976 年颁布了《资源保护回收法》。20 世纪 80 年代中期，俄勒冈州、新泽西州、罗得岛州等州先后制定了促进资源再生循环法规，目前已有半数以上的州制定了不同形式的再生循环法规。美国加利福尼亚州于 1989 年通过了《综合废物管理法令》，要求在 2000 年以前实现 50% 废物可通过源消减和再循环的方式进行处理，未达到要求的城市将被处以每天 1 万美元的行政罚款（解柠羽，2015）。美国有超过 7 个州规定，新闻纸的 40% ~50% 必须使用由废纸制成的再生材料。在威斯康星州，塑料容器必须使用 10% ~25% 的再生材料。加利福尼亚州规定，玻璃容器必须使用 15% ~65% 的再生材料，塑料垃圾袋必须使用 30% 的再生材料。

（4）其他国家循环经济的相关法律条款

欧洲诸国相继制定了旨在鼓励副产品回收、绿色包装等的相关循环经济法律。法国提出 2003 年应有 85% 的包装废物得到循环使用。荷兰提出 2000 年废物循环使用率达到 60%。奥地利的法规要求对 80% 的回收包装材料必须进行再循环处理或再利用。丹麦要求 2000 年所有废物要有 50% 必须进行再循环处理。哥斯达黎加计划到 2025 年完全采用可再生资源，以取代当前对耗竭性资源的掠夺性开采。由壳牌公司和克莱斯勒公司发起领导的产业联盟计划在冰岛建立了世界上第一个氢能源经济实体，以树立国家级的产业循环经济的实践模式。

1.2.4.2 循环经济在我国的发展

我国是一个工业起步晚，具有节俭观念的国家，早在 20 世纪 50 年代就开始重视废弃物品的综合利用。我国对循环经济的研究起步较晚。90 年代，我国的环境保护专家把循环经济作为一个专业概念在同行之间进行讨论。80 年代开始，从固体废弃物的末端治理思想出发，通过回收利用达到节约资源、治理污染的目的。进入 90 年代以后，开始提出源头治理的思想。循环经济在我国的发展十分迅速，大致经历了研究探索和推动实施两个主要阶段。

（1）研究探索阶段

从 20 世纪 90 年代末到 2002 年，循环经济在我国进入了研究探索阶段。人们从关注工业发达国家，如德国、日本的循环经济模式开始，随后探索发现了我国可持续发展的一条有效途径——循环经济，随即成为学术研究的前沿和热点。与工业发达国家大规模的立法推进实践模式不同，我国最初主要侧重于理论研讨和试点探索。主要研究内容和进展情况涉及以下几个方面。

1）研究我国发展循环经济的重大意义及其与实施可持续发展战略的关系。学者们提出循环经济的兴起将必然昭示着人类经济、社会与文化全方位、多层次的变革，发展循环经济是实现可持续发展的关键。

2）发展循环经济理论体系。总结循环经济的概念、原则、层次，分析循环经济的理论基础，提出创新产业结构，即补充以维护和改善环境为目的的环境建设产业和以减少废物排放、建立物质循环为目的的资源回收利用产业，并在此基础上构建新的产业体系等思想。

3）在技术专业领域开展产品全生命周期评价及生态材料等方面的研究工作。

4）提出发展循环经济必须解决政策、立法、管理、制度、技术和观念上的诸多问题。对构建循环型社会，提高生态意识，倡导可持续生产和消费方式，深化政府环境管理体系和管理机制的调整提出多种观点；研究与循环经济立法方面相关的热点问题。

5）在实践方面开展几个生态省、市和生态园区试点探索。例如，辽宁的生态省建设、贵阳的生态市试点、广西贵港糖业集团股份有限公司、天津泰达集团有限公司等企业的生态工业园区建设等；对生态工业园的规划设计和指标体系进行了探索，提出了培育生态产业园区孵化机制，制定了生态产业园区的规划指南和技术导则的思想。

（2）推动实施阶段

我国循环经济发展十分迅速，2002 年以后，政府充分认识到，作为世界人口大国，又处于工业化高速发展阶段，资源环境问题已成为制约其持续发展的瓶颈，形势十分严峻。在政府推动下，建设节约型社会、发展循环经济很快被纳入政府议事日程，进入全面实施阶段。

　　首先，将循环经济作为政府决策目标和投资的重点领域，并将循环经济理念全面纳入经济社会发展总体规划和各分项规划中，且坚持节约优先原则，以建设节约型社会为突破口向前推进。这个时期的循环经济发展倡导从企业清洁生产、建设生态产业园区和建设生态省、生态市等三个层面，以及从废物资源再生利用产业化等不同领域来运作，通过各个层次和领域的试点、示范建设，全面提升产业生态化水平，提高资源利用效率，加快循环经济体系建设。并通过政府引导，广泛开展舆论宣传和示范活动，使社会公众对循环经济逐步认同和拥护。

　　其次，在政府推进方面，主要是编制系列规划、制定政策、法规，完善相关标准体系，落实各项措施，积极开展示范试点，加快培育发展循环经济的机制。思路是力争形成政策引导、经济激励、市场驱动、全民参与的新局面。

　　再次，陆续出台相关法规和文件，如《中华人民共和国清洁生产促进法》（2003 年 1 月 1 日起实施）《中华人民共和国固体废物污染环境防治法》（2005 年 4 月 1 日起实施）《国务院关于加快发展循环经济的若干意见》（国发〔2005〕22 号，2005 年 7 月出台）《中华人民共和国循环经济促进法》（2009 年 1 月 1 日起实施）《中华人民共和国可再生能源法》（2010 年 4 月 1 日起实施）等，相关优惠政策也在逐步实施，将循环经济和节约型社会建设的步骤推向实质阶段。

　　最后，在科学研究方面，相关研究的学术领域更加广泛。政府、高校和科研院所相继成立了循环经济研究机构，从事关于政策机制、法律法规、相关技术的研究和开发，理论研究不断与产业、政策、经济、法律等相关领域相结合，走向学科交叉和深入发展的新阶段。

　　《国务院关于加快发展循环经济的若干意见》（国发〔2005〕22 号，简称"22 号文件"）的出台，标志着我国循环经济由研究探索和理念倡导阶段正式进入国家行动阶段。循环经济作为转变经济增长方式、进行资源节约型和环境友好型社会建设的重要途径，在我国第十一个社会经济五年规划和中共十七大会议中都得到了体现。这一阶段的特征是伴随着示范试点的深入开展，正式启动了战略、立法、政策的全方位研究、探索和制定工作。

　　"22 号文件"明确提出，2010 年的循环经济发展目标是要建立比较完善的发展循环经济的法律法规体系、政策支持体系、体制与技术创新体系和激励约束机制。资源利用效率大幅提高，废物最终处置量明显减少，建成大批符合循环经济发展要求的典型企业。推进绿色消费，完善再生资源回收利用体系。建设一批符合循环经济发展要求的工业（农业）示范园区和资源节约型、环境友好型省市。针对上述目标，制定了相应的指标并量化，同时提出发展循环经济的重点环节和重点工作。

　　为贯彻落实"22 号文件"精神，出台了国家循环经济试点方案。第一批试点单位于 2005 年 10 月公布，选择确定了钢铁、有色金属、化工等 7 个重点行业的 42 家企业，再生资源回收利用等 4 个重点领域的 17 家单位，国家和省级开发区、重化工业集中地区和农业示范区等 13 个产业园区，资源型和资源匮乏型城市涉及东、中、西部和东北老工业基地的 10 个省市，作为第一批国家循环经济试点单位。第二批试点单位于 2007 年 11 月公布，确定了 96 家试点单位，包括 4 个省、12 个城市、20 个工业园和 60 家企业，并提出 7 点要求：切实加强组织领导；编制实施规划和方案；抓好方案的组织实施；加强重点项目的组织申报，做好项目前期工作；强化能源统计、计量等基础管理；加强督促验收；做好经验的总结和推广。

《中华人民共和国循环经济促进法》（简称《循环经济促进法》），旨在坚持经济和环境资源一体化的思想，既要涵盖资源节约、废物减量和循环利用等领域，又要突出重点，尽量减少与《中华人民共和国清洁生产促进法》《中华人民共和国固体废物污染环境防治法》《中华人民共和国节约能源法》等相关法律的冲突重叠，充分体现《循环经济促进法》的综合特征，使《循环经济促进法》真正成为推动我国循环经济发展的基本法。《循环经济促进法》的出台使我国发展循环经济迈入了法制化和规范化的轨道。循环经济的建设和发展已经开始影响、渗透到人类社会生活的诸多方面。

当前形势下，我国所面临的主要任务是加快循环经济体系建设；形成经济社会发展的综合决策机制，通过政策引导、立法推动、经济结构调整和市场机制建设，逐步形成循环经济的运营机制；加大科研投入，开展科技创新，突破技术瓶颈，从而攻克制约循环经济进一步发展的障碍；通过循环经济信息建设、广泛的宣传教育，鼓励和引导全民参与，各行各业共同行动，把建设节约型社会、大力发展循环经济的行动不断推进。

第2章 汽车零件失效机理

2.1 汽车零件失效概述

产品失效是指在规定条件下，规定时间内，不能完成规定功能的现象，也称为故障。从一定意义上说，失效与故障具有同等概念，但"失效"更多地用于不可修复产品（即丧失规定功能，等待报废），而"故障"则用于可修复产品（即丧失规定功能，等待修复）（司传胜和沈辉，2012）。

汽车零件失效（故障），指汽车在运行过程中，零件逐渐丧失原有的性能或丧失技术文件所要求的性能，从而引起汽车技术状况变差，直至不能履行规定的功能。

汽车零件在使用过程中，由于技术状况的变化是不可避免的，所以了解汽车零件恶化的进程，就能针对零件失效的原因采取相应的措施，防止零件的早期损坏，进而控制汽车的技术状况，使汽车的技术状况处于规定的水平。因此，研究汽车零件、部件、机构乃至总成失效的原因及其规律，建立和掌握控制汽车技术状况的理论基础是十分必要的。

汽车零件失效（故障）会造成汽车的故障，进而造成很多方面的损失，主要表现在以下几个方面。

1）用户方面。影响客运或货运任务的完成；造成人身伤亡事故；损毁车辆；维修费用损失；使用户产生厌烦、埋怨和不愉快心理。

2）社会方面。造成社会不良影响，对公务用车还会造成政治影响；运输企业因故障停驶，不仅影响服务信誉，而且造成经济损失；造成人身伤亡事故；造成交通堵塞；造成交通、公路、城市设施的损坏；维修费用损失；材料和能源的浪费；社会公害加剧。

3）汽车制造厂商方面。赔偿用户的损失；产品的市场信誉下降，缺乏同类产品的市场竞争力，销售数量减少，售价不高以至降价处理，工厂经济效益下降，甚至亏损；企业形象和声誉变差，影响企业的生存和发展；职工产生埋怨情绪，生产效益下降，工作信心不足。

同时，由于汽车是一个可修复产品，权衡经济、技术、成本等诸方面因素，在有效的寿命期间内，允许存在一定的故障。从汽车可靠性工程角度来看，首要目标是杜绝或有效地减少危害性人的故障，其次是大力降低故障发生的频率。

2.1.1　汽车零件失效类型

2.1.1.1　失效的分类

汽车整机失效通常是由某个零部件首先损坏而引发的。而汽车零件的失效大致有以下几种形式：一是过量变形，以致在机构中失去功能，如高温工作条件下的螺栓发生松动，汽车钢板弹簧发生塑性变形失去弹性等；二是磨损或腐蚀造成表面损伤，影响机构的精度或灵敏度等；三是断裂事故，这往往造成灾难性后果。根据失效的原因、性质、机理、产生的速度、发生的时间以及失效产生的后果，将失效进行不同的分类，见表2-1。

表2-1　失效的分类及定义

分类原则	故障名称	定义
按失效原因	误用失效	不按规定的条件使用产品而引起的失效
	本质失效	按规定的条件使用产品，由产品固有的弱点引起的失效
	独立失效	不是由其他产品失效引起的失效
	从属失效	由其他产品失效引起的失效
按失效程度	完全失效	产品的性能超过某种界限，以致完全丧失规定功能的失效
	部分失效	产品的性能超过某种界限，但没有完全丧失规定功能的失效
按失效可否预测	突然失效	通过事前检测或监控不能预测到的失效
	渐变失效	通过事前检测或监控可以检测到的失效
按失效发生速度	突变失效	部分发生完全失效
	退化失效	渐变而发生部分失效
	间歇失效	产品失效后，不经修复而在限定的时间里，能自行恢复功能的失效
按失效危害程度	致命失效	可能导致人或物的重大损失的失效
	严重失效	可能导致复杂产品降低完成规定功能能力的产品组成单元的失效
	轻度失效	不致引起复杂产品降低完成规定功能能力的产品组成单元的失效
按失效特征值	相关失效	在解释使用结果或计算可靠性特征量的数值时，必须计入的失效
	无关失效	在解释使用结果或计算可靠性特征量的数值时，不应计入的失效

分类原则	故障名称	定义
按产品工作期	早期失效	因设计、制造、材料等方面的缺陷，使产品在工作初期发生的失效
	偶然失效	产品在使用中，由偶然因素发生的失效
	损耗失效	由于老化、磨损、损耗、疲劳等原因，使产品发生的失效

2.1.1.2　汽车零件常见失效模式

失效模式就是失效所表现的形式。失效模式是进行失效分析的基础，也是可靠性研究的基础。在实际工程中，汽车及其零部件的失效模式并不是固定不变的，即同一种产品出现故障可以有不同的形式。例如，继电器的触头可能有下列失效模式：黏住、断开缓慢、不能闭合、闭合缓慢、发生震动或间断闭合、对地短路、对电源短路、触点之间短路、打火花等。因此，零部件失效模式与其结构、材料、设计、制造、储存使用、维护、保养、工作环境等因素密切相关，汽车零件常见的失效模式类型见表 2-2。

表 2-2　汽车零件常见失效模式

失效模式	表现形式	诱发因素
损坏型失效模式	裂痕、裂纹、破裂、断裂、破碎、开裂、弯坏、扭坏、变形过大、塑性变形、卡死、烤蚀、点蚀、烧蚀、击穿、蠕变、剥落、短路、开路、断路、错位、压痕等	应力冲击、电冲击、疲劳、磨损、材质问题、腐蚀
退化型失效模式	老化、变色、变质、表面保护层剥落、侵蚀、腐蚀、正常磨损、积碳、发卡等	自然磨损、老化及环境诱发
松脱型失效模式	松旷、松动、脱落、脱焊等	紧固件、焊接件出现问题
失调型失效模式	间隙不适、流量不当、压力不当、电压不符、电流偏值、行程失调、间隙过大或过小等	油、气、电及机械间隙调整不当
阻漏型失效模式	不畅、堵塞、气阻、漏油、漏气、漏电、漏雨、渗水、渗油等	漏气漏油装置失效、密封件失效、气候环境
功能型失效模式	功能失效、性能不稳、性能下降、性能失效、启动困难、干涉、卡滞、转向过度、转向沉重、转向不回位、离合器分离不彻底、离合器分不开、制动跑偏、流动不畅、指示失灵、参数输出不准、失调、抖动、漂移、接触不良、公害超标、异响、过热等	有关部分调整不当、操作不当、装配问题、设计参数不合理、元器件质量低劣等
其他失效模式	润滑不良、驾驶室闷热、尾气排放超标、断水、缺油、噪声振动大	使用、维护不当，工作状况失调，传感器失灵，各种原因泄漏

而汽车零件的主要失效模式为磨损、变形、疲劳断裂、老化、腐蚀损坏等。

1）磨损。包括磨料磨损、黏着磨损、疲劳磨损、腐蚀磨损、微动磨损，如汽缸工作表面"拉缸"，曲轴"抱轴"，齿轮表面和滚动轴承表面的麻点、凹坑等。

2）疲劳断裂。包括高应变低周期疲劳、低应力高周期疲劳、腐蚀疲劳、热疲劳等，如曲轴断裂、齿轮轮齿折断等。

3）腐蚀损坏。包括化学腐蚀、电化学腐蚀、穴蚀，如湿式汽缸套外壁麻点、孔穴等。

4）变形。包括弹性变形、塑性变形，如曲轴的弯曲、扭曲和基础件（汽缸体、变速器壳体、驱动桥壳）变形等。

5）老化。包括龟裂、变硬，如橡胶轮胎、塑料器件的老化。

2.1.2　汽车零件失效原因

2.1.2.1　汽车零件耗损

在汽车技术状况的变化过程中，尽管影响因素复杂，但汽车零件失效的主要原因仍然是汽车各机构的组成元件（包括零件）之间在工作过程中相互作用，使机构、总成、汽车的技术状况发生恶化的结果。

2.1.2.2　使用条件影响

道路条件、运行条件、运输条件、气候条件和使用水平等汽车外部条件，都会间接地或由驾驶员通过操纵控制系统传送给汽车零件，使汽车零件产生"响应"进而改变状况；然后由汽车运输速度、燃料消耗、发动机排放、异响与振动、故障率以及配件消耗等可变参数输出，表现出汽车零件失效的状况。

（1）道路条件的影响

道路状况和断面形状等决定了汽车及总成的工况（载荷和速度、传递的转矩、曲轴转速、换挡次数以及道路不平所引起的动载荷），从而决定了汽车零部件和机构的磨损情况，影响汽车的工作能力。

（2）运行条件的影响

主要指交通流量对汽车零件运行工况的影响，如载货汽车在城市街道上的速度较郊区要降低50%以上，发动机曲轴转速反而升高35%左右；换挡次数增加2～2.5倍。显然，这种工况必然加速汽车零件技术状况的恶化进程。

（3）运输条件的影响

城市公共汽车经常处于频繁起步、加速、减速、制动和停车为主的典型的非稳定状况下工作，若曲轴转速和润滑系统油压不能与载荷协调一致地变化，恶化了配合副的润滑条件，则零件的磨损较稳定工况大大加剧。

（4）气候条件的影响

1）环境温度的影响。从图 2-1 和图 2-2 中可以看出，故障率最低的环境气象温度和汽缸磨损最小的冷却液温度是存在的。

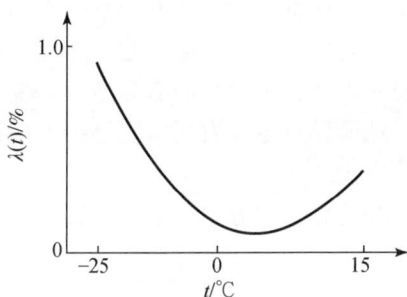

图 2-1　汽车故障率与环境温度
$\lambda(t)$ 为故障率；t 为环境温度

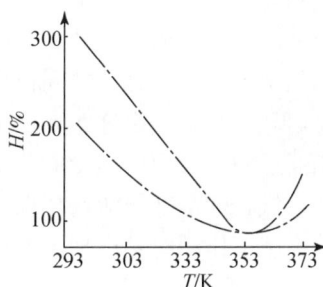

图 2-2　汽缸磨损与冷却液温度
H 为汽缸的磨损率；T 为冷却液温度

2）环境湿度和风速的影响。环境的湿度大，极易恶化汽车零件的运行条件，加速零件的腐蚀。湿度低、气候干燥、道路灰尘多，也会恶化汽车零件的工作环境，使磨损增加。汽车静止不动，风速为 10～20m/s 时，汽车主要总成的润滑油、专用液的冷却速度较无风时加快 1.5～2 倍。

3）维修水平的影响。在我国，大修后的发动机耐久性普遍较差，在其主要影响因素中，维修水平低、维修设备落后和维修质量差约占 40%。因此，提高维修人员素质和水平是当务之急。

2.2　汽车零件的磨损失效

2.2.1　汽车零件的摩擦

2.2.1.1　概念

两物体相对运动使其接触表面间产生运动阻力的现象称为摩擦，该阻力称为摩擦力。摩擦的存在，不但使动力消耗增加，而且还会引起零件接触表面的磨损。因此，汽车各零件的相对运动表面之间，通常都采用润滑油来进行润滑以减轻磨损。

2.2.1.2 分类

按零件表面润滑状态的不同，摩擦可分为干摩擦、液体摩擦、边界摩擦和混合摩擦四类。

（1）干摩擦

摩擦表面间无任何润滑介质隔开时的摩擦，称为干摩擦。零件处于干摩擦状态时，受到以下力的作用：①摩擦表面间受到接触面分子间的相互吸引力；②由于存在微观凹凸不平而产生的相互嵌合力；③由于相对运动引起的摩擦热而造成熔合点的黏结力。这些力的共同作用，使两零件相对运动的阻力增大。要使两个零件相互运动，必须克服这些摩擦阻力，从而导致零件表面急剧磨损，所以汽车各零件相互运动的表面应尽量避免干摩擦发生。

例如，汽缸壁上部与活塞环以干摩擦和边界摩擦为主，轴颈与轴承在工作过程中受冲击载荷作用时会出现干摩擦状态。

（2）液体摩擦

两摩擦表面被润滑油完全隔开时的摩擦，称为液体摩擦。液体摩擦是两摩擦表面被一层厚度为 $1.5\sim2.0\mu m$ 的润滑油膜完全隔开，避免了两零件间工作表面的直接接触，摩擦只发生在润滑油流体分子之间，故其摩擦阻力很小，零件的磨损也非常轻微。汽车上大部分相对运动的部位都是在液体摩擦状态下进行的，如曲轴和轴承。

（3）边界摩擦

两摩擦表面被一层极薄的润滑油隔开时的摩擦，称为边界摩擦。油膜厚度通常只 $0.1\mu m$ 以下。它是靠分子内相互的吸引力使油膜分子紧密排列，使其具有一定的承载能力，防止了零件表面的直接接触，使摩擦仅发生在边界油膜的外层分子之间，减轻了零件的摩擦与磨损。

由于其厚度很小，工作中易受冲击和高温等作用破坏，所以不如液体摩擦可靠。例如，汽缸壁与活塞环之间；若工作中曲轴与轴颈之间润滑油供给不足，易产生边界摩擦。

（4）混合摩擦

两摩擦表面间干摩擦、液体摩擦和边界摩擦混合存在时的摩擦，称为混合摩擦。实际工作状态中，零件通常都是在混合摩擦状态下工作的，其摩擦状态随工作条件的变化而变化。例如，曲轴轴颈与轴承之间，当曲轴静止时，重力的作用使轴颈与轴承在最下方接触，两侧形成楔形间隙。当曲轴开始旋转时，自身黏度及其对轴颈表面的吸附作用，使润滑油被轴颈带着转动。由于润滑油是沿着截面积逐渐减小的楔形间隙流动，而润滑油的可压缩性又很小，所以油楔部位产生一个使曲轴抬起的流体动压力，推动曲轴上移。曲轴的转速越高，所产生的流体动压力越大。当转速达到一定值时，流体动压力克服了曲轴的载荷，将曲轴轴颈抬离轴承，进入液体摩擦状态。

此外，工作过程中润滑油供给不充足，或受冲击载荷的作用时，轴颈与轴承之间也会出现边界摩擦和干摩擦状态。

2.2.2 汽车零件的磨损

2.2.2.1 概念

零件摩擦表面的金属在相对运动过程中不断损失的现象，称为零件的磨损。磨损的发生将造成零件形状、尺寸及表面性质的变化，使零件的工作性能逐渐降低；但磨损有时候也是有益的，如磨合。

2.2.2.2 分类

依摩擦原理的不同，磨损可分为磨料磨损、黏着磨损、疲劳磨损和腐蚀磨损。

（1）磨料磨损

磨料磨损的定义、形式、影响因素及减小措施见表2-3。

表 2-3　磨料磨损的定义、形式、影响因素及减小措施

项目	描述
定义	摩擦表面间存在的硬质颗粒引起的磨损，称为磨料磨损。这种硬质颗粒称为磨料，它主要来自空气中的灰尘、润滑油中的杂质及运动过程中从零件表面脱落下来的金属颗粒
形式	疲劳剥落或塑性挤压：磨料夹在两摩擦表面之间，将对金属表面产生集中的高应力，使零件表面产生疲劳和剥落（如磨料进入齿隙间，常会发生疲劳和剥落）。对于塑性材料，将使表面产生塑性挤压现象（如磨料进入轴承间易发生塑性挤压） 擦痕：混合在气体和液体中的磨料，随流体以一定的速度冲刷零件的工作表面，并产生擦痕（如柴油机喷油器的针阀偶件）

续表

项目	描述
影响因素	磨料在摩擦表面间经过的距离和速度；磨料与金属表面间的相互作用力；零件硬度；磨料硬度；磨料颗粒的大小
减小措施	汽车发动机采用滤清效果好的空气滤清器；经常清洗机油滤清器；增加零件的抗磨性能；提高零件表面的硬度

（2）黏着磨损

黏着磨损的定义、产生原因、作用机理和减小措施见表2-4。

表2-4　黏着磨损的定义、产生原因、作用机理和减小措施

项目	描述
定义	当金属表面的油膜被破坏，摩擦表面间直接接触而发生黏着作用，使一个零件表面的金属转到另一个零件表面引起的磨损
产生原因	主要是由于金属表面负荷大、温度高而引起的
作用机理	零件间的微观不平—实际接触面积小—接触处承受很大的静压力，即凸起点的切向冲击力—接触点的油膜、氧化膜被破坏，纯金属直接接触—产生一定的弹性变形和塑性变形—零件间吸引力增强
减小措施	选用不同的金属或互溶性小的金属以及金属与非金属材料组成摩擦副；合适的表面粗糙度；用润滑剂隔离接触表面或表面有化合物的保护膜

（3）疲劳磨损

疲劳磨损的定义、发生条件、分类、产生机理和减小措施见表2-5。

表2-5　疲劳磨损的定义、发生条件、分类、产生机理和减小措施

项目	描述
定义	在交变载荷作用下，零件表层产生疲劳剥落的现象
发生条件	主要发生在纯滚动及滚动与滑动并存的摩擦状态下，如齿轮齿面等
分类	非扩展性疲劳磨损：周期性的接触压应力作用，摩擦表面上出现小麻点，随着接触面积的扩大，单位接触面积降低，小麻点停止扩大 扩展性疲劳磨损：材料塑性较差时，在接触表面作用有较大的压应力，使表面产生小裂纹，并扩展而导致金属脱落，形成小麻点并扩展成凹坑，使零件不能继续工作

续表

项目	描述
产生机理	交变载荷的反复作用，使零件表层变形而疲劳，致使表层的薄弱部位先产生微裂纹；同时当润滑油浸入裂纹内部时，如果滚动体封闭裂纹口，堵在裂纹里的润滑油在滚动挤压力的作用下就会劈开裂纹，使裂纹扩展速度加快，裂纹扩展到一定程度后，金属便从零件表层剥落下来，形成点状或片状凹坑，成为疲劳磨损
减小措施	减小材料的非金属夹杂物含量；提高材料的抗断裂强度；合理的金属强化层；用黏度较高的润滑油；形状正确，降低表面粗糙度

（4）腐蚀磨损

腐蚀磨损的定义、分类、各分类定义和减小措施见表2-6。

表2-6　腐蚀磨损的定义、分类、各分类定义和减小措施

项目	描述
定义	零件摩擦表面由于外部介质的作用，产生化学或电化学的反应而引起的磨损
分类	化学腐蚀磨损、电化学腐蚀磨损、微动磨损和穴蚀
各分类定义	金属直接与外部介质发生化学反应而引起的磨损，称为化学腐蚀磨损；由于金属在外部介质中发生电化学反应而引起的磨损，称为电化学腐蚀磨损；零件的过盈配合表面部位在交变载荷或振动的作用下所产生的磨损，称为微动磨损；与液体相对运动的固体表面，因气泡破裂产生的局部高温及冲击高压所引起的疲劳剥落现象，称为穴蚀
减小措施	改善介质条件，用合金化法增加材料的耐腐蚀性；去除残留拉应力；减小振动次数和振幅；提高硬度和选择合适的配合副；适当的润滑；表面硫化、磷化处理或镀层

2.2.3　影响汽车零件磨损的因素及磨损规律

2.2.3.1　影响汽车零件磨损的因素

磨损通常是由多种磨损形式共同作用造成的，其磨损强度与零件的材料性质、加工质量及工作条件等因素有关。

（1）材料性质的影响

不同材料由于其成分、组织、结构不同，抵抗磨损的能力也不同，如碳钢件的耐磨性随硬度的提高而提高、铸铁件的耐磨性则取决于碳含量。若在钢铁中加入一定的合金元素并进行适当的热处理，均可提高零件的耐磨性。

（2）加工质量的影响

零件的加工质量主要指其表面粗糙度及几何形状误差。几何形状误差过大，将造成零件工作中受力不均，或产生附加载荷，使磨损加剧。表面粗糙度值过大会破坏油膜的连续性，造成零件表面凸起点的相互咬合，同时腐蚀物质更易沉积于零件表面，使腐蚀磨损加剧。

（3）工作条件的影响

工作条件是指零件工作时的润滑条件、滑动速度、单位压力及工作温度等。

充足的润滑油可以在零件表面形成良好的油膜，避免摩擦表面之间的直接接触，同时对零件表面具有良好的清洗作用，减轻零件的磨损。

零件相对运动速度的提高，有利于润滑油膜的形成，使磨损减轻；但运动速度过快，摩擦产生的热量来不及散去，会导致机油黏度下降、油膜变薄、承载能力降低，出现边界摩擦甚至干摩擦，加剧零件磨损。

零件表面上的单位压力升高，零件的磨料磨损随之增加。当零件表面载荷超过油膜的承载能力时，摩擦表面间的油膜将被破坏，引起严重的黏着磨损。

零件的工作温度应适当，温度过高会造成油膜变薄甚至被破坏，磨损增加；但温度过低，腐蚀性介质更容易冷凝于工作零件表面，使腐蚀磨损增加。

2.2.3.2　汽车零件磨损规律

零件的磨损是不可避免的，工作条件不同，引起零件磨损的原因也就不同。但各种零件的磨损却都具有一定的共同规律，这种规律称为零件磨损特性。遵循该磨损规律的曲线，称为磨损特性曲线。从图 2-3 中可以看出，零件磨损可分为三个阶段。

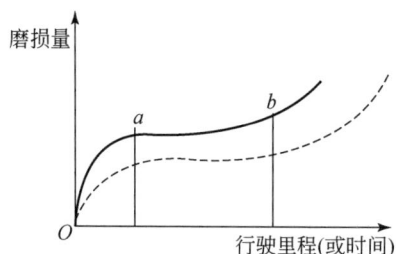

图 2-3　汽车零件磨损特性曲线

（1）第一阶段：磨合期（*Oa* 段）

由于新零件及修复件表面较为粗糙，工作时零件表面的凸起点会划破油膜，在零件表面上产生强烈的刻画、黏结等作用，同时从零件表面上脱落下来的金属及氧化物颗粒会引起严重的磨料磨损，所以该阶段的磨损速度较快。随着磨合时间的增长，零件表面质量不断提高，磨损速度会相应降低。

（2）第二阶段：正常工作期（ab 段）

经过磨合期的磨合，零件的表面粗糙度值降低，适油性及强度增强，所以零件在正常工作期的磨损变得非常缓慢。

（3）第三阶段：极限磨损期（曲线 b 点以后）

由于磨损的不断积累，造成的极限磨损期零件的配合间隙过大，油压降低，正常的润滑条件被破坏，零件之间的相互冲击也随之增加，零件的磨损急剧上升。此时如不及时进行调整或修理，将会造成事故性损坏。

由上述可知，降低磨合期的磨损量。减缓正常工作期的磨损，推迟极限磨损期的来临。可延长零件的使用寿命（虚线）。

2.3　汽车零件的变形失效

2.3.1　零件变形失效的类型及变形机理

零件在使用过程中，由于承载或内部应力的作用，零件的尺寸和形状发生改变的现象称为零件的变形。变形是零件失效的一个重要原因，如曲轴的变形将影响汽缸活塞组在汽缸中的正确位置，离合器摩擦片挠曲过大将造成离合器分离不彻底，变速器中间轴与主轴弯曲过大就会破坏齿轮副的正常啮合等。

零件变形失效的类型有弹性变形失效、塑性变形失效和蠕变变形失效。

零件在外力作用下发生弹性挠曲，其挠度超过许用值而破坏零件间相对位置精度的现象，称为弹性变形失效。此时零件所受应力并未超过弹性强度，应力与应变之间的关系仍遵循胡克定律。材料弹性模量是弹性变形的失效抗力指标。零件的截面积越大，材料弹性模量越高，则越不容易发生弹性变形失效。

零件的工作应力超过材料的屈服强度而产生塑性变形所导致的失效，称为塑性变形失效。经典的强度设计都是按照防止塑性变形失效来进行的，即不允许零件的任何部位进入塑性变形状态。随着应力分析技术的发展，目前在设计中已逐渐采用塑性设计的方法，即允许局部区域发生塑性变形。但采用塑性设计方法时，若应力分析不精确、工作条件估计错误或材料选择不合理，就有可能发生塑性变形失效。例如，花键扭曲、螺栓受载后被拉长（塑性变形）等。

在给定外载荷条件下，塑性变形失效取决于零件截面的大小、安全系数值及材料的屈服强度。材料的屈服强度越高，则发生塑性变形失效的可能性越小。

蠕变是指材料在一定应力（或载荷）作用下，随时间延长，变形不断增大的现象。

蠕变变形失效是由于蠕变过程不断发生，产生的蠕变变形量或蠕变速度超过金属材料蠕变极限而导致的失效。

2.3.2　零件变形失效的影响因素

零件变形失效主要受残余内应力、外载荷、工作温度及修理、装配精度等因素的影响。内应力是指零件内部存在的、与载荷无关的内应力。残余内应力主要有热应力、相变应力、机加工应力及热处理淬火应力。自然时效和人工时效可以使内应力降低或消除。

零件具体结构决定了零件工作时承受的外载荷会不均衡，造成零件局部过载、变形；使用不当造成过大的附加载荷或安装不当造成附加应力，都会使零件变形，如汽缸体上的螺纹孔与缸盖相连接。受工作压力作用，螺纹孔产生凸起变形。

工作温度升高，金属弹性极限降低、内应力松弛加快，会使零件屈服强度降低，零件易产生变形，如缸体的变形。

修理过程定位基准选择不当或基准变形过大，难以保证机加工后的形状和位置精度；修理时操作不当会引起零件变形，如螺栓拧紧力矩不均匀及拧紧顺序错误等；修理作业如堆焊、焊接、压力加工等工艺都会产生新的内应力和变形。因此在制订修理工艺时，应考虑这些问题。

2.4　汽车零件腐蚀失效

零件受周围介质作用而引起的损坏，称为零件的腐蚀。按腐蚀机理可分为化学腐蚀和电化学腐蚀，汽车上约20%的零件因腐蚀而失效。

2.4.1　腐蚀失效的类型及特点

金属腐蚀失效的类型是多种多样的，但是无论是哪一种腐蚀，在腐蚀的过程中，都必须有一个化学或电化学反应过程。因此，在表面或断口上会留下腐蚀产物。腐蚀是从表面开始向内部扩展的。金属腐蚀后造成金属重量损失，使金属有效面积减小或使金属强度大大降低。

按金属与介质的作用性质把腐蚀失效分为化学腐蚀和电化学腐蚀。化学腐蚀是金属表面与介质发生化学作用引起的，特点是腐蚀过程中无电流的产生。电化学腐蚀是两个不同的金属在导电溶液中形成一对电极，产生电化学反应，使充当阳极的金属被腐蚀，特点是腐蚀过程中有电流产生。

化学腐蚀又分为气体腐蚀和在非电解溶液中的腐蚀；电化学腐蚀又分为大气腐蚀、土壤腐蚀、在电解溶液中的腐蚀及熔融中的腐蚀。

按照腐蚀的破坏形式把腐蚀失效分为均匀腐蚀和局部腐蚀。均匀腐蚀是金属的腐蚀作用均匀地发生在整个金属表面上。局部腐蚀是金属的腐蚀作用仅局限在一定的区域内。局部腐蚀比均匀腐蚀的危害性大很多。

均匀腐蚀的腐蚀程度是用平均腐蚀速率来表示的，其中腐蚀速率可以由重量的变化来评定，也可由腐蚀深度来表示。局部腐蚀的腐蚀程度则应根据情况用裂纹扩展速率或材料性能降低程度来表示。

2.4.2　腐蚀失效机理

2.4.2.1　化学腐蚀失效机理

化学腐蚀是金属零件与介质直接发生化学作用而产生的腐蚀，金属在干燥空气中的氧化及金属在不导电介质中的腐蚀等，均属于化学腐蚀。化学腐蚀过程中没有电流产生，通常在金属表面形成一层腐蚀产物膜，如铁在干燥空气中与空气中的氧作用，则

$$4Fe+3O_2=\!\!=\!\!=2Fe_2O_3; \qquad 3Fe+2O_2=\!\!=\!\!=Fe_3O_4$$

这层膜的性质决定化学腐蚀速度，如果膜是完整的，强度、塑性都很好，膨胀系数和金属相近，膜与金属的黏着力强等，它就有保护金属、减缓腐蚀的作用。例如，铬和铬的氧化物硬度高，氧化铬膜不易磨掉，因此，发动机活塞环镀铬后，耐腐蚀磨损的性能大大提高。

2.4.2.2　电化学腐蚀失效机理

电化学腐蚀是金属表面与介质之间的电化学作用而引起的。

电化学腐蚀的基本特点是，在导电溶液里，充当阳极的金属不断被腐蚀，同时，在金属不断遭到腐蚀的同时还有电流产生。金属在酸、碱、盐溶液及潮湿空气中的腐蚀均属于这类腐蚀。

引起电化学腐蚀的原因是金属与电解质相接触，由于离子交换，产生电流形成原电池，如铁金属在溶液中或潮湿的环境中产生的化学反应为

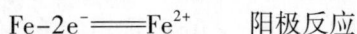

$$Fe-2e^-=\!\!=\!\!=Fe^{2+} \qquad 阳极反应$$

$$2H^+ + 2e^- \!=\!\!=\! H_2 \qquad 阴极反应$$

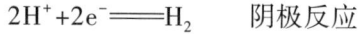

这种原电池，由于电流无法利用，阳极金属受到腐蚀，称为腐蚀电池。

2.4.2.3 其他腐蚀失效机理

两种金属制成的零件，由于其电极电位不同，所形成的腐蚀电池称为异类电极电池；同一种金属由于各部位接触的溶液成分不同，如氧的浓度不同或其他的浓度差不同，也会形成浓差腐蚀电池，如湿式缸套下部的橡胶圈密封处，与垫圈接触的表面均会产生浓差腐蚀电池。当金属表面有氧化膜或镀层时，若氧化膜不完整且有孔隙或镀层有破损、裂纹等，在电解质溶液存在的环境下，易形成局部腐蚀电池，也称为微电池。

金属按电化学机理进行腐蚀时，由于氢离子与阴极电子结合析出氢气，促进阳极腐蚀。故这种腐蚀过程称为析氢腐蚀。许多金属在盐酸或稀硫酸中均受到析氢腐蚀。

图 2-4 为钢在电解液膜下的电化学腐蚀过程。铁素体和渗碳体相互接触，组成腐蚀电池，铁素体电极电位比渗碳体低而成为阳极遭到腐蚀，渗碳体作为阴极在其表面析出氢气。

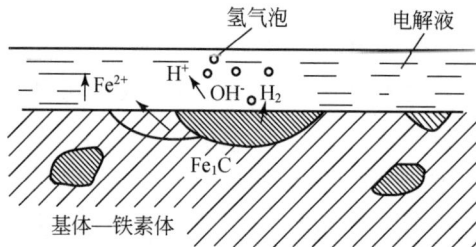

图 2-4 钢在电解液膜下的电化学腐蚀过程

与燃气接触的零件所受的腐蚀为燃气腐蚀。燃气腐蚀可分为低温腐蚀和高温腐蚀，低温腐蚀主要为电化学腐蚀，高温腐蚀主要为化学腐蚀。燃气与冷却条件较好的零件接触，当其温度降到露点以下时，燃气中的水蒸气凝结成水与燃气中的酸酐等形成酸类而形成低温腐蚀，如汽缸套、汽缸盖与喷油嘴等处。直接与高温燃气接触部分，如活塞顶、排气门与气座、排气管等处，都易发生高温腐蚀。

2.4.3 防止金属腐蚀的措施

防止化学腐蚀的方法包括如下：①正确选用金属材料并合理设计金属结构；

②添加缓蚀剂、去除介质中有害成分；③隔离有害介质以及电化学保护法。

汽车上主要用覆盖层保护的方法来防止部分汽车零件的电化学腐蚀，覆盖层有金属性的，如镀铬、镀锡（铬和锡的耐腐蚀性很强，可以保护金属内部）等。非金属覆盖层用得最广泛的是油漆，其次是塑料。有些零件用化学或电化学方法在零件表面生成一层致密的保护膜，如生成的蓝色层氧化膜，磷化而生成的磷化膜，都是防止电化学腐蚀的有效方法。

2.5 汽车零件的疲劳断裂失效

零件在交变应力作用下，经过较长时间工作而发生的断裂现象，称为疲劳断裂。疲劳断裂是汽车零件中常见的失效形式之一，也是危害性最大的一种失效形式。其特点如下。

1）疲劳条件下的破断应力低于材料的抗拉强度，而且低于屈服强度。

2）无论塑性材料或是脆性材料做成的零件，在交变应力的作用下，一般都在疲劳裂纹扩展到一定程度后发生突然破坏，而且疲劳断裂过程在宏观形貌上没有留下明显的塑性变形。

3）疲劳断裂的宏观断口有其独特的形貌，典型的宏观疲劳断口分为三个区域：疲劳源区（或称为疲劳核心区）、疲劳裂纹扩展区和瞬时断裂区。

2.5.1 疲劳断裂失效的分类

疲劳断裂失效的分类见表2-7。

表2-7 疲劳断裂失效的分类

分类	描述
按断裂性质	塑性、脆性、塑-脆性，塑性又分为纤维状断口与剪切断口
按断裂路径	沿晶、穿晶、混晶
按断裂机理	解理、韧窝、准解理、滑移分离、疲劳、环境、蠕变、沿晶
按应力状态	静载、动载，静载分为拉伸、剪切和扭转断裂；动载分为冲击和疲劳断裂
按断裂环境	低温、室温、高温、腐蚀、氢脆

而根据零件的特点及破坏时总的应力循环次数，疲劳失效可按图2-5所示分类。

对于不同类型的疲劳失效，其分析方法是不同的。

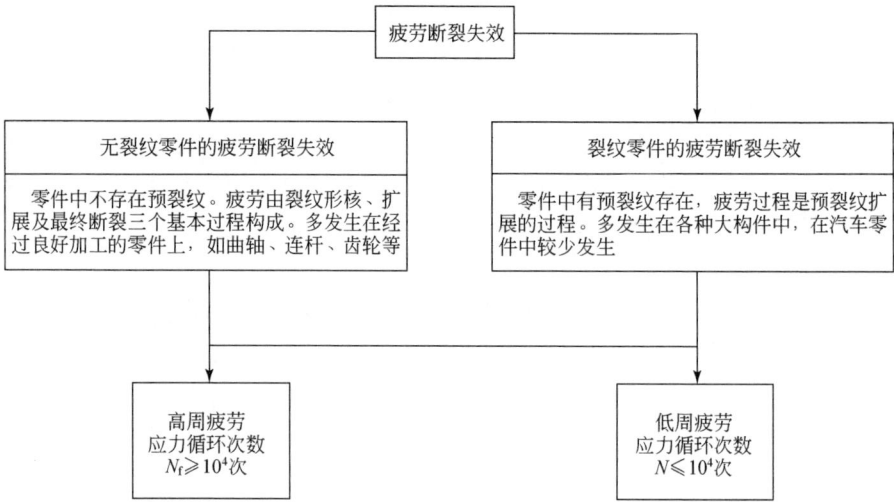

图 2-5　疲劳断裂失效的分类

2.5.2　疲劳断裂失效机理

金属零件疲劳断裂实质上是一个累积损伤过程，大体上可划分为滑移、裂纹成核、微裂纹扩展、宏观裂纹扩展和最终断裂五个过程。

2.5.2.1　疲劳裂纹的萌生

在交变载荷下，金属零件表面的不均匀滑移是产生疲劳裂纹核心的策源地，金属内的非金属夹杂物和应力集中等也可能是产生疲劳裂纹核心的策源地。

在一定应力循环后，在应力硬化区内由于应力的增加出现局部损伤累积以及空穴集聚，这样在各晶粒内局部地区出现一个或几个分布不均匀的相对滑移线，且随着疲劳的加剧，原有滑移线的滑移量加大，新出现的滑移线也往往挨着原有的滑移线而共同组成滑移带。滑移带随着疲劳的加剧而逐步加宽加深，不同方向的滑移量也不一样，在表面出现挤出带和挤入槽，如图 2-6 所示。这种挤入槽就是疲劳裂纹策源地。另外，金属的晶界及非金属夹杂物等处以及零件应力集中的部位（台阶、尖角、键槽等）均会产生不均匀滑移，最后也形成疲劳裂纹核心。

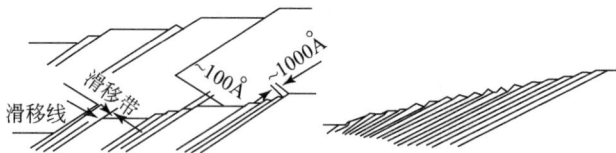

图 2-6　延性金属中由外载荷作用造成的滑移

2.5.2.2 疲劳裂纹的扩展

在没有应力集中的情况下，疲劳裂纹的扩展可分为沿晶阶段和穿晶阶段。

在交变应力的作用下，裂纹从金属材料表面上的滑移带、挤入槽或非金属夹杂物等处开始，沿着最大切应力方向（一般和主应力方向成 40°角的方向）的晶面向内扩展，这是裂纹扩展的第一阶段（即沿晶阶段）。在这一阶段，裂纹的扩展速率很慢。

裂纹按第一阶段方式扩展一定距离后，将改变方向，沿着与正应力相垂直的方向扩展，这是疲劳裂纹扩展的第二阶段（即穿晶阶段），如图 2-7 所示。这一阶段裂纹扩展途径是穿晶的，扩展速率较快。

如在有应力集中的情况下，则不出现第一阶段，直接进入第二阶段。裂纹成核后的扩展过程主要包括微观和宏观两个裂纹扩展阶段。因此，整个疲劳过程是：滑移—微观裂纹产生—微观裂纹连接—宏观裂纹扩展—断裂失效。

2.5.3 疲劳断口宏观形貌特征

典型的宏观疲劳断口一般分为前沿线、疲劳裂纹源区或称疲劳核心区、疲劳裂纹扩展区和瞬时断裂区，如图 2-8 所示。

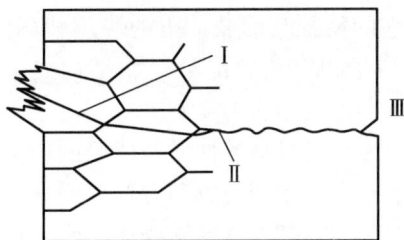

图 2-7 疲劳裂纹扩展的两个阶段
Ⅰ-第一阶段扩展；Ⅱ-第二阶段扩展；
Ⅲ-最终断裂

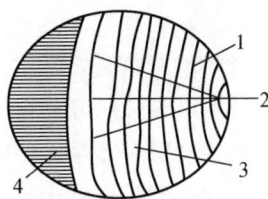

图 2-8 疲劳裂纹的宏观断口示意图
1-前沿线；2-疲劳裂纹源区；
3-裂纹扩展区；4-瞬时断裂区

2.5.3.1 疲劳裂纹源区

疲劳源是疲劳破坏的起始点，一般位于零件表面，但如果内部存在严重缺陷时，也可能发生在零件内部。疲劳裂纹源区的断面由于疲劳裂纹扩展缓慢及裂纹反复张开与闭合效应而磨损严重，而且具有光亮和细"晶粒"的表面结构。

疲劳源的数目可以不止一个，尤其是零件过负荷疲劳时，其应力幅度较大，此时断口上常会出现几个不同位置的疲劳源。在断口表面同时存在几个疲劳源的情况下，可按疲劳线的密度来确定疲劳源产生的次序，疲劳线的密度越大，表示起源的时间越早。

2.5.3.2 疲劳裂纹扩展区

疲劳裂纹扩展区是疲劳断口最重要的特征区域。此区域较光亮、平滑，存在一些以疲劳源为中心，与裂纹方向相垂直的呈半圆形或扇面形的弧线，称为疲劳弧线（由于外加载荷的改变或附近裂纹、材料缺陷、残余应力影响而发生的应力再分配，引起疲劳裂纹前沿区域局部地区的应力大小及状态的改变，从而使疲劳裂纹扩展速度及方向均发生变化，在断面上留下塑性变形的痕迹）。疲劳弧线是金属疲劳断口宏观形貌的基本特征。

裂纹扩展区对衡量材料的性能很重要，这个区域大，表示材料的临界裂纹尺寸大，能较好地抵抗裂纹的扩展，即具有足够的断裂韧性。有些金属零件在交变应力的作用下发生疲劳断裂失效，宏观断口观察不到疲劳弧线，则是由于断口表面多次反复压缩而摩擦，使该区域变得很光滑，呈细晶状的缘故。

在低周疲劳断口上一般观察不到疲劳弧线。

2.5.3.3 瞬时断裂区

当疲劳裂纹扩展到临界尺寸时，剩余截面上的真实应力超过材料强度，零件发生瞬时断裂的区域称为瞬时断裂区。它的特征与静载荷下的快速破坏区相似，会出现放射区和剪切唇。脆性材料的断口呈粗糙的"晶粒"状结构或呈放射线式；塑性材料的断口具有纤维状结构，在零件表面有剪切唇。

疲劳扩展区与瞬时断裂区所占面积的大小与材料的性质及所受的应力水平有关。通常高强度材料塑性差，承受应力水平高，疲劳裂纹稍有扩展即导致过载静断，所以它的疲劳扩展区小，而瞬时断裂区大。塑性材料承受应力水平低时，即使疲劳裂纹有较大扩展，其剩余截面上的应力仍不高，不会立即断裂，瞬时断裂区所占比例就小。因此，可根据疲劳断口上两个区域所占比例，估计所受应力及应力集中程度的大小。

疲劳断裂因载荷类型不同，其断口形态也不一样，如在双向交变扭转应力作用下，断口多呈锯齿状。这是因为轴在双向交变扭转应力作用下，轴颈尖角处将产生很多疲劳源。这些裂纹将同时与轴线成40°交角的方向扩展，因为这个方向是最大拉应力方向，最后这些裂纹相交时，便形成锯齿状。

2.5.4 提高汽车零件抗疲劳断裂的方法

提高金属零件疲劳抗力的基本途径有以下几个。

2.5.4.1 延缓疲劳裂纹萌生时间

延缓疲劳裂纹萌生时间的方法有强化金属合金表面，控制表面的不均匀滑移（如表面滚压、喷丸以及表面热处理等）。细化材料晶粒可提高疲劳强度极限；采用热处理方法使晶界呈锯齿状或使晶粒定向排列并与受力方向垂直，以防止晶界成为疲劳裂纹扩展的通道。另外，提高金属材料的纯洁度，减小夹杂物尺寸以及提高零件表面完整性设计水平，尽量避免应力集中的现象等，都是抑制或推迟疲劳裂纹产生的有效途径。

2.5.4.2 降低疲劳裂纹扩展的速率

降低疲劳裂纹扩展的速率的主要方法有止裂孔法、扩孔清除法、刮磨修理法。

止裂孔法是在裂纹扩展前沿钻孔，以阻止裂纹继续扩展；扩孔清除法是在不影响强度的前提下，采用扩孔方法加大已产生疲劳裂纹的内孔直径，将疲劳裂纹清除；刮磨修理法是用刮磨方法将零件局部表面已产生的裂纹清除。此外，还可以在裂纹处采用局部增加有效截面或补贴金属条等降低应力水平的方法，以阻止裂纹继续产生与扩展。

2.5.4.3 提高疲劳裂纹门槛值

金属零件裂纹扩展的门槛值是指疲劳裂纹不扩展（稳定）时的最高应力强度因子幅。其值用 Δk 表示，一般由试验直接确定。

2.6 汽车零部件失效的综合分析

由于零件的失效主要是由于工作应力大于失效抗力所造成的，因此对汽车的零部件进行综合分析时，应当首先从零件的受力状态、环境介质、温度等方面去考虑失效原因。不同的工作条件要求零件具有不同的失效抗力指标，而材料的失效抗力指标则主要取决于材料的成分、组织和状态。根据资料和现场调查就可以确定主要的分析项目，如承受交变应力的零件多表现为疲劳断裂，若此时有介质存在，则可能是腐蚀疲劳；处于高温环境则多为高温疲劳。

对零件进行综合分析时常用的分析方法有失效模式分析法和系统工程分析法。

2.6.1　失效模式分析法

失效模式是一种或几种物理或化学过程所产生的效应，导致零件在尺寸、形状、状态和性能上发生明显变化，造成整台机器丧失原设计能力。不同的物理或化学过程对应着不同的失效模式。根据零件残骸（断口、磨屑等）的特征和残留的有关失效过程的信息，可首先判断失效模式，进而推断失效的根本原因。

2.6.2　系统工程分析法

系统工程分析法是把产品看成一个系统，采用数学方法或计算机等现代化工具，研究系统故障率的原因与结果之间的逻辑关系，对系统构成要素、组织结构、信息交换等功能进行分析、设计、制造、维护等，从而达到最优设计、最优控制和最优管理的目的。因此，系统工程分析法不仅是在事故发生后才采用的一种善后处理方法，而且可在事故发生前就采取必要的防范措施，避免事故的发生。目前国内外应用的系统工程失效分析法主要有失效模式影响及危害性分析、"故障树分析""特性要因图"及摩擦学系统分析等。

2.6.2.1　失效模式影响及危害性分析

失效模式影响分析是指在系统设计过程中，通过对系统各组成单元潜在的各种故障模式及其对系统功能的影响与产生后果的严重程度进行分析，提出可能采取的预防改进措施，以提高产品可靠性的一种设计分析方法。其目的在于重新考虑系统结构，改换材料，采取有储备系统设计方法等。

失效模式影响及危害性分析是一种在产品设计阶段广泛应用的、系统化的失效分析方法，它分为失效模式与影响和危害度分析两步。根据需要，有时只进行失效模式分析，有时只进行失效影响分析，而危害度分析是在失效模式影响分析的基础上进行的，将这两步合并后统称失效模式影响及危害性分析。

一般失效模式影响分析只进行定性分析，而失效模式影响及危害性分析可以进行定量分析。

（1）失效模式影响及危害性分析的基本步骤

1）以设计文件为依据，从功能、环境条件、工作时间、失效定义等各方面全面确定设计对象（即系统）的定义；按递降的重要度分别考虑每一种工作状态（或称工作模式）。

2）针对每一种工作状态分别绘制系统功能框图和可靠性框图（系统可靠性模型）。

3）确定每一部件与接口应有的工作参数或功能。

4）查明一切部件与接口可能的失效模式、发生的原因与影响。

5）按可能的最坏影响评定每一失效模式的危害性级别。

6）确定每一失效模式的检测方法与补救措施或预防措施。

7）提出修改设计或采取其他措施的建议，同时指出设计更改或其他措施对各方面的影响，如对使用、维护、后勤保障等各方面的要求。

8）写出分析报告，总结设计上述无法改正的问题，并说明预防失效或控制失效危害性的必要措施。

（2）失效模式及其分析

一种失效模式可能不止一种失效原因，分析时要考虑每一种独立的原因。在具体分析产品失效模式时，要考虑一切可能存在的隐患，如产品应力分析、动力学结构与机构分析；试验失效、检验偏差、数据交换网的报警通知和类似产品的工作信息；已进行过的安全分析报告等。

如果全面分析零部件一级的一切可能的失效模式及其原因，可以获得完整的信息，但很费时间。这时需要判断究竟哪些部件或功能需要进一步的分析。显然，影响越严重的失效模式越需要作深入的分析。但如能判明故障所在，或者能查出需要做维护、修理或某种后勤保障时，可不再作更深入的分析。对于易失效而原因不明的元件，则需要作失效物理分析。首先确定哪些部件（失效）可能造成灾难性的和严重的系统失效模式；然后分析部件的输入和输出参数，确定系统失效模式是由哪些"元件失效模式"造成的。

把每一种失效模式的一切元件失效率相加，可求得"失效模式失效效率"。在系统研制中，失效模式影响分析居于可靠性工作的中心。

2.6.2.2　故障树分析

自 1962 年首次提出以来，故障树分析已广泛应用于航空航天、核能、化工、电子、机械和采矿等领域。它在工程设计阶段可以帮助寻找潜在的事故；在系统运行阶段可以用作失效预测。将其与计算机相结合，便成为分析大型复杂系统可靠性的有力工具。因此故障树分析特别适合于对大型复杂系统的可靠性与安全性分析和风险评价。故障树分析是把系统所不希望发生的一个事件（即故障事件）

作为分析的目标（顶事件），先找出导致这一事件（顶事件）发生的直接因素和可能的原因，接着将这些直接因素和可能的原因作为第二级事件，再往下找出造成第二级事件发生的全部直接因素和可能的原因，并依此逐级地找下去，直至追查到最原始的直接因素，位于顶事件与底事件之间的中间结果事件称为中间事件。采用相应的符号表示这些事件，再用描述事件间逻辑因果关系的逻辑门符号把顶事件、中间事件与底事件连接成倒立的树状图。这种倒立的树状图称为故障树，用以表示系统特定顶事件与其各子系统或各元件的故障事件及其他有关因素之间的逻辑关系。以故障树作为分析手段对系统的失效进行分析的方法称为故障树分析法。

故障树分析法一般可按下列步骤进行：①建立故障树；②进行系统可靠性的定性分析；③进行系统可靠性的定量分析。

（1）故障树的建立

故障树是实际系统故障组合和传递的逻辑关系的正确而抽象的表达。建树是否完善会直接影响定性、定量分析的结果，是关键的一步。因此，建树前应对所分析的系统及其组成部分产生故障的原因、影响以及各种影响因素和它们之间的因果关系有透彻的了解；建树后应当请设计、运行、维修等各方面有经验的技术人员讨论，找出故障树中的错误、互相矛盾和遗漏之处，并进行修改。一个复杂系统的建树过程往往需要多次反复，逐步深入和逐步完善。

建树就是按照严格的演绎逻辑，从顶事件开始，向下逐级追溯事件的直接原因，直至找出全部的事件为止，最后得到一棵故障树。

在完成建树准备工作后，即可开始建立故障树。

1）确定顶事件。任何需要分析的系统故障，只要它是可以分解且有明确定义的，则在该系统的故障树分析中都可以作为顶事件。因此，对一个系统来说，顶事件不是唯一的。但往往把该系统中最不希望发生的故障作为该系统的顶事件。

2）建立故障树。在确定顶事件之后，则将它作为故障树分析的起始端，找出顶事件所有可能的直接原因，作为第一级中间事件。将这些事件用相应的事件符号表示，并用适合于它们之间逻辑关系的逻辑门符号与上一级事件（最上一级为顶事件）相连接。依此类推，逐级向下发展，直至找到引起系统故障的全部无须再追究下去的原因，作为底事件。这样，就完成了故障树的建立。

建立逻辑树时应注意的事项有以下几点。

第一，选择建树流程时，通常是以系统功能为主线来分析所有故障事件并按逻辑贯穿始终。但一个复杂系统的主流程可能不是唯一的，因为各分支常有自己的主流程，建树时要灵活掌握。

第二，合理地选择和确定系统及单元的边界条件。在建树前对系统和单元（部件）的某些变动参数做出的合理假设，即为边界条件。这些假设可使故障树分析抓住重点，同时也明确了建树范围，即故障树建到何处为止。

第三，故障事件定义要具体，尽量做到唯一解释。

第四，系统中各事件间的逻辑关系和条件必须十分清晰，不允许逻辑混乱和条件矛盾。

第五，故障树应尽量地简化，去掉逻辑多余事件，以方便定性、定量分析。

（2）故障树的定性分析

故障树的定性分析的主要任务就是寻找导致顶事件发生的所有可能的失效模式——失效谱，或找出使系统成功的成功谱，即找出故障树的全部最小割集或全部最小路集。

故障树定性分析的原则如下。

1）比较小概率失效元件组成的各种系统失效概率时，其故障树所含最小割集的最小阶数越小，系统的失效概率越高；在所含最小割集的最小阶数相同的情况下，该阶数的最小割集的个数越多，系统的失效概率越高。

2）比较同一系统中各基本事件的重要性时，按各基本事件在不同阶数的最小割集中出现的次数来确定其重要性；所在最小割集的阶数越小，出现的次数越多，该基本事件的重要性越大。

（3）故障树的定量分析

故障树的定量分析的任务是利用故障树作为计算模型，在已知底事件发生概率的条件下，求出顶事件（即系统失效）的发生概率，从而对系统的可靠性、安全性及风险做出评估。

:

第3章 报废汽车回收拆解与资源再生

3.1 报废汽车回收与拆解

3.1.1 报废汽车回收

3.1.1.1 主要术语定义

（1）汽车报废

汽车报废是指汽车达到了使用生命（通常为使用年限或行驶里程），技术状况处于不良或极限状态，使其停止使用并回收利用（田晟，2014）。

（2）汽车回收

汽车回收是以生态学、经济学规律为理论基础，运用系统工程研究方法把汽车全生命周期作为研究对象，以资源高效利用和环境友好为特征的经济形态下的回收形式。

（3）汽车再生资源

汽车再生资源指对报废汽车进行资源化处理后所获的可以回收利用的物资。

（4）汽车再生资源利用

汽车再生资源利用包括报废汽车的回收、拆解、再利用（再使用和再制造）和回收利用（产品设计与资源再生）等活动。

（5）汽车再生工程

汽车再生工程是汽车再生资源利用工程的简称，是对报废汽车进行资源化处理的活动。它主要包括对报废汽车所进行的回收、拆解及再利用等生产过程。

（6）再使用

再使用是指对报废车辆零部件进行的任何针对其设计目的的使用。

（7）再利用

再利用是指经过对废料的再加工处理，使之能够满足其原来的使用要求或者用于其他用途，不包括使其产生能量的处理过程。

（8）回收利用

回收利用是指经过对废料的加工处理，使之能够满足其原来的使用要求或者用于其他用途，包括使其产生能量的处理过程。

（9）可拆解性

可拆解性是指零部件可以从车辆上被拆解下来的能力。

（10）可再使用性

可再使用性是指零部件可以从报废车辆上被拆解下来进行再使用的能力。

（11）再利用性

再利用性是指零部件或材料可以从报废车辆上被拆解下来进行再利用的能力。

（12）可再利用率

可再利用率是指新车中能够被再利用或再使用部分占车辆质量的百分比。

（13）可回收利用性

可回收利用性是指零部件或材料可以从报废车辆上被拆解下来进行回收利用的能力。

（14）可回收利用率

可回收利用率是指新车中能够被回收利用或再使用部分占车辆质量的百分比。

（15）固体废物

固体废物是指在生产、生活和其他活动中产生的丧失原有利用价值或者虽未丧失利用价值但被抛弃或者放弃的固态、半固态和置于容器中的气态的物品、物质以及法律、行政法规规定纳入固体废物管理的物品、物质。

（16）工业固体废物

工业固体废物是指在工业生产中产生的固体废物。

（17）危险废物

危险废物是指列入国家危险废物名录或者根据国家规定的危险废物鉴别标准和鉴别方法认定的具有危险性的固体废物。

（18）储存

储存是指固体废物临时置于特定设施或者场所中的活动。

（19）处置

处置是指固体废物焚烧和用其他改变固体废物的物理、化学、生物特性的方法，达到减少已产生的固体废物数量、缩小固体废物体积、减少或者消除其危险成分的活动，或者将固体废物最终置于复合环境保护规定要求的填埋场的活动。

（20）利用

利用是指从固体废物中提取物质作为原材料或者燃料的活动。

3.1.1.2 报废汽车回收特性及付费机制

（1）汽车回收特性

报废汽车回收作为汽车生命周期的一个阶段，对整个汽车生命周期过程具有重要影响。汽车报废制度的完善、回收管理的强化和网点布局的优化，既有利于汽车工业和消费市场的健康发展，也对环境保护和交通安全有重要意义。

1）回收利用的初始性。产品回收是指报废产品的收集过程，称为报废产品收购或报废品收集。收集或收购报废汽车的活动是汽车再生资源利用物流过程的开始，决定着可进行资源化的报废汽车数量。

2）回收物流的逆向性。产品回收业被称为"静脉产业"，这形象地反映出报废产品回收是"多对一"和"分散到集中"的物流过程。它与产品销售的物流过程相反，是逆向物流过程。

3）回收活动的制约性。报废汽车的回收活动受法律法规的制约。我国国务院 2001 年颁布了《报废汽车回收管理办法》，规定对报废汽车的回收行业实行特种行业管理，对报废汽车回收企业实行资格认定制度，并规定报废车只能由指定的回收企业收集和解体。

4）回收效益的市场性。尽管报废汽车回收活动具有直接的社会效益，但是其回收经济效益又取决于市场规律。

（2）汽车回收付费机制

1）交易制。政府对报废汽车回收付费方式无强制性规定。有关报废汽车的回收是采取有偿回收或报废的交易方式，即视回收车辆的状态来决定是由车主付费报废，还是由企业付费回收。例如，在英国、法国和德国等曾经实行。

2）基金制。政府通过制定法律或管理文件的形式，对有关报废汽车回收的方法、内容、程序和付费方式等做出规定，所有汽车报废回收处理费用在车主购车或注册时以基金方式支付，并由基金会依法进行管理。例如，在日本、荷兰和瑞典等实行。

3）补偿制。由政府财政支出汽车报废补贴资金，对按规定报废的车辆进行补偿，车主可以获得一定数量的财政补贴资金。目前，只有我国采用这种机制。

4）无偿制。无偿制也是生产者责任制。例如，按欧盟报废汽车回收指令的规定，对于 2002 年 7 月 1 日以后的新车及 2007 年 7 月 1 日以后的全部报废车，在交给加盟国认定的处理设施处理时，最终所有者不负担回收处理费用，由生产者负担回收处理费用的全部或大部分。

3.1.2　报废汽车逆向物流回收模式

随着各国政府越来越重视废弃产品在生命周期结束后的回收和处理，各国相继出台各项法律规范和要求，实施生产者责任延伸制，政府的角色也逐渐成为了逆向物流活动的监管者，而非参与者。就汽车生产企业而言，从逆向物流的运作层面来看，可选择的回收模式主要有以下 3 种。

3.1.2.1　汽车制造商自营回收模式

汽车制造商自营回收模式主要是指汽车制造商有独立逆向物流回收体系，企业本身负责回收报废汽车。汽车制造商自营回收模式可对报废汽车拆解后进行再处理，此过程全由制造商负责，与其他外部组织无关。汽车制造商自营回收模式的主要优势如下。

（1）确保商业机密安全

汽车作为成熟的工业产品，各汽车制造商对自身产品的了解程度最高，并且由于竞争而加入的各种差异化技术可能是自家商业机密，如报废汽车被第三方拆解，会造成商业机密泄露，不利于本企业的发展。如引入第三方回收，需要确保商业机密不外泄，增加了监管成本。

（2）客户关系管理优势

汽车制造商对现有汽车分销渠道的控制力强，对售出汽车的用户资料和汽车批次、性能、参数等各项信息具有完全掌控能力。汽车制造商手握此类信息资产，可便捷参与管理汽车回收事宜，并可推出相应服务。

（3）部分汽车制造商现有信息系统可进行逆向物流回收管理（或扩展后可进行）

部分汽车制造商实力比较雄厚，就制造业本身的信息化建设而言，大部分世界五百强企业使用比较成熟的管理信息系统（如使用 SAP ERP 或者 Oracle ERP 等）进行企业内部控制。部分制造商在其自生系统实施选型时，使用产品生命周期管理（product lifecycle management，PLM）模块产品，本身就提供了一定的逆向物流功能，就系统建设而言，省去了部分经费投入和人力投入；而对于没有使用产品生命周期管理但同样使用类似大型管理信息系统的汽车制造商，其扩展成本相对全新投入信息系统建设的企业而言具有明显优势，而且在系统集成、数据接口、人员培训等方面，也具有先天优势。

（4）差异化经营提升品牌价值

随着循环经济理念宣传力度的不断加强，消费者对循环经济的理解不断加深，消费者开始偏向于选择更加绿色环保的汽车产品，此点也在汽车制造商的产品中得到体现，如大众公司推出的蓝驱（Blue Motion）系列的汽车，将低油耗作为差异化竞争点，提升自身品牌价值。同理，如汽车制造商将自身报废汽车逆向物流作为差异化竞争点运营，提供消费者优质的回收服务，在符合绿色环保的前提下，获得更好的消费者口碑，进而提升其品牌价值。

汽车制造商自营回收模式的主要问题如下。

（1）业务运营风险

汽车制造商自营报废汽车回收意味着企业必须将整个逆向物流过程的运营

纳入自身业务，报废汽车回收业务的专业化程度较差，该业务能否给主营业务带来实质性帮助不知，对企业资源再利用成本节约程度不可控，业务的投资回报率很难得到保障。例如，有些企业现有的汽车零部件逆向物流服务管理非常混乱。

（2）影响主营业务投入

汽车制造商自营逆向物流业务需要企业每年投入大量的人力、物力和财力，由于该业务极有可能无法实现盈利，基本上很难获得强有力的支持，该部分投入影响年度预算，分散企业主营业务投入。

综上所述，汽车制造商自营回收模式适合规模较大、实力较强的汽车制造商实施。

3.1.2.2 汽车制造商联合回收模式

汽车制造商联合回收模式主要是指汽车制造商自身没有独立的报废汽车回收机构，但是多个汽车制造商通过协议，组成一个联合体，专门承担联合体内汽车制造商报废汽车的回收工作。汽车制造商联合回收模式的产生一般是通过协议结盟的形式，主要的发起方式有两种。

1）多个主营业务相似或者相同的汽车制造商自发联合。

2）单个汽车制造商主导，选取适当的合作伙伴加盟，建立以主导汽车制造商为核心的回收联盟。

汽车制造商联合回收模式的主要优势如下。

1）联合体内各企业资金压力降低。相对于自营模式的逆向物流回收而言，联合体内各汽车制造商的资金压力较小，将回收业务单独剥离，可使企业更加专注于将资金投入公司的主营业务。联合体回收对各企业而言，减少了各企业单独投入建设逆向物流回收网络带来的重复投资，减少了整个社会范围内的浪费。

2）联合体可实现报废汽车回收规模效益。汽车制造商自营回收自家公司生产的产品，因汽车生命周期较长，在一定时间范围内报废总量相对较少，不易实现规模效益。联合体回收报废汽车总量较大，加上多品种汽车回收使公司的专业化程度、资源利用率和资金周转率相对提高。当联合体回收逆向物流的规模做到一定程度时，可以考虑向第三方专业报废汽车回收逆向物流公司转型。

汽车制造商联合回收模式的主要问题如下。

1）公司商业机密泄露。联合体回收模式需要各成员相互信任、相互合作，这就意味着联合体回收需要分享部分拆解技术等，有可能存在商业机密泄露的问题。

2）集成信息平台建设困难。联合体回收信息平台建设涉及多家公司，由于各公司现有信息各不相同，在集成信息平台建设时需要协调多方数据接口和交互，建设难度相对较大；如果联合体单独建设自有信息平台，则无法发挥联合体客户数据共享的优势，并且联合体无法及时有效地给各个分公司提供回收数据，信息时效性相对较差。

综上所述，汽车制造商联合回收模式适合规模适中的中小型的汽车制造商。

3.1.2.3 汽车制造商委托第三方回收模式

汽车制造商委托第三方回收模式主要是指汽车制造商完全委托第三方专业逆向物流回收公司，外包该公司报废汽车逆向物流业务。汽车制造商委托第三方回收，使得汽车制造商可以完全将重心放在公司核心业务，专注于对产品的研发而不需要过分关注公司产品在产品生命周期结束后的后续处理流程，提高公司在主营业务上的专注程度。报废汽车拆解后进行再处理过程完全由第三方逆向物流回收公司负责。对第三方专业逆向物流公司而言，汽车制造商完全外包了报废汽车回收业务，具有较好的机遇和商机。

汽车制造商委托第三方回收模式的主要优势如下。

1）专业化报废汽车回收服务。第三方逆向物流企业的主营业务拥有较好的专业化服务水平，提高回收效率，进而提高资源利用率，实现高水平、高质量的服务。

2）汽车制造商外部化回收风险，专注主营业务。汽车制造商外包给专业化公司，降低了报废汽车回收处理带来的风险，减少了企业对报废汽车回收逆向物流部分的技术投入、人力成本以及固定资产等方面的投资，花相对较少的钱满足了生产者责任延伸制等政策要求。

3）第三方逆向物流企业容易实现规模效益。第三方专业回收报废汽车相对于联合体回收更容易实现规模效益。第三方专业回收报废汽车公司面对的市场范围更大，相对物流成本较低。

第三方回收模式的主要问题如下。

1）公司商业机密泄露。第三方回收模式需要企业将汽车拆解等部分技术提供给第三方企业使用，有可能存在商业机密泄露的问题。

2）汽车制造商无法及时有效地获取报废汽车回收信息。

综上所述，汽车制造商委托第三方回收模式适合规模适中的中小型的汽车制造商。

3.1.3　报废汽车回收实务

3.1.3.1　回收程序

根据《报废汽车回收管理办法》第 6 条规定，对报废的汽车（指民用汽车、军用汽车可参照这些程序回收），按照下列程序进行回收。

（1）交车

交车单位或者个人持当地公安车辆管理部门签发的《报废汽车技术鉴定表》或者证明向回收单位交车。

（2）收购

收购时，由于报废汽车回收与汽车交易不同，不能按照完好的车辆价值并根据市场交易行情来协商、确定收购价格，而应当按照国家有关规定确定收购价格。其收购价格应按其金属含量计算，并参照废金属计价；对所交车辆完整、零部件齐全的，收购价格可以适当上浮，做到尽量合理。

（3）发证

回收单位对符合条件的送交车辆，按照规定收购后，发给交车单位或个人《报废汽车回收证明》。主要包括下列内容：①该证明编号；②交车单位名称或者个人姓名及联系电话；③报废车辆种类、型号和规格；④车牌照号码；⑤发动机号码；⑥批准报废的时间；⑦车辆出厂时间；⑧回收单位和回收时间。其流程图如图 3-1 所示。

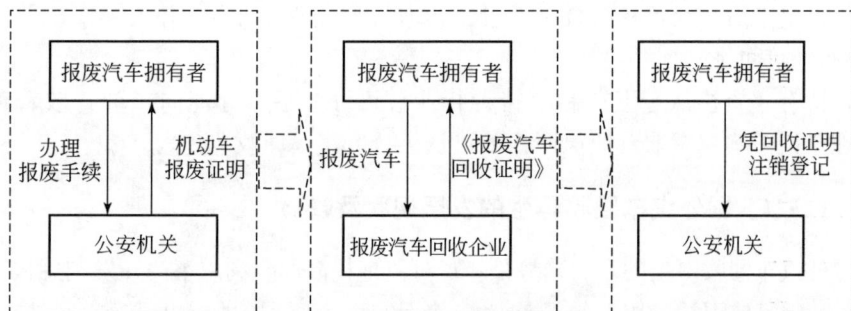

图 3-1　报废汽车回收流程图

3.1.3.2 报废汽车回收处理各流程中应注意事项

1）报废汽车拥有单位或者个人应当及时向公安机关办理机动车报废手续。公安机关应于受理当日向报废汽车拥有单位或者个人出具《机动车报废证明》，并告知其将报废汽车交售给报废汽车回收企业（贝绍轶，2016）。

2）任何单位或者个人不得要求报废汽车拥有单位或者个人将报废汽车交售给指定的报废汽车回收企业。

3）报废汽车回收企业凭《机动车报废证明》收购报废汽车，并向报废汽车拥有单位或个人出具《报废汽车回收证明》。

4）报废汽车拥有单位或者个人凭《报废汽车回收证明》，向汽车注册登记地的公安机关办理注销登记。

3.1.3.3 报废汽车回收拆解企业应具备的基本条件

报废汽车回收拆解企业应具备的基本条件在《报废汽车回收管理办法》第七条中已有相应规定：报废汽车回收拆解企业除应符合有关法律、行政法规规定的设立企业的条件外，还应具备下列条件。

1）注册资本不低于 50 万元，依照税法规定为一般纳税人。

2）拆解场地面积不低于 5000m²。

3）具备必要的拆解设备和消防设施。

4）年回收拆解能力不低于 500 辆。

5）正式从业人员不少于 20 人，其中专业技术人员不少于 5 人。

6）没有出售报废汽车、报废"五大总成"、拼装车等违法经营行为记录。

7）符合国家规定的环境保护标准。

该《报废汽车回收管理办法》还要求报废汽车回收拆解企业必须向政府有关部门提出申请，经审核符合条件者，领取《资格认定书》，并向公安机关申领《特种行业许可证》。

在持有《资格认定书》和《特种行业许可证》后，才能向工商行政管理部门办理登记手续，领取营业执照，方可从事报废汽车回收业务。

3.1.3.4 国外汽车回收再生的发展现状及趋势

国外汽车回收再生的发展趋势是：尽可能地提高回收利用率；开发利用快速装配系统和重复使用的紧固系统及其他能使拆卸更为便利的技术及装置；开展可拆解、可回收性设计；开发由可循环使用的材料制作的零部件及工艺；开发易于循环利用的材料；减少车辆使用中所用材料的种类；开发有效的清洁能源回收技术。

（1）德国

Ⅰ. 主管部门及管理模式

德国报废机动车回收的管理主要由政府部门和认证机构负责。政府主要起监管作用，根据有关法规委托认证机构对申报从事拆解机动车的企业进行审查，发放营业执照；定期检查或抽查机动车拆解企业是否符合条件，拆解是否符合标准，一般1年检查1~4次；对违反法规的企业进行处罚。

由政府授权开展报废机动车拆解企业认证的机构既有一定的政府职能，又有企业性质。认证机构根据政府的要求研究提出有关企业的资质条件，同时在为企业服务过程中收取一定费用。目前德国有3家认证机构，分别是TüV Nord、DEICOCA、FRIES SALM，每年到其发放证书的企业检查一次，检查企业的工作环境，拆解下来的零件是否回收保管，并通过回收利用情况推断其质量。

Ⅱ. 政策法规

德国参照《欧盟废弃辆指令》（2000/53/EC）制定的《旧车回收法》于2002年7月开始生效。此前，德国机动车报废回收管理的法律依据是《废物限制和废弃物处理法》，此法案是在1972年颁布的《废物处理法》基础上于1986年修订发布的。1992年，德国通过的《限制报废车条例》中规定，机动车制造商有义务回收报废车辆。1996年生效的德国《循环经济和废物管理法》，对报废机动车拆解材料的比例作了具体的规定。其他相关的法规标准包括安全、环境保护、保险赔偿等。在德国汽车工业年鉴中，机动车报废列在"机动车与环境保护"一栏。2002年3月，政府批准了环境部提出的一项法律草案，即规定机动车生产厂商与进口商有义务免费回收报废机动车以及在事故中完全损坏的机动车；在环境影响评价法、环境赔偿法等法规中，对报废机动车拆解场所也有明确要求。

Ⅲ. 报废机动车回收处理企业基本情况

德国机动车保有量为4400万辆，每年注销机动车为350万辆，车辆的平均使用年限为7~9年。但真正在德国报废拆解的仅有100万辆左右，其余则通过不同途径卖到俄罗斯、波兰、西班牙等国家。

德国建立了全国报废机动车回收网，有一批从事机动车回收行业的公司共同对报废机动车的发动机、轮胎、蓄电池、保险杠、安全装置等分类进行全过程处理。德国现有机动车拆解企业4000多家，破碎厂20家，这些企业都有德国联邦议会颁发的执照。其中，机动车工业协会（ARGE）颁发执照的有1400家。也有一些企业没有在协会登记，但有自己的客户和渠道，此类企业必须依法行事。

Ⅳ. 报废机动车回收处理过程

德国对拆解企业关于报废机动车处理、零件再利用以及对环境的影响等都有明确规定。如场地大小是审批企业资格的标准之一，计算公式如下：

场地面积 = 要处理的车辆数×10m²/230 天工作日×堆放高度

工作场地要有指示牌以及报废车、零部件的堆放位置和拆解工位等相关的要求。

作业相关要求如下：没有处理的报废机动车不能侧放、倒放、堆放。拆解机动车必须做的准备工作有：拆掉机动车蓄电池、安全气囊、取暖、制冷用的特殊装置，因为其中含有毒气体，在粉碎过程中会出现废气泄漏；制冷剂、油液需用专门管道分别吸出。必须拆的驱动装置包括：发动机、雨刷器等；要求保存报废机动车拆解的记录等。

(2) 英国

Ⅰ. 主管部门及管理模式

由国家贸易工业部负责管理，包括车辆的年检、制造商和销售商协会、回收及拆解企业等。英国环境、食品和乡村事务部通过其政府代理机构英国环境署（Environment Agency，EA）实施车辆回收和拆解的资质认证、环保许可。

Ⅱ. 政策法规

2005 年英国政府发布了《报废车辆规定（制造商责任）》法规（2005 法定文件第 263 号），明确了各部门、机构及相关组织的责任，该法规是对欧盟指令的具体化（如管理部门或者机构、制造商责任、回收网点要求等）。此前在英格兰和威尔士已经有 2003/2635 法定文件（法规）《报废车辆规定》，在苏格兰和北爱尔兰已经有类似法规（S. S. I. 2003/593 和 S. R. 2003/493），这些法规构成了对报废车辆及回收的整体要求。

Ⅲ. 报废机动车回收处理企业基本情况

英国机动车保有量达 2900 万辆，每年报废机动车约 200 万辆（销售量略高于报废量）。英国法规规定制造商建立回收网点和体系，或者与已有回收机构（预处理机构——AFT）签约（要求签约时间为 10 年），目前英国大约有 900 家 AFT，估计今后可发展到 1400 家。但是根据制造商的要求及网点布置情况，预计最多有 30% 的 AFT 会成为各制造商的签约机构。对于未与制造商签约的预处理机构，只要经过许可（达到场地及设备要求），可以独立开展回收拆解工作。目前拆解企业约有 2000 余家，多数拆解厂为小型家族公司。一些大型的拆解公司的雇员大约有 1000 人左右。这些拆解企业中有些条件较差。英国破碎公司共有 37 家，规模都较大，并且是资金密集型企业，可以处理大量的散装的轻型结构钢体。

Ⅳ. 报废机动车回收处理过程

回收拆解企业在收到车辆后给车辆所有者发放销毁证书，并通知贸易工业部。

拆解企业将零部件从车辆上拆卸下来，对车辆进行无害化处理（清除燃油和液体、电池、安全气囊等），以进行后续的再利用或处理，剩余的车辆残骸直接由挤压设备压成扁体。

破碎企业将挤压后的车辆送入大型破碎机，切成碎块后进行筛选、分类，以达到分类回收利用的目的。

（3）美国

Ⅰ. 主管部门及管理模式

美国国家环境保护局针对报废机动车回收业制定法律法规，由各州环境保护局对报废机动车回收业实施管理和监督。

Ⅱ. 政策法规

1991 年美国出台了关于回收利用报废轮胎的法律。1994 年起，国家有关条例又规定，凡是国家资助铺设的沥青公路，必须含有 5% 用旧轮胎磨碎的橡胶颗粒。美国联邦贸易委员会出台的《再制造、翻新和再利用机动车零部件工业指南》，对使用再制造零部件做了相关规定。美国国家环境保护局发布的《再制造材料建议公告》，要求政府采购项目中优先选择再制造的机动车零部件及相关材料。

根据美国有关法律，报废机动车拆解的零部件只要没有达到彻底报废的年限，不影响正常使用，就可再利用。

Ⅲ. 报废机动车回收处理企业基本情况

美国是世界上最大的机动车生产和消费国家，每年报废的车辆超过 1000 万辆。美国已成为世界上报废机动车回收卓有成效的国家之一，报废机动车回收行业一年获利达数十亿美元。在美国，汽车回收业相当发达，全国有超过 12 000 家报废汽车拆解企业和大约 200 家破碎企业。每年回收报废汽车达 1200 万辆。回收 1600 万 t 废钢铁、85 万 t 铝、24 万 t 铜、11.2 万 t 锌、38.6 万 t 轮胎以及超过 4.6 万 t 的再利用零部件。

另外，美国的汽车生产企业都积极致力于报废汽车的回收利用，并提供相应的拆解技术资料。例如，"通用公司"建立并公布了自己产品的拆解手册，并在国际拆解信息系统（IDIS）上免费提供给各拆解企业。其中详细叙述了拆解时每一步骤涉及的车型部件、材料、数量、质量及体积等。

（4）日本

Ⅰ. 主管部门及管理模式

经济产业省、环境省主要负责制定报废机动车回收处理行业（主要是拆解企业及破碎企业）的准入要求；国土交通省及其下属各地方陆运支局主要负责机动车户籍管理；各地方政府主要负责报废机动车回收处理行业的登记和准入审批；机动车回收利用促进中心（由经济产业省主管，日本自动车工业协会等九个单位于 2000 年 11 月成立）下设资金管理中心、信息中心、回收再利用支援中心，分别负责机动车回收处理中的资金管理、信息管理，对机动车生产商或进口商实施废弃物回收处置的技术支持。

Ⅱ. 政策法规

2002 年 7 月日本国会通过了《关于报废机动车再资源化等的法律》（简称《机动车回收利用法》），并于 2005 年 1 月 1 日起正式实施，法律规定机动车生产商（本节包括进口商，下同）承担起氟利昂、气囊类和破碎后 ASR（指废弃物或废渣）的回收再利用责任。在该法律实施以前，日本报废机动车的处理依据《废弃物处理法》、《氟类回收销毁法》进行。

Ⅲ. 报废机动车回收处理企业基本情况

目前，日本报废机动车回收拆解企业约有 88 870 家，氟利昂处理企业有 23 347家，拆解企业有 6493 家，破碎企业有 124 家。在 2006 年度注销的且未重新注册的车辆为 500 万辆，大约有 350 万辆作为报废车辆依法得到再生利用，100 万辆作为二手车出口，50 万辆作为二手车库存。

Ⅳ. 报废机动车回收处理过程

第一，费用流程。《机动车回收利用法》规定报废机动车的回收处理费用由车辆用户承担，而具体数目由机动车制造商根据 ASR 回收处理方式、安全气囊个数及拆卸难易程度、是否带有空调等具体情况确定，并体现在新车价格里（约占车价的 0.5% ~1%），由此形成一个基于市场竞争并能持续发挥作用的社会环境，促使报废机动车最大限度回收利用。报废机动车处理费用由用户在购买新车时预缴给资金管理中心，在该法实施前购买的车辆在车检或报废时补缴。当机动车制造商按照法律要求完成相应的回收义务后，从资金管理中心获取相应的处理费用，并支付给氟利昂、安全气囊、ASR 回收处理企业。

第二，材料流程。车辆用户将报废机动车交给机动车回收拆解企业，然后报废车依次由氟利昂回收拆解企业、拆解企业、破碎企业进行回收处理。氟类、安全气囊类、ASR 的回收由机动车制造商负责。

为了加强对氟类、气囊类回收处理的统一管理，由日本 12 家国内厂商以及日本机动车进口协会共同出资设立了机动车再资源化协力机构（JARP），由该机构与氟类、气囊类回收处理单位签订合同，承办相关事宜，向这些单位预先支付回收处理费用，并进行业务审核。

由于 ASR 的回收利用设施与氟利昂和安全气囊相比数量较多，其处理费用相对较高，为了降低 ASR 回收利用处理费用，减轻机动车消费者的费用负担，日本政府在回收利用领域导入竞争机制：经济产业省和环境省要求机动车制造商讨论分组计划，最终形成了把所有厂商分成两组（ART 组、AH 组），各自委托相应的网点进行 ASR 的回收利用、从而相互竞争的格局。日本报废机动车回收处理流程如图 3-2 所示。

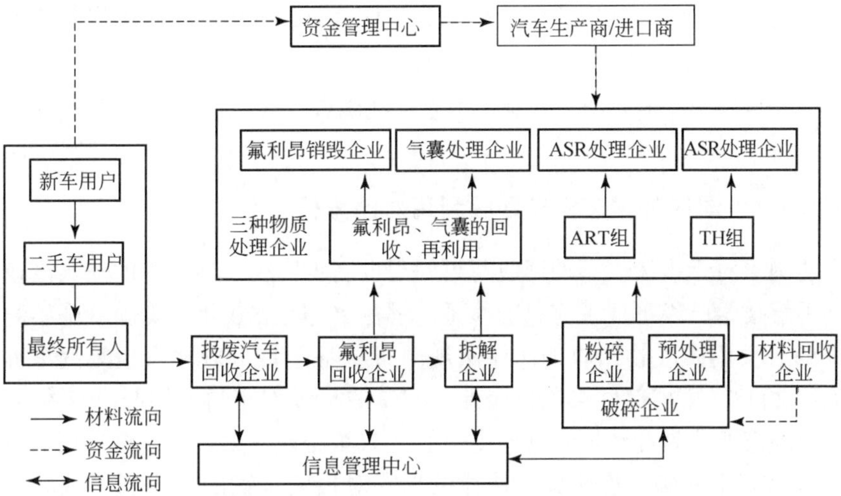

图 3-2　日本报废机动车回收处理流程图

第三，信息流程。日本对报废机动车的回收拆解实行电子清单制度。在整个过程中各报废机动车处理单位向日本机动车回收再利用促进中心发送接收、转移的信息报告，具体操作流程如图 3-3 所示。

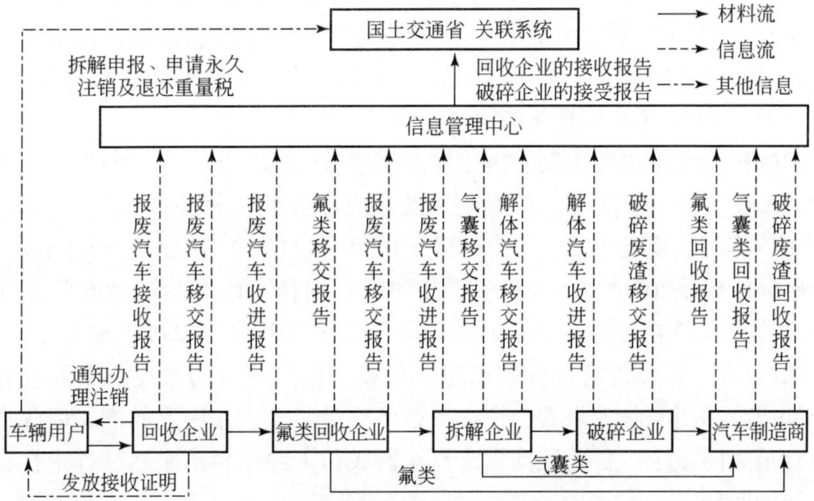

图 3-3　日本报废机动车电子清单管理制度

该中心核实机动车处理全部完成后，通过拆解或破碎企业通知用户，用户根据所提供的车辆处理信息向国土交通省下属的各地陆运支局申请永久注销机动车登记，由国土交通省相关的注册检查系统通过各环节的信息报告核对后，向国税厅提出汽车重量税退税申请，国税厅按照车检残余时间退还给汽车最终所有者有关税金。由此，信息管理中心可以对报废机动车的数量以及每辆报废机动车的回收利用的实施情况进行实时跟踪，杜绝各个环节对报废机动车的不规范处理。

3.1.4 报废汽车回收拆解行业战略思考

3.1.4.1 国内外报废汽车回收利用对比分析

发达国家对于报废汽车的回收与再利用也逐步形成一种盈利的新兴产业，从立法到拆解技术已经形成了完整的体系。早在 20 世纪 70 年代美国就开始制定较为全面的有关固体废物回收的法律法规，如今拥有 12 000 多家报废汽车拆解企业、大约 20 000 家零部件再制造企业，95% 的报废汽车得以回收；日本在 2002 年 7 月由经济产业省和环境省共同提交的《汽车循环法案》在国会审议通过并于 2004 年正式付诸实施，该法案以法律的形式对报废车辆的回收利用做出了具体规定；欧盟于 2000 年 9 月就开始实施有关《报废汽车循环利用》的法令；2002 年 6 月，德国根据《欧盟废弃车辆指令》（2000/53/EG）修订的《报废车辆处理法规》生效，该法除明确规定报废汽车回收利用的适用范围外，还对车主的委托义务、汽车制造商和进口商的回收义务、拆解厂的资质认证和回收利用率等作了明确规定；英国于 2005 年发布了《报废车辆规定（制造商责任）》（2005 法定文件第 263 号），并由贸易工业部提出指导性意见。以美国、德国、日本等发达国家来看，目前每辆回收车上被再利用的零部件重量超过该车总重量的大约 75%，预计在 2015~2020 年将实现报废汽车再利用 95% 的目标。

我国的报废汽车报废更新管理工作开始于 20 世纪 50 年代，80 年代初走上正轨管理。近些年又陆续颁布了一系列报废汽车回收利用相关的法规和管理办法，如《报废汽车回收实施办法》（物再字〔1990〕421 号）、《报废汽车回收管理办法》（国务院令第 307 号）、《汽车产品回收利用技术政策》（2006 年第 9 号公告）、《汽车零部件再制造试点管理办法》（发改办环资〔2008〕523 号）。经过近 20 年的发展，在制度方面我国已基本形成了较为完善的报废汽车回收管理体系，但从回收利用实际效果看，还存在诸多不足，与发达国家的汽车回收产业化发展还有很大的差距。目前我国报废汽车回收与资源化利用实际过程中存在以下几个方面的问题。

（1）报废汽车回收与资源化再利用体系不完善

生产者责任延伸制度要求生产者不仅要对生产过程中产生的环境污染负责，而且还要对产品在整个生命周期内的环境影响负责，即对末端产品的回收、拆卸、检测、再利用、再循环和废弃处理负责，从而实现资源的循环利用和环境保护的目的。虽然《汽车产品回收利用技术政策》第二章第十五条中明确了汽车生产企业或进口汽车总代理的回收责任，2010 年起汽车生产企业或进口汽车总代理商要负责回收处理其销售的汽车产品及其包装物品，但目前汽车制造企业和进口总代理商在这方面还未能真正承担报废汽车产品回收再利用的责任，在汽车生命周期内，没有形成由供应商、制造商、销售商、回收商等组成的闭环供应链系统，缺乏有效的资源化再利用体系。

（2）技术装备投入不足从而导致再利用效率低下

汽车结构复杂，零部件的材料种类繁多，要想对报废汽车拆卸后进行分类回收利用，需要进行大量的技术投入。长期以来，由于对报废汽车的回收与资源化利用的意义和作用没有得到企业的认识和高度重视，企业把主要精力放在新产品研发和销售方面，忽略了报废汽车回收拆解的科技投入，从而导致拆卸技术落后，拆卸手段与设备原始，资源再利用率低下。

（3）政府宏观管理中缺乏有效的监督与激励机制

我国目前对报废汽车的回收管理与利用已出台了多部法规，对企业的行为具有方向性的指导作用，但在实际的运作过程中缺乏有效的监督和激励。报废汽车、拼装车、再使用零部件质量等方面执法不到位，给非法者以可乘之机，致使大量报废汽车体外循环回收困难；同时报废汽车的回收与利用，就目前的规模和水平在经济上没有利益驱动，更多的是一种社会、资源和环境责任，就企业而言盈利是其原动力，当前政策对企业的行为激励不够，也导致相关法规的实施效果不理想。

3.1.4.2 我国报废汽车回收拆解行业面临问题

由于受市场、政策、环境等多方面因素的制约和影响，目前报废汽车回收拆解行业的发展遇到了前所未有的困难。

（1）市场因素影响，企业销售举步维艰

报废汽车回收拆解后，除了少部分零部件可出售再利用外，所形成的废铁主要是销往钢铁冶炼企业。可以说，报废汽车回收拆解企业的经营成果很大程度上依赖于钢铁企业的经营状况。然而，由于我国钢铁企业数量众多、集中度较低、产品差异化小，钢铁行业产能严重过剩，钢铁企业在每次经济结构调整中首当其冲。2012 年以来国内需求不足，导致钢厂的废钢收购价格一路下跌。甚至出现了钢厂停收的状况。同时，报废汽车回收企业的收车价格又难以降低，加上回收企业运营成本逐年增加，销售难、成本高的双重压力使报废汽车回收拆解企业的经营面临许多困难。

（2）高税赋影响，企业不堪重负

2001 年 1 月，国家对报废物资回收行业增值税政策进行了调整，出台了"废旧物资回收经营单位销售其收购的废旧物资免征增值税"的规定。2009 年实行的先征后退 70% 的税收政策以及 2010 年实行的先征后退 50% 的税收政策已不再执行，2011 年起开始全额征收增值税。由于回收企业在收购报废物资时难以取得进项税额加以抵扣，企业交纳的增值税税负率平均已超过了 15%，如果加上城建税、教育费附加、土地使用税、房产税等，企业的综合税率已占企业销售总额的 20% 以上。一方面，正规回收企业在收购时很难将税负转嫁给投售户，只能由自身承担消化，因而回收企业盈利空间受到大幅度的压缩，许多企业经营难以为继，已出现亏损。另一方面，新的税收政策催生了个体、无证户收购的大量出现。他们可以不开发票、现金交易。而正规企业每销售一笔必须入账，入账必须交纳增值税。从而形成了正规企业敌不过个体经营户的局面，这在不同程度上引发了回收市场秩序的混乱，严重打压了正规回收企业的生存空间。

（3）车辆流失因素影响，回收率持续低下

根据有关资料显示，我国目前报废汽车正常回收率约在 40%。造成回收率低的原因有多方面。除了部分车主法律意识不强外，还与某些政策、管理职能没有及时到位有关。例如，自 2009 年起，国家实施了成品油燃油税改革，取消了养路费、运管费、客货运附加费等 6 项费用后，对车辆监管相应配套措施没有及时跟进。由于车辆缺少了交通运管部门的监督，车辆"废而不报"现象增多。这些车辆很多流向农村或偏远地区或车主自行解体，对道路交通和人民生命财产安全造成了极大的安全隐患。还有部分车主通过二手车交易，把即将到期报废的车辆转出，避开了本地强制报废的规定。他们利用提空"车辆挡案"，不到转入地落户，而是自行拆解车辆，变卖零部件。报废车辆难收已成为报废汽车回收拆解企业的共同难题。

（4）无序竞争因素影响，企业打价格战

报废汽车回收本身属微利行业。过去国家曾给予免税政策。早在 2003 年，中国物资再生协会报废汽车专业委员会就制定了《报废汽车的收购价格定价原则》。近几年随着物价上涨，各地报废汽车收购价格也相应有了提高。但是，由于报废汽车回收企业在操作过程中需要投入的成本较大，如拖车、拆解、环保处理等，收车价格必定低于同期市场废钢收购的价格。由于这个价格差额，为争夺资源，报废汽车回收企业之间的价格战就在所难免。

（5）政策差异因素影响，导致新的不平衡

自 2009 年报废物资回收经营单位恢复征收增值税后。一些地方财税部门出台了有关鼓励再生资源经营企业的政策。例如，采取以上年度为基数，多缴增值税按一定比例返回补贴、报废物资销售达到一定规模减免地方税费等措施。但实际情况往往是业务做得越大，税负越重，企业亏损越多。同时，由于各地方政策有所不同，又产生了新的不平衡。再生资源回收形成低洼效应，出现了跨地区收购、跨地区开票等非正常现象，不同程度地引发了回收秩序的混乱。

3.1.4.3 促进我国报废汽车回收拆解行业的措施

报废汽车的及时回收和有效拆解，关系人民生命财产安全和社会稳定，关系资源循环利用和可持续发展。促进我国报废汽车回收拆解行业的发展，可以从以下几方面入手。

（1）加大政府监管的力度

建立健全相关管理部门的协作和联络机制，通过计算机网络信息平台，实现报废机动车信息资源共享，有效跟踪监控，对私拆私售报废汽车和拼装车重新上路等不法行为进行有效监督；要严把车辆检测关，杜绝"病、残"车通过二手车交易过户转籍。

（2）出台鼓励行业发展的税收政策

目前国家税务部门虽然出台了一些关于再生资源和循环经济方面的税收优惠政策，但主要是针对利用再生资源的生产型企业，而对提供再生资源的物资回收流通企业则完全没有相关优惠政策。希望政府从全局出发，能尽快出台相应的减税扶持政策，特别是对报废汽车回收企业，建议采取单项补贴政策办法。同时要加大财政专项补贴力度，积极支持和鼓励报废汽车回收拆解企业的技术改造，加快回收企业技术改造升级步伐。

（3）加强企业自律

报废汽车回收拆解企业必须从严要求自己，从源头上加强管理，自觉遵守行规行约，共同维护报废汽车回收市场的经营秩序；同时要加强《报废汽车回收证明》的管理，杜绝代开、出售《报废汽车回收证明》现象的发生；要加强从业人员的职业道德教育，以良好的职业行为，赢得社会的尊重。

（4）充分发挥行业协会的协调作用

政府部门或行业协会要充分发挥好行业自律、咨询服务和充当代言人等工作职能。有责任有义务切实做好相关政策的上传下达，特别是针对行业反映强烈和共性的问题，及时向政府有关方面反映并提出意见和建议。同时要进一步加强监督行业内违法经营行为的力度，充分协调好协会会员之间的关系，确保行业合法经营者的权益，使协会真正成为企业之家。

3.1.5　报废汽车拆解

3.1.5.1　拆解业务内容

（1）报废汽车接收

报废汽车拆解企业所接收的应是具有《机动车报废证明》的报废汽车，对报废车辆进行验收、检查确认后才能接收（鲁植雄，2010）。

从接收报废汽车时起，就必须建立报废汽车拆解文档。拆解文档的内容应包括车辆识别信息、车辆状态信息、报废证明、拆解日志及报废汽车再生利用情况等。

（2）报废汽车存放

报废汽车拆解企业必须有足够的区域存放报废车辆。企业整个区域的面积及其划分应与拆解报废汽车的数量和拆解车型相协调，一般被分成以下区域，登记验收区、预处理区、待拆解区、拆解区、零部件存储区、压实打包区及辅助区。

报废汽车存放时，必须确保堆放的稳定性。如果没有保护装置，则堆放的数量不能超过4辆。车辆放置时，应避免损坏盛装液体的器件（油底壳、油箱、制动管路）和可拆解部件，如玻璃窗框等。

拆解企业的登记验收区、待拆解区、预处理区和拆解区的地面应按照标准进行矿物油污染防护，设置沉井，以符合地下水保护要求。报废汽车存放场地必须隔离，未经授权者不能进入。此外，场地必须要有足够的消防器材。

（3）报废汽车拆解

报废汽车拆解是拆解企业的主要业务内容，包括以下作业过程：预处理、拆解和分类。

拆解人员必须经过拆解技术培训，获得相应的职业资格。遵守相关的法律法规，掌握拆解作业安全知识，了解环保要求；拆解设备的操作者必须具有劳动部门颁发的操作许可证书。拆解人员必须按照操作工艺规范手册进行拆解并填写拆解日志。

（4）拆解物品存储

拆解物品存储区一般分为可再用件存储区、循环材料存储区、液体存储区、含液体部件存储区、固体废弃物存储区及液体废弃物存储区等。有具体的措施保证可回收部件处于自然状态，并对环境没有任何损坏。各种油液、蓄电池电解液应存放在相应的容器中。

（5）拆解车体压实

报废汽车拆解下来的零部件和材料被分类存储后，将剩余的车体压实，以便于运输到破碎处理厂或剩余物处理场。

3.1.5.2 拆解方式的选择

报废汽车拆解方式分为非破坏性拆解、准破坏性拆解和破坏性拆解。破坏性拆解是对被拆解零部件进行没有限制性条件的任意分解，而准破坏性拆解主要是对连接件进行破坏拆解。

报废汽车拆解方式的选择应根据报废汽车的状态或零部件损坏程度确定，首先选择拆解方式，然后再确定拆解深度。对于报废汽车零部件的拆解不能完全按装配的逆顺序来考虑，其主要原因是报废汽车的拆解具有以下特性。

1）有效性。选择非破坏性拆解，既要有效率，又要有效益。

2）有限性。根据经济效益最大和环境影响最小的原则，确定拆解深度。

3）有用性。拆解下来的零部件已经由于变形或腐蚀等原因损坏，没有可使用价值。

对于可再使用的零部件，在满足经济效益的前提下，应选择非破坏性和准破坏性方式进行拆解。对于以材料回收利用为目的拆解方式选择，还应满足以下要求。

1）可有效分离各种不同类型材料。

2）可提高剩余碎屑的纯度。

3）可分离危险有害物质。

3.1.5.3 拆解工艺组织

汽车拆解工艺组织是对汽车拆解过程的各种作业，按一定的作业方式、操作顺序进行组合协调的过程。工艺组织的目的是使汽车拆解作业按照一定的顺序进行，充分利用人力、物力和财力，节省各种消耗，发挥最高效能，以取得最佳效果。

汽车拆解工艺组织，应考虑企业的生产纲领、拆解汽车的类型、数量、拆解技术、设施与装备、作业内容以及环保要求等。汽车拆解工艺组织包括汽车拆解作业方式和劳动组织形式的选择与确定。

汽车拆解作业方式有两种，即定位作业法和流水作业法。

1）定位作业法。汽车车架、驾驶室的拆解等，被放置在一个固定工位上进行作业，拆卸后的总成拆解，则可分散至专业组进行。进行拆解作业的工人按不同的劳动组织形式，在定额规定的时间内，分部位、按顺序完成任务。定位作业法占地面积小、所需设备比较简单，同时便于组织生产，一般适用于拆解车型较复杂的拆解场。

2）流水作业法。汽车拆解作业是在间歇流水线上的各工位上完成的。对于其他总成，如发动机的拆解作业，也可根据设备条件，组成流水作业线。不能组成流水作业的其他拆解作业，则仍分散在各专业组进行。这种作业方法专业化程度高、总成和组合件运距短、工效高，但设备投资大、占地面积也大。一般适用于生产规模大、拆解车型单一、有足够的汽车拆解量，才能保证流水作业线的连续性和节奏性。

3.1.5.4 影响拆解的因素分析

拆解往往被认为是装配的逆向过程。然而，拆解方法不仅仅只是装配的逆向。实际上，拆解能够从完全不同于装配机构的角度进行，因为拆解时零件的状况已经跟装配时的状况大不相同。装配过程着重于正确的、无损坏的装配；而拆解过程由于经济原因，着重的是零件原有价值的保护和拆解的效率。通过大量的拆解实验数据得出，影响拆解的因素有很多，根据它们影响拆解计划程度的大小，可以把这些因素依照拆解成本、拆解方法和拆解工艺等进行分类。如图3-4所示。

为了实现报废汽车材料的循环利用，有效地执行拆解过程，在全面细致的检查影响报废汽车拆解的因素之后，把这些因素尽可能的都考虑在每一步的拆解

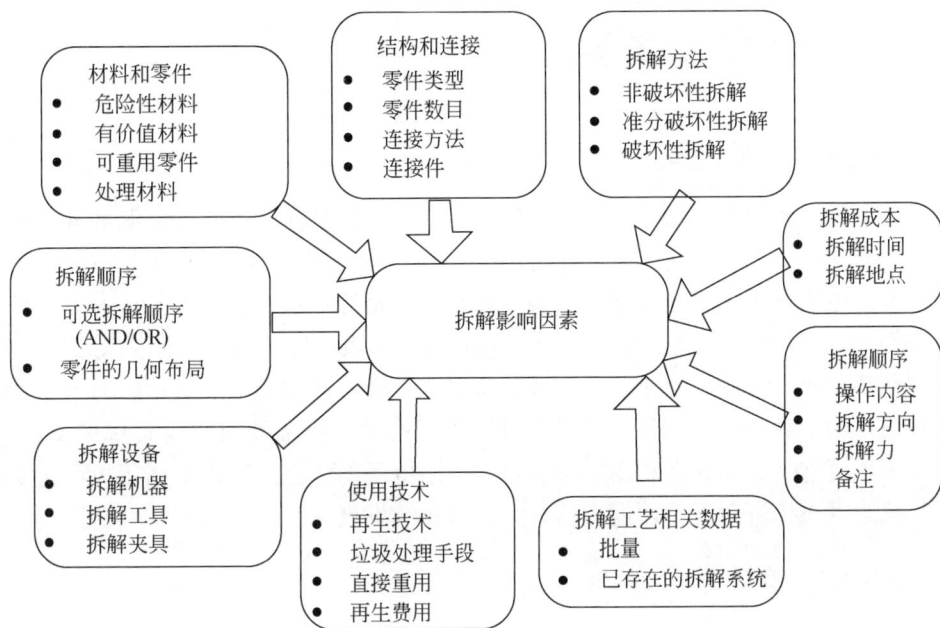

图 3-4　影响拆解的因素

中，用不同的权值表示它们对同一拆解步骤影响的比重的不同，来提高报废汽车拆解的效率和效益。

3.2　报废汽车回收资源与资源再生

　　资源是关系国家经济安全的核心，也是实现可持续发展的重要保证。自人类进入工业化时代以来，伴随经济的高速发展，资源短缺和环境恶化问题日益突出。其中，废弃物的处理已成为各国面临的重要环境问题之一。在西方发达国家，从报废产品等废弃物中回收再生资源（即静脉产业）已成为缓解资源与环境矛盾、谋求可持续发展的重要方式，近年来每年再生资源回收总值已超过6000亿美元，并以15%~20%的年增长速度快速发展，覆盖汽车、家电、城市生活垃圾等诸多产业和领域。

　　随着我国经济发展和社会进步，汽车产业已成为发展最快的产业之一，然而我国报废汽车拆解回收行业的发展远远落后于汽车工业的快速发展。汽车产品含有大量的钢铁、塑料、橡胶、玻璃等再生资源，如加以回收并充分利用，将成为我国天然开采一次资源的重要补充。

3.2.1 资源及再生资源

3.2.1.1 资源内涵

资源是"资财的来源"。广义上讲，资源包括自然资源、社会资源和经济资源三个方面。例如，自然资源包括土地资源、气候资源（日照、风力和雨水）、水资源、生物资源、海洋资源、景观资源和矿产资源等；社会资源包括人力（体力和智力）、科技、文化、教育、卫生、通信、传媒、体育和福利事业等；经济资源包括工业、农业、商业、建筑业、金融业及交通运输业等。其中，有些资源是可再生的，有些则是不可再生的。社会的可持续发展需要可再生资源的支持，因为不可再生资源的开发利用实际上是对有限资源的消耗。所以，当不可再生资源转化为可再生资源后，才能支持社会的可持续发展。

3.2.1.2 自然资源分类

自然资源是指自然界中能被人类用于生产和生活的物质和能量的总称。自然资源的消耗可以转化为其他形式的资源，并具有新的再生属性。自然资源按其再生性可分为：可再生资源和不可再生资源（储江伟，2013a）。

可再生资源是指通过自然作用或人类活动能再生更新，并以某一增长率保持或增加蕴藏量，从而可重复利用的自然资源。例如，植物、动物、微生物等生物资源，在自然界特定的时空条件下，能持续再生更新和繁衍增长，保持或扩大其储量。但是，不同类型的可再生资源具有不同的可再生属性。不可再生资源是指随着资源消耗量的不断增加，其存储总量将日益减少的自然资源。另外应该指出的是，不仅不可再生资源的数量是有限的，而且在一定的时间和空间尺度内，可再生资源的数量也是有限的。也就是说，可再生资源只有在权衡资源再生量及控制资源消耗量使开发利用效率小于其形成速率时，才可能"取之不尽，用之不竭"。

3.2.1.3 再生资源

（1）再生资源定义

再生资源是指社会生产和消费过程中产生的可以回收利用的各种报废物资。所谓废物是相对于消费水平的报废物资处理能力而言，具有明显的相对性。可以说，弃而不废是现代垃圾的一种特性。

废弃物要成为一种"资源"并被利用，必须具备 3 个基本条件：一是产生数量可观，具有产生和利用的规模形态；二是利用费用合理，具有竞争优势的再利用价格；三是符合环保要求，对自然环境无污染。

（2）汽车再生资源含义

汽车再生资源是指对报废汽车进行资源化处理后所获得可以回收利用的物资。20 世纪 90 年代以来，世界性的环境污染日趋严重，报废汽车也成为一大固体污染源。全世界现已突破 10 亿辆在用汽车（截至 2012 年），每年有 5000 万～6000 万辆报废汽车，仅停放就要占用 500～600km^2 的土地。而报废汽车当中含有多种重金属、化学液体和塑料等物资，拆解不当会造成环境污染。汽车生产要使用数百种材料，消耗上亿吨的钢铁、上千万吨的塑料，以及大量的橡胶、玻璃、纺织品、铝、铜、铅、铬和各种化工产品等。其消耗的原料绝大部分是不可再生自然资源，因此，汽车工业要可持续发展就要解决制造所用材料的循环再生利用问题。

根据各种汽车不同用途，设计、制造时所选用的材料也有所不同。性能优良、安全、轻量、强度高的新材料不断被用于新型汽车中。但总的来说，现阶段世界上的汽车制造材料中钢铁占的比例仍然最大，达 80% 左右（包括铸铁件3%～5%），其他材料还有有色金属、塑料、橡胶、玻璃、纤维等。各种材料在报废汽车整车质量中所占重量比，见表 3-1。

表 3-1　各种材料在报废汽车整车质量中所占重量比　　（单位:%）

材料	钢铁	有色金属	塑料	橡胶	玻璃
比例	75～80	5～10	10～15	5～15	2～4

报废汽车回收拆解过程中可拆解的再生资源如图 3-5 所示。

报废物资的资源化是节约资源、实现资源永续利用的重要途径，是社会经济可持续发展的重要措施之一。以报废物品为对象，通过采用现代技术与工艺加工，在规范的市场运作下，最大限度地开发利用其中蕴含的材料、能源及其附加值等财富，使其成为较高品位可以使用的资源，可以达到节能、节材、保护环境等目的，从而支持社会经济的可持续发展。

3.2.2　报废汽车回收资源再生

再生资源回收以物资不断循环利用的经济发展模式为主，目前正在成为全球潮流。可持续发展的战略，得到了大家的一致同意。可持续发展就是既符合当代

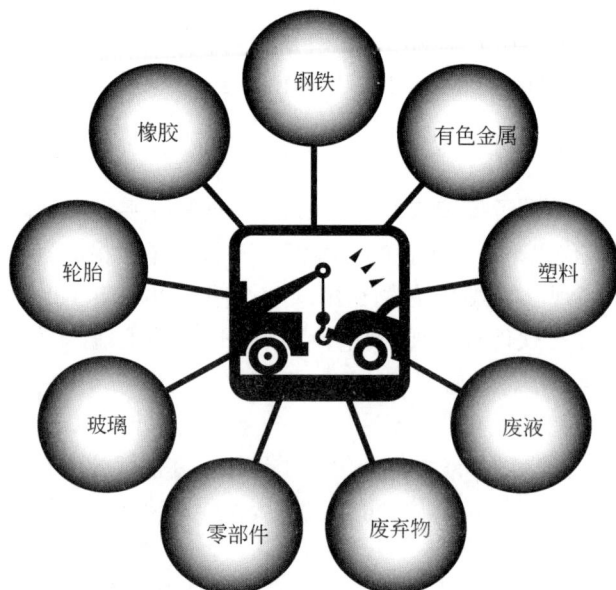

图 3-5 报废汽车回收拆解过程中可拆解的再生资源

人类的需求，又不致损害后代人满足其需求能力的发展，使我们在注重经济增长数量的同时，也会关注经济增长的质量。主要的标志是资源能够永远利用，保持良好的生态环境。

我国政府历来十分重视再生资源的回收利用。在我国制定的《中国 21 世纪议程白皮书》中，将"固体废弃物的无害化管理"专门列为一章来讲述，这标志着我国再生资源开发利用事业有了明显的进步。因此，大力开展再生资源的回收与利用，是提高资源的利用效率、保护环境、建立资源节约型社会的重要途径之一，同时，也是实施可持续发展战略和转变经济增长方式的必然要求。建设节约型社会，以尽可能少的资源消耗满足人们日益增长的物质和文化需求，以尽可能小的经济成本保护好生态环境，实现经济社会的可持续发展，已成为国家重要战略发展方向。建设节约型社会，必须实现节约的生产方式。传统的生产方式侧重于产品本身的属性和市场目标，把生产和消费造成的资源枯竭和环境污染的问题留待以后"末端治理"。从可持续发展的高度审视产品的整个生命周期，在汽车开发之前就预先评估新车型所使用的材料组合或零部件的可循环利用性，这种理念也许不会在销售新车时直接带来经济效益，但却能在未来获得环境效益。报废汽车回收利用是节约原生资源、实现环境保护、保证资源合理利用的重要途径，是我国经济可持续发展的重要措施之一。报废汽车的回收利用是一个涉及面广的系统工程，既需要政府通过完善的法规加强宏观调控，又需要市场合理配置资源。对于当今的汽车工业，报废汽车回收已成为一个必然面对的问题。

3.2.2.1　社会效益

再生资源的循环利用不仅可以节约自然资源和遏制废弃物的泛滥，而且与利用矿原料进行加工制造产品相比，还可减少能源消耗和污染物排放。汽车生产和使用需要耗用多种材料和能源，这些资源中大多数是不可再生资源。例如，某些有色金属需要开采矿产获得，而这些矿产资源需要亿万年才能生成。若能够合理回收，可以最大限度地利用这些资源，实现资源利用的良性循环。同时，由于部分回收的汽车零部件经修复处理后可再次进入市场，降低了汽车用户的使用成本。

3.2.2.2　经济效益

实践证实，报废汽车上的钢铁、有色材料零部件 90% 以上可以回收利用，玻璃、塑料等的回收利用率也可达 50% 以上。汽车上一些贵重材料，回收利用的价值更高。统计表明，在 50 万辆梅赛德斯-奔驰轿车的催化转换器中约含 2t 铂、0.5t 铑，这些铂和铑都通过物理与化学方法提取，价值含量极高。

3.2.2.3　环境效益

美国是世界汽车消费大国，其汽车消费所产生的"垃圾"也十分可观。美国每年因老旧或交通事故而报废的车辆超过 1000 万辆。以往报废汽车都被一扔了事，从而造成了巨大的环境污染，这同汽车尾气带来的大气环境恶化一样成为社会公害。随着报废汽车对环境危害的不断加剧，美国从 20 世纪后期开始重视报废汽车的回收利用，目前成为世界上汽车回收卓有成效的国家之一。如果美国汽车回收业的成果能被充分利用，汽车制造对大气污染的程度将比目前降低 85%，而水污染将比目前减少 76%；由于汽车回收业的存在和发展，减少了公路两旁废弃车辆的停放和堆积，消除了固体废物产生的影响。

第4章 报废汽车再生利用管理

4.1 报废汽车资源价值分析

随着人类社会的不断发展，自然资源的总量越来越少，自然资源的价格也越来越高。再生资源作为自然资源开发利用后的转化产物，具有环保、性价比高等优点，已被人类社会纳入利用范围。再生资源来源于各类报废物，是主产品在丧失其功能之后的产物，或者是主产品的生产加工过程中的副产品，包含人类劳动。这种物化的人类劳动并没有随着主功能的报废而消散，而是可以再次利用。

再生资源的价值可以表示为

再生资源价值=等效一次资源的价值+可利用的物化劳动价值

汽车再生资源的价值形态如下。

再利用件的剩余价值：对可再利用零件的性能进行评估，计算零件的剩余价值。

材料再生利用的价值：汽车报废后，一些零部件已不能再继续使用，应对其进行材料回收。报废汽车材料回收时，保证材料回收的品质是提高再生材料价值的重要条件。此外，再生材料的回收价值还应参考当前再生材料市场的现行市价（金支良和樊琦，2016）。

能量回收利用的价值：主要体现在报废零部件充当燃料利用时发热量的大小，可以根据充当燃料的形态（固态或液态），按常用液态燃料如汽油、柴油或固态燃料如煤炭的等效热值按比例计算价值。

4.1.1 报废汽车资源化成本

报废汽车资源化成本主要指报废汽车资源化处理中报废汽车零部件拆解、分类、清洗及回收处理所需的成本。报废汽车资源化成本与车辆具体的损坏程度、材料构成、设计结构及回收利用技术水平、回收工艺密切相关（张友根，2015）。废旧汽车资源化处理的形式主要有：①零部件再使用；②材料再生利用；③作燃料回收能量。

（1）再使用成本

在报废汽车生命周期结束后，整个汽车已经报废，但这并不意味车辆上所有零部件都失去了原有功能，有一些零部件还可以继续使用。报废汽车零部件继续使用通常分为以下几种情况。

零部件再使用。指的是零部件无需作任何处理或只需要简单清洁处理后就可以重新使用。这部分零部件大多是耐用件或是在汽车生命周期内曾经被更换过，在产品报废时还未损坏，具有正常使用的价值。这种再使用的成本主要是拆解、清洗、检测、存储和运输等费用。

零部件再使用是报废汽车零部件回收中的最高层次，为了能尽可能多地再使用报废汽车零部件，应注意以下几点。

1）报废汽车零部件拆解时，应尽可能实现无损拆解，不损坏零部件的原有形态与功能。

2）报废汽车零部件分离时，应尽可能地发现并回收可再利用的零部件。

3）考虑零件异化再使用方法，应在更大的范围内寻找报废汽车零部件再使用的途径。

（2）再利用成本

报废汽车零部件再利用成本有三种类型，即再制造成本、材料回收成本以及能量回收成本。

1）再制造成本。零部件能通过再制造恢复其使用性能，但是通过再制造方法回收再利用时应满足的条件是：所制造出来的零部件价值减去再制造消耗应大于该零部件作为材料回收所得收益，即

$$V_{rs} - C_{rs} \geq V_m - C_m \tag{4-1}$$

式中，V_{rs} 为再制造零部件的回收价值；C_{rs} 为零部件的再制造成本，零部件的再制造成本主要由再制造工艺的复杂程度和生产消耗决定；V_m 为零部件材料的回收价值；C_m 为零部件材料的回收成本。

2）材料回收成本。汽车报废后，部分零部件已经不能再继续使用，也无法再制造，应考虑进行材料回收。在材料回收时，应注意提高回收率和回收效率。

对不同材料的零部件，回收利用的工艺流程不同，回收成本也有很大的差别。例如，钢铁材料的零部件，回收成本主要包括拆解、破碎、分离和运输等，而对于塑料件，为提高回收纯度和利用价值，还需要对废旧件进行一些必要的处理，如清除表面漆膜等。

3）能量回收成本。报废汽车零部件进行能量回收时，成本主要是拆解和运

输的费用。对于一些暂时不能再利用的零部件及其残废品，还涉及填埋费用与焚烧费用。

4.1.2 报废汽车资源化回收利用效益

报废汽车资源化回收利用效益是指报废汽车回收利用的总价值扣除回收利用的总费用后所得到的效益（储江伟，2013a），用公式表示为

$$V_{total} = V_r - C_c$$
$$= V_{re} + V_{rs} + V_m + V_e - C_{re} - C_{rs} - C_m - C_e - C_i - C_l \qquad (4\text{-}2)$$

式中，V_{total} 为回收利用的总效益；V_r 为回收利用的总价值；C_c 为回收利用的总费用；V_{re} 为再使用零件的回收价值；V_{rs} 为再制造零部件的回收价值；V_m 为零部件进行材料回收的价值；V_e 为零部件进行能量回收利用的价值；C_{re} 为零部件再使用的回收费用；C_{rs} 为零部件再制造的费用；C_m 为零部件进行材料回收的费用；C_e 为零部件进行能量回收利用的费用；C_i 为焚烧处置的费用；C_l 为废弃物填埋处置的费用。

报废汽车零部件的回收利用效益率 I 为

$$I = (V_r - C_c)/V_r \qquad (4\text{-}3)$$

4.2 报废汽车再制造模式与技术体系

4.2.1 再制造企业模式及其特点

产业是介于宏观经济和微观经济中间的范畴，是指从事同类或具有可替代性产品或服务的生产、经营活动的企业共同构成的群体。报废汽车零部件再制造产业主要有报废汽车零部件再制造生产企业、独立再制造企业、承包再制造企业、回收拆解企业、销售流通企业、学研咨协机构（学校、研究所、咨询机构、产业协会等）及设备仪器制造企业等。

报废汽车再制造企业运作模式如下。

（1）再制造企业模式

再制造企业模式指的是原厂委托制造，是"生产者责任制"的直接形式，属于集中型再制造运作模式。主要特点如下：①可避免知识产权纠纷，保护品牌，市场共享及树立企业形象；②技术实力雄厚、管理经验丰富、具有完善的售

后服务网络；③利于制造商对产品进行全生命周期管理；④再制造品种单一，回收的不确定性强；⑤物流半径大，成本相对较高；⑥资源利用率较低。

（2）独立再制造模式

独立再制造商，与制造商无任何关系，不经过授权便可对其产品进行再制造。该模式属于离散型再制造运作模式，其主要特点如下：①再制造的品种多，物流半径小；②再制造成本低，价格优势明显；③资源利用率高；④对品牌的保护效果差；⑤核心技术支持不足。

（3）承包再制造模式

授权并与再制造商签订合同，间接履行"生产者责任制"。该模式属于分布型再制造运作模式，其主要特点如下：①品牌及市场共享，社会效益更高；②物流半径减小，再制造成本降低；③要提供核心技术并不断支持；④要对承包商进行质量监督；⑤资源利用率较高。

报废汽车零部件再制造的物流过程如图 4-1 所示。其中大循环是以"制造商→销售→使用→报废回收→整车拆解→再制造企业→销售"构成，形成全生命周期循环。小循环是以"售后 4S①→再制造企业→售后 4S"构成，形成使用生命周期循环。此外还有制造商生产过程的部分不合格零件经过再制造加工后进入零部件销售环节。

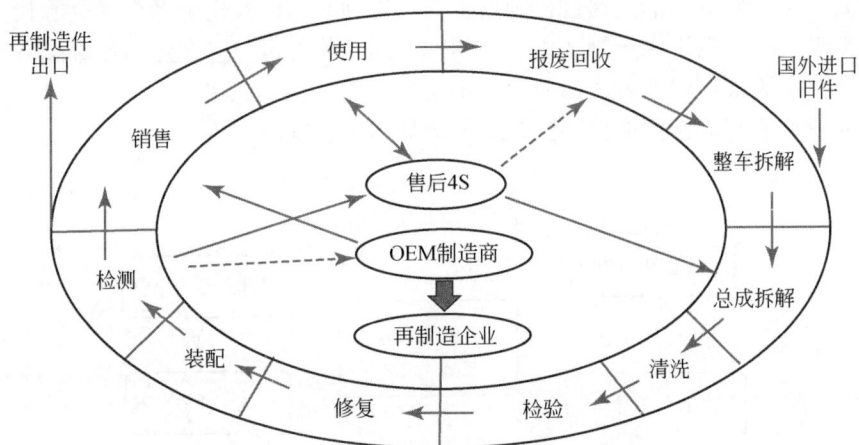

图 4-1　报废汽车零部件再制造的物流过程

---

① 4S 是一种以"四位一体"为核心的汽车特许经营模式，包括整车销售（sale）、零配件（sparepart）、售后服务（service）、信息反馈（survey）。

不同运作模式的再制造企业在原料来源、销售网络、物流半径、产品价格及资源利用之间的比较见表4-1。

表4-1　再制造企业运作模式对比表

比较项目	OEM再制造	独立再制造	承包再制造
运作模式	集中型	离散型	分布型
原料来源	售后网络	拆解厂	售后网络
销售网络	销售网络	配件市场	销售网络
物流半径	大	小	较大
产品价格	高	低	较高
资源利用	低	高	较高

4.2.2　再制造产业模式及特点

4.2.2.1　再制造产业发展的基本要素

任何产业的发展必须有合理有效的资源投入，不同的投入主体具有不同的资源配置，而且投入目标也不完全一致。政府发展报废汽车再制造产业的目的是获得最佳的资源与环境效益，使汽车产业得到可持续发展。而企业和个人进入报废汽车再制造产业的目的是通过再制造生产实现利润的最大化，以获得资源投入的经济效益。由于两者在再制造生产目的的不同，使得再制造产业的资源配置出现不足，产业发展缓慢，各方面效益都不明显（储江伟等，2010）。

报废汽车再制造产业发展的基本要素如图4-2所示。

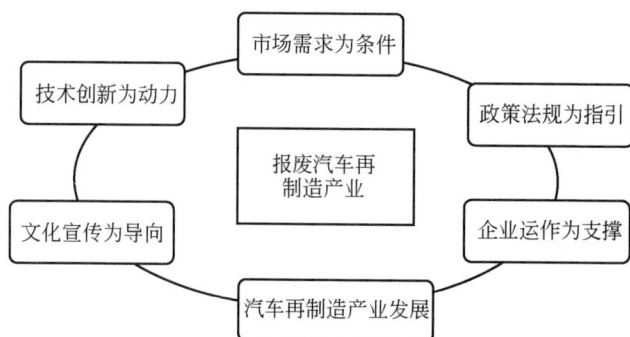

图4-2　报废汽车再制造产业发展的基本要素

4.2.2.2　再制造产业发展模式

报废汽车再制造产业的发展模式主要有政策激励模式（产业萌芽阶段）、技术推动模式（产业成长阶段）、市场引导模式（产业成熟阶段）。

（1）政策激励模式

通过政府制定政策法规、鼓励开发技术、引导消费意识等主要活动，培育企业生存的市场环境，为报废汽车再制造产业发展创造条件，如图 4-3 所示。

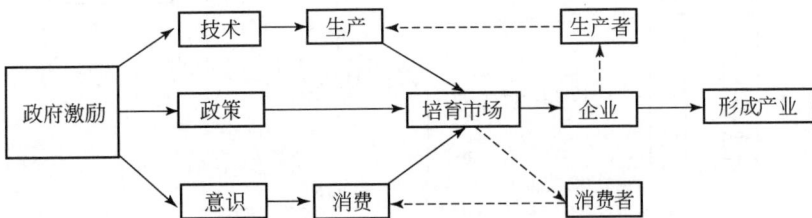

图 4-3　报废汽车再制造产业政策激励模式

对于报废汽车再制造行业而言，政策激励模式的主要内容如下。

1）通过规范报废汽车回收体系，提高报废汽车回收率。

2）优化政策，扩大再制造产业可利用资源的潜力。

3）完善报废汽车再制造产品市场流通渠道，保护产业品牌与知识产权。

4）制定鼓励报废汽车再制造企业发展的财政税收政策，提出报废汽车再制造产品的市场竞争力。

5）明确报废汽车再制造行业的市场准入制度，强化报废汽车再制造行业参与者的责任与要求。

6）制定技术标准，加强对报废汽车再制造产品的质量检验和监管，建立报废汽车再制造产业与报废汽车回收、拆解行业相衔接的制度。

7）支持报废汽车再制造关键技术的研发与推广应用，加强对报废汽车再制造产品的利用宣传，引导民众建立对再制造产品的正确认识。

（2）技术推动模式

报废汽车再制造产业技术推动模式以再制造技术研发与对承包制造商的技术支持为核心，实现分布型再制造或聚类型再制造的产业发展模式，如图 4-4 所示。

整车厂建立再制造技术中心，研究可再制造性设计以及拆解、再制造技术标准、质量控制程序等内容，对各授权企业进行技术指导。产、学、研相结合，设

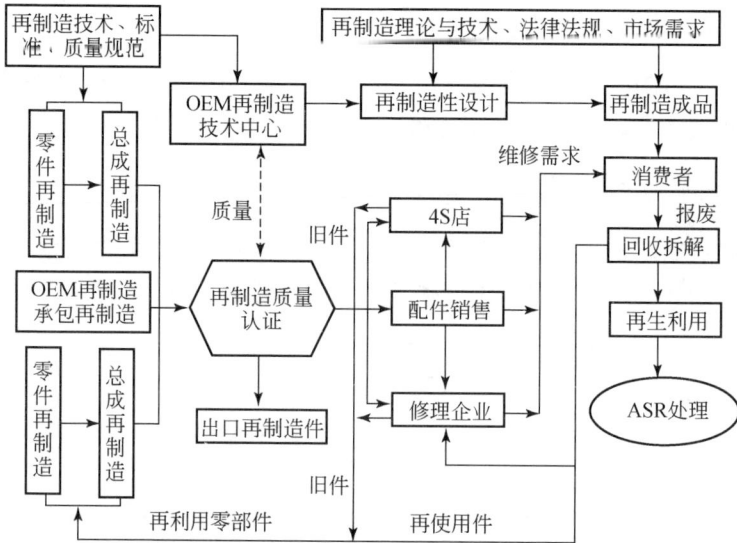

图 4-4 由 OEM 主导的技术推动型报废汽车再制造产业发展模式

立再制造研究基金，加大再制造领域的科研投入。在相关院校及专业中，开设有关课程，培养再制造技术和管理人才。针对再制造生产的不确定性，增加再制造生产企业数量，减少回收物流半径，降低企业运作风险。同时兼顾品牌保护、生产者责任及保证产品质量等要求，采用由整车厂主导的技术推动型报废汽车再制造产业发展模式。

（3）市场引导模式

在报废汽车再制造企业能获得良好收益的前提下，利用市场机制增加对报废汽车再制造企业的投入，扩大产业规模，彰显报废汽车再制造产业带来的资源与环境效益。

4.2.2.3 零部件再制造基本条件与技术影响因素

（1）报废汽车零部件再制造的基本条件

报废汽车零部件再制造的基本条件主要有三个方面，即再制造成本、再制造技术及产品技术发展与法规要求。其中，再制造成本方面要求低廉，利用旧件可以节约制造成本；再制造技术方面要求有相应的修复技术，能进行无损拆解，产品性能稳定性应超过一个生命周期；产品技术发展与法规方面，则要求再制造产品必须适应同类产品技术发展和法规要求，具有充足的市场需求。

（2）影响报废汽车零部件再制造的技术因素

1）报废汽车零部件可再制造性设计。报废汽车零部件可再制造性设计是指提高报废汽车零部件再制造性能的设计过程，属于绿色设计范畴。可再制造性设计能减少对报废汽车零部件再制造过程的不利因素，保证报废汽车零部件再制造的实现。此外，报废汽车零部件可再制造性设计还有利于优化报废汽车零部件再制造的过程，提高报废汽车零部件再制造的生产效益。然而因汽车报废年限一般都长达十余年，报废汽车零部件可再制造性设计的价值往往会随市场需求、材料供应、物流状态和科学技术等因素的变化而改变。

在报废汽车零部件可再制造性设计中，与可再制造性能直接相关的因素主要有产品的复杂性、零部件连接方式、可拆解性及零部件易损性。其中可拆解性及零部件易损性是最为关键的因素，可拆解性的提高能减少拆解时间，降低零部件的易损性能提高完好零件的回收率。

2）报废汽车零部件再制造生产技术。报废汽车零部件再制造生产技术主要包括报废汽车零部件拆解、清洗、检验、修复、加工及试验等技术。报废汽车零部件再制造生产技术对生产成本、产品质量有直接的影响。

4.2.2.4　零部件再制造面临的技术挑战

（1）技术研发

当前，报废汽车零部件再制造的技术问题已经基本解决，但是随着汽车及其零部件技术标准不断提高，无形损耗占比也越来越大。产品再制造的本质是产品功能的回复，其与新品制造有着本质差别。所以再制造技术的研发对于报废汽车零部件再制造产业的发展至关重要（陈亮，2009）。

1）性能升级。报废汽车零部件再制造是在汽车使用了若干年以后才开始进行，一些零部件的原始技术特性已经落后于目前的技术标准。如果再制造生产仍然以实现原产品性能为目标，则无法反映出再制造产品的先进性。

报废汽车零部件再制造时，需要进行技术性能升级的主要是对环保、节能或安全性要求较高的零部件。例如，汽车发动机，随着汽车排放标准的不断提高，对再制造发动机的排放性能要求也必须跟上发展步伐。尽管在一般的再制造标准中只强调达到原产品的技术性能，但其使用过程中对环境的影响也值得关注。

2）技术创新。随着汽车技术的不断发展，对报废汽车零部件再制造产品的质量要求也不断提高。技术创新是报废汽车零部件再制造产业发展的动力。

3）设计理论。报废汽车再制造产业发展到今天，人们已经认识到了报废汽车可再制造性设计的重要性。报废汽车再制造设计主要是根据再制造工艺过程的特点，在综合平衡汽车零部件的多方面设计要求基础上，优化汽车零部件的可再制造性。

但是，汽车零部件的可再制造性与产品的使用状况、应用环境和生命周期密切相关，其个体性、时间性和随机性等特点使可再制造性设计的难度较大。目前还未形成完整系统的设计理论与方法。如果现在再不重视报废汽车零部件再制造设计的基础理论研究，未来汽车零部件再制造的实现必将受到影响。

（2）标准制定

目前，欧美日等汽车再制造强国都已制定并颁布了报废汽车零部件再制造的相关标准，我国也积极制定了报废汽车零部件再制造方面的国家标准（表4-2）。但是，我国当前的标准大多是对再制造工艺过程的定性要求，很少对再制造产品的技术性能做出具体的定量要求。对于再制造产品还无法按现有的标准进行具体的定量检测与评价，质量的认证与监督有待进一步强化。

表4-2　中国报废汽车零部件再制造国家标准

序号	标准名称	标准性质
1	《报废汽车回收拆解企业技术规范》	GB 22128—2008
2	《汽车回收利用 术语》	GB/T 26989—2011
3	《汽车部件可回收利用性标识》	GB/T 26988—2011
4	《汽车零部件再制造 拆解》	GB/T 28675—2012
5	《汽车零部件再制造 分类》	GB/T 28676—2012
6	《汽车零部件再制造 清洗》	GB/T 28677—2012
7	《汽车零部件再制造 出厂验收》	GB/T 28678—2012
8	《汽车零部件再制造 装配》	GB/T 28679—2012
9	《汽车零部件再制造产品技术规范 转向器》	GB/T 28674—2012
10	《汽车零部件再制造产品技术规范 交流发电机》	GB/T 28672—2012
11	《汽车零部件再制造产品技术规范 起动机》	GB/T 28673—2012
12	《进出口汽车再制造零部件产品鉴定规程》	SN/T 4245—2015
13	《道路车辆 可再利用率和可回收利用率 计算方法》	GB/T 19515—2015
14	汽车零部件再制造　点燃式、压燃式发动机再制造技术要求	征求意见稿
15	汽车零部件再制造产品技术要求 机械式变速箱	征求意见稿
16	汽车零部件再制造产品技术要求 自动变速箱	征求意见稿

（3）教育培训

报废汽车再制造在我国是一个新兴产业，为了该产业今后的发展壮大，必须加强人才培养和培训，为报废汽车零部件再制造产业的发展提供足够的高素质人才。同时应鼓励科研院所、专业协会和技术咨询机构进行报废汽车零部件再制造工程的推广与科研，提高报废汽车零部件再制造产业发展的社会认可度，并为该产业的进一步发展提供智力支持。

（4）技术推进体系

报废汽车零部件再制造技术推进体系主要由四部分组成，即技术需求主体（报废汽车零部件再制造生产企业）、技术支持主体（与报废汽车零部件再制造生产直接相关的企业）、技术研究内容（设计理论与技术方法、标准制定与检验方法、装备制造与仪器生产、人才培养与技术培训和信息交流与物流支持）及技术研究主要目的（提供再制造生产的新技术、新工艺）。

报废汽车零部件再制造产业化技术推进体系的构建，可以参考图 4-5。报废汽车零部件再制造产业化技术推进体系是以再制造产品质量为核心，以影响再制造产业技术进步的关键因素为主要研究内容，以 OEM 为主导提升再制造产品技术性能，以报废汽车零部件再制造企业技术需求为目标，以相关企业的技术研究为支持，促进报废汽车零部件再制造生产技术的不断提高，推动汽车零部件再制造产业化的可持续化发展。

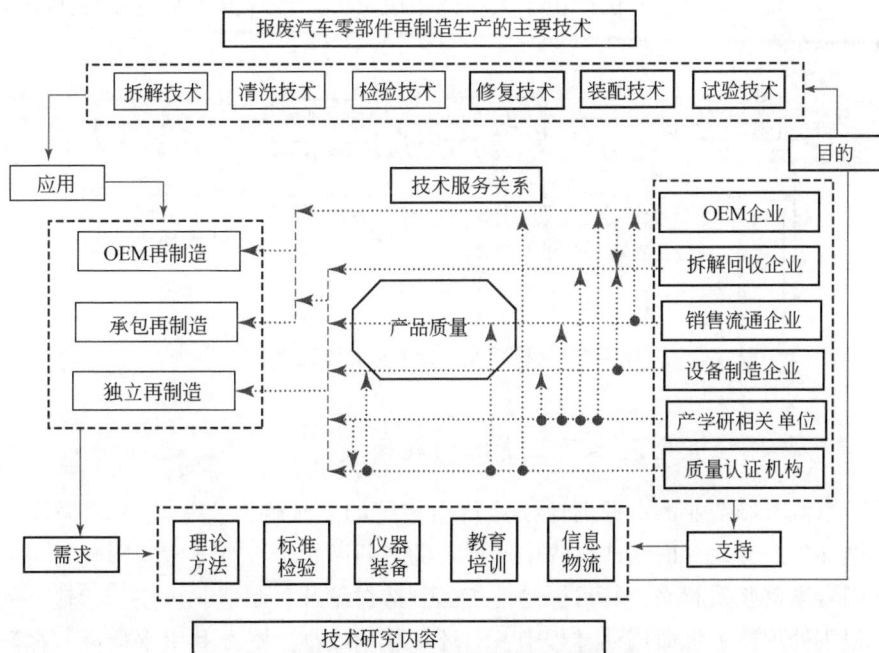

图 4-5 报废汽车零部件再制造产业化技术推进体系构建

4.3　报废汽车再生利用管理体制

4.3.1　报废汽车再生资源回收利用模式

汽车是当前人类社会资源最为密集、影响最为广泛的消费品之一。该产业规模巨大，且增长迅速，汽车保有量的快速膨胀不仅威胁环境，而且也影响着汽车工业自身的发展。目前汽车已成为石化能源的主要消耗者，汽车工业则已成为钢铁、橡胶等自然资源的消耗大户。

4.3.1.1　汽车产业资源消耗模式

（1）传统汽车制造业资源消耗模式

汽车工业已发展了100多年，其生产模式经历了从单件小批量生产、大批量流水线生产到精益生产的变革，当前正朝绿色制造生产方式方向发展。目前传统汽车制造业仍是汽车工业的主流，也是当前人类社会规模经济的典型代表，其产品消耗了大量资源，同时也产生了大量的报废资源。传统汽车制造业资源消耗模式如图4-6所示。

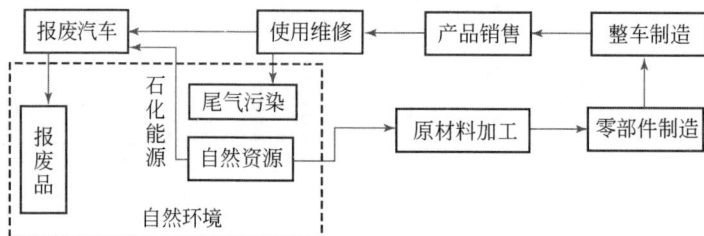

图4-6　传统汽车制造业资源消耗模式

（2）循环经济型汽车产业资源消耗模式

未来汽车制造业的资源消耗模式将由传统的"线性"关系变为"循环"关系。循环生产方式考虑制造过程中所涉及的各项因素，把对环境的影响与资源利用等因素紧密联系起来，其目标是使产品制造在设计、制造、包装、运输、使用以及报废处理整个生命周期过程中，对环境影响最小，资源利用率最高。循环经济型汽车产业资源消耗模式如图4-7所示。

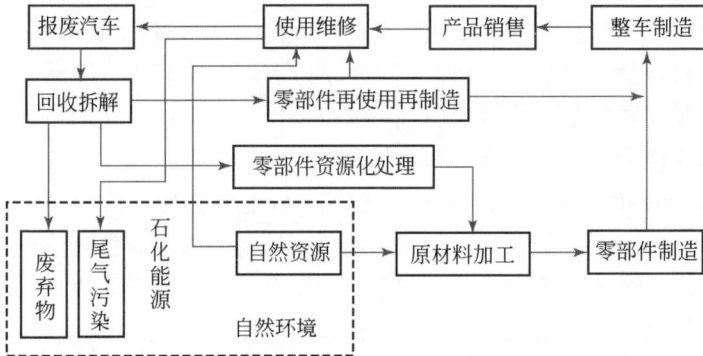

图 4-7 循环经济型汽车产业资源消耗模式

4.3.1.2 报废汽车再生资源利用体系

（1）报废汽车再生资源利用系统

汽车是高度集成的工业产品，其零部件种类繁多，使用材料也多种多样，是典型的综合工业的集大成者。报废汽车再生资源利用同样是一项复杂的系统工程，其各个环节既相对独立又彼此关联。

报废汽车再生资源利用系统一般可以分为五个子系统，即设计与制造、维修与配件、回收与拆解、再使用与再制造、材料再循环利用。报废汽车再生资源利用系统如图 4-8 所示。

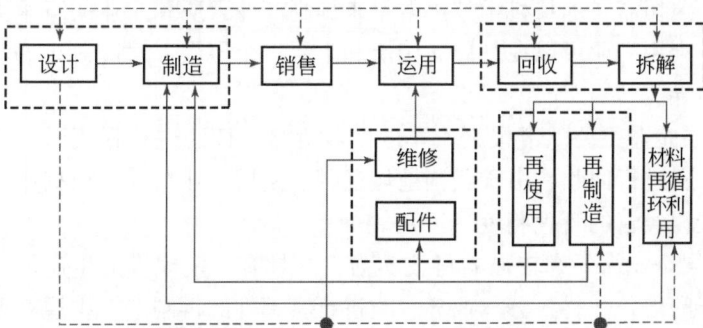

图 4-8 报废汽车再生资源利用系统

1）设计与制造。设计与制造必须坚持可持续化发展，必须从环保的角度出发。为了能够最大限度地回收利用和处理报废汽车，在汽车设计制造时应有针对性地进行回收利用和处理的设计。因此，在新车设计、制造时，应选择新材料、新结构和绿色制造工艺,主要包括:①应用可拆解设计,使汽车便于回收和再生利用;②采用绿色材料,使汽车报废后便于处理,减小对自然环境的污染。

2)配件与维修。维修是确保车辆运行必不可少的环节,维修中应保证所用零配件的质量,同时要使维修操作过程绿色环保。尽可能地使用再使用与再制造零部件作为维修配件,减少废弃物数量。

3)回收与拆解。报废旧车回收与拆解,应能够方便、快捷、经济地回收拆解报废汽车,应该建立与现代汽车生产制度与规模相适应的报废汽车回收与拆解体系,运用市场经济方法和法律强制手段相结合,解决汽车回收与拆解行业存在的问题,使报废汽车再生资源得到有效回收与利用。

4)再使用与再制造。废旧汽车中许多零部件可以再使用与再制造,这些零部件的再生利用可以减少大量社会成本,如金属零件的原材料、再冶炼以及再次全面加工等。此外再使用再制造的零部件会降低维修成本,能显著提高社会效益和经济效益。为了保证再生利用的零部件的质量,建立相应的质量监控体系十分重要。

5)材料再循环利用。报废汽车中无法再制造再使用的一些零部件,其主要材质为钢铁、有色金属、玻璃、橡胶和塑料等,这些材料需要进入材料再循环利用体系。目前金属材料已有较为成熟的处理体系,重点是对玻璃、橡胶、塑料等材料进行再循环处理。

(2) 报废汽车再生资源利用产业体系

报废汽车再生资源利用产业体系的构造,需要国家相关产业政策及法规的指导、规范,迫切需要加强科学技术含量来提高产业素质和企业的竞争力。报废汽车再生资源利用产业可以在基层、中层和上层三个层次上对产业布局和企业经营活动进行引导。

1)基层企业主要从事报废汽车的回收拆解,依法进行报废汽车拆解,并对相关废旧材料进行回收,由于我国地域辽阔,基层企业布局应根据市场需求而设立,实行授权经营的管理制度。

2)中层企业需要有较强的科技实力,并具有一定规模的生产能力,主要从事报废汽车的破碎和材料分离业务,或进行零部件的再制造。中层企业必须体现规模经济的宏观效应。

3)上层企业主要从事报废汽车拆解、零部件再制造、材料循环回收相关技术的研发,并向基层企业、中层企业提供相应的设备与技术。

在上述三个层次的产业结构中,企业的布局、设置和发展应当由市场决定。例如,中层企业可由发展较快的基层企业形成,也可独立设置,这完全应由市场因素决定。政府应当在产业结构发育过程中,推出并执行积极的干预政策,以维护竞争,防止出现非市场因素的垄断,并对企业升级提供信息、技术和开发等方面的支持与协助。

此外,资源的循环利用不仅在同一产品或同类产品之间进行,也可以在不同产业间进行。也就是说,报废汽车再生资源的利用链不仅仅存在于汽车产业界,也与其他产业互为利用。例如,利用纺织和服装加工所产生的碎布料作为生产汽车内饰件的原材料就是产业之间再生资源循环利用的典型。

4.3.2 报废汽车再生资源回收利用管理体制

汽车报废是汽车工业正常发展的必备环节,具有涉及面广、政策性强、协调难度大等特点。汽车能不能及时报废,不仅关系环境保护与节约资源,也会影响交通安全与社会经济的正常发展。在资源日益紧张的今天,完善的汽车报废回收利用体系不仅有利于促进汽车工业和汽车市场的健康可持续发展,而且对保护环境、维护交通安全和实现低碳经济发展等也具有重要意义。

4.3.2.1 国外报废汽车管理体制

(1) 日本

日本是世界上汽车保有量较多的国家之一。2010 年后大致保持在 7500 万辆左右,每年报废汽车数量在 500 万辆左右。为避免非法丢弃报废汽车,日本对汽车报废的管理非常严格。

日本政府指导和管理报废汽车回收利用的机构主要涉及以下几个部门。

1)经济产业省、环境省,主要负责制定汽车报废回收处理行业的准入标准、行业标准。

2)国土交通省及其下属各地方陆运支局,负责汽车车籍管理。

3)各地方自治体政府,负责汽车报废回收处理行业的登记和准入审批。

在日本,从事汽车报废及回收处理的企业需要进行登记并审批。从事废旧汽车收购交易、氟利昂回收的企业,需到都道府县或设置保健所的市(注)地方政府进行登记,并每隔 5 年审查一次。

日本报废汽车管理的特点主要有以下几点。

1)日本实施非强制报废制度,利用经济手段促进汽车更新。在日本,机动车辆并无达到一定行驶里程或年限后强制报废的要求,车辆只要通过每 2 年一次(新车为出厂后 3 年)的年检,就可以上路行驶。但是日本车检的环保标准不断提高，车辆年检费用则随使用年限增长也不断提高，同时在税制上对新型环保汽车采用优惠税制，这一系列的措施促使车主增强了自愿报废汽车的意愿。

此外在日本，关于汽车回收处理费用的标准，除登记信息管理和资金管理费用外，由汽车厂商根据不同车型在处理中的实际情况自行制定。由于这部分费用直接反映到汽车的实际价格上，极大地推动了汽车厂商在设计开发时，考虑今后报废处理的成本，积极设计利于回收利用的车型。

2）日本报废汽车回收处理相关行业分工明确、衔接流畅。日本报废汽车回收处理行业分工较细，从流通领域的收购、氟利昂等有害物质回收，到安全气囊处理等都有专门的企业完成，回收处理率极高。报废汽车从收购到解体、粉碎处理的全过程的各个环节，形成了完整的责任义务关系链。上一环节企业必须在一定时间内完成处理工序交下一环节企业继续处理，下一环节企业则有义务接收上一环节企业交付的废车及其部件，无特殊原因不得拒绝。而汽车生产商或进口商对报废汽车回收处理负有最终责任，确保了整个处理过程的完整。

3）报废汽车回收费用事先征收，统一管理并逐级支付。日本报废汽车回收处理的费用由车主承担，并采取预付和凭证方式进行。《汽车再利用法》实施后购买新车，此项费用在购车时支付，该法实施前购置的新车或该法实施后购置的二手车，则在下次车检时缴纳。而该法实施后，车检到期的车辆，若车主无意继续上路使用，相关费用则在报废时缴纳。

车主缴纳的报废汽车回收处理费统一交由汽车回收再利用促进中心保管，该中心或其委托的机构对已缴费汽车车主发放汽车回收处理券。该券作为已缴纳回收处理费的证明，由车主保存，可随汽车有偿转让。这种在初始环节征收费用的做法，可有效防止费用拖欠。

在汽车进入报废回收程序后，汽车生产商或进口商向汽车回收再利用促进中心提出申请，提取车主预付的回收处理费。氟利昂回收、解体、车体粉碎等其他处理企业完成处理后，向汽车回收再利用促进中心报告相关情况，凭该中心的处理证明，从汽车生产商或进口商处索取相关处理费用。日本通过统一管理的方式，使报废汽车回收处理费用能够及时到位，同时也使得报废汽车处理的各行业成本分担更加透明、合理，有利于行业的规范化。

4）实行汽车信息化管理，所有车辆信息联网共享。在日本，汽车户籍管理采取计算机全国联网方式。通过信息网络设施，从遍布全国各地的陆运支局，将有关汽车登记的所有信息，统一汇总到中央国土交通省汽车交通局技术安全部管理课备案。通过网络，相关部门可以实时监控全国汽车流通情况，掌握每一辆车的登记及处理情况。

此外，通过日本汽车回收再利用促进中心统一管理汽车报废回收的有关信息，从接收报废汽车到最终完成处理，每个环节的从业企业在接收报废汽车或其零部件到完成处理都要向该中心报告。日本汽车回收再利用促进中心能够实时掌握每辆报废汽车的回收处理进程，做到有案可查。如果收到企业接收报告一定时间后，企业未按规定完成处理并交付下一环节企业，该中心就将向企业所在地政府发出延迟报告。根据延迟报告，相关政府部门必要时将向企业发出劝告或命令，令其立即完成处理。

日本循环经济的立法是世界上体系完备的典范，其保证日本成为资源循环利用率最高的国家。该立法体系明确，采取了基本法、综合法和专项法的组合模式，分为三个层面。

第一层面，基础性法律层面。相关法律有《推进建立循环型社会基本法》。

第二层面，综合性法律层面。相关法律有《固体废弃物管理和公共清洁法》和《促进资源有效利用法》。

第三层面，专项法律层面。主要是根据各种产品的性质制定的具体法律法规，如《家用电器再利用法》《汽车循环法》《建筑资材再资源化法》《容器与包装分类回收法》《绿色采购法》等。

从 2001 年 4 月开始，三个层面的法律互相呼应，并开始全面实施。除这些基本的法律外，日本还制定了《环境影响评价法》《二噁英对策特别措施法》等辅助类法律；制定了补助金制度、融资制度、优惠税制度和紧急设备购置补助金等一系列辅助经济政策。所有这些构筑了日本循环型社会的基本法和相关法律、针对产品的循环利用法和辅助类法律政策。此外，日本还修订了《车辆注销登记法》，主要是从车辆登记、注销各环节中，加强对报废汽车流向的管理，以促进废旧汽车的回收、拆解及资源综合利用。

2002 年 7 月末，日本国会通过了《汽车循环法案》，并于 2004 年正式实施。该法案以法律的形式对报废车辆的回收利用做出了明确规定：汽车制造商有将占车重 20% 的粉碎性垃圾、车载空调使用的有害氟类物质以及含有起爆剂的气囊等回收处理的义务；车主则应为此支付 2 万日元左右的回收费。随着日本政府与相关企业的不懈努力，当前日本汽车的回收利用率已达到 80% ~ 85%，5 年后，日本汽车回收利用率预计将提升到 95%。

（2）德国

德国是汽车的发源地，其汽车工业发展水平很高。目前，德国每年处理掉的旧轿车（包括报废处理、出口或停放不开时间超过 18 个月）约 350 万辆，其中约 1/4 的旧车被再生利用或报废，其余旧车大部分都作为二手车出口到国外（尤其是东欧市场），这是德国废车处理市场的一大特色。剩余的报废汽车则进入正常的报废汽车回收领域。作为汽车流通体系的最后一个环节，汽车报废处理是实现报费资源循环利用的必然途径，在整个汽车市场和汽车使用循环中占有重要地位。在资源日益紧张的今天，完善的汽车报废回收利用体系不但有利于促进汽车工业和汽车市场的健康可持续发展，而且对保护环境、维护交通安全和实现低碳经济发展等也具有重要意义。

德国报废汽车的管理模式可以概括为"自愿协议加法规框架"的模式。

所谓法规框架，就是说德国的汽车报废必须符合有关法律规定的框架。德国汽车报废的法律依据有 1986 年修订的《废物限制和废弃物处理法》、1996 年的《循环经济和废物管理法》，更为具体的是 1997 年 7 月颁布的《报废汽车的转移、收集和环境无害化管理的法令》，并在 2002 年进行了修订。此外还包括安全、环境保护、保险赔偿等方面的相关法规和标准。另外，作为欧盟成员国之一，德国的报废汽车管理还遵循欧盟汽车报废政策，包括 2003 年的《报废车辆指令》。

自愿协议则是汽车厂商、政府、协会和车主共同磋商形成并遵守的条款。

1997 年 3 月，德国推出了《签订报废车辆的环境友好处理的自愿协议》，协议的基本管理程序为：汽车由最终用户向认定的交易所提出废车处理的申请，由交易所转交认定的废车解体事业所解体后，分别将可用的二手部件出售，车体和废液类分别委托压碎事业者和废液类再生处理事业者处理，然后由解体事业者经交易所将解体证明书返还用户，用户以此为据向交通部门吊销车牌证，并停止向税务部门纳税，并向保险公司解除保险。

德国报废汽车回收管理的特点主要有以下几点。

1）法律法规完善。德国报废汽车回收管理的法律法规相对完善，公民的法律意识也很强。在环境影响评价法、环境赔偿法等法规中，对报废汽车的拆解场所有明确要求，如有污染物渗透到地下，污染地下水时，应获得保险赔偿。同时，由于具有监督机制，政府、企业各行其是，使汽车报废和拆解形成良性循环机制，实现欧盟成员国预定的目标。总之，无论是企业还是车主都能自觉遵守法规，依法行事，这是德国报废汽车管理取得成功的基础。

2）以市场为导向。德国虽然对汽车的报废年限没有明确的法律规定，欧盟实施的《报废车辆指令》对汽车报废年限也是非强制性的。但是德国将汽车报废回收处理作为一个产业来培育，诸多的经济措施促使德国人积极参与报废汽车回收处理，不仅创造了大量的就业机会，也减少了资源的浪费。

3）目标明确。汽车报废的政策目标是环境保护和节约资源，欧盟成员国有关报废汽车的法规均是将环境保护和资源节约作为重要的政策目标。同时，德国较好地利用了价值规律和市场的作用，利用经济手段保护环境。德国采用污染者付费原则，确保了报废汽车回收过程中的资金来源。

4）中介积极。德国中介组织在报废汽车的管理方面发挥了重要的作用。例如，德国的汽车工业协会，其成员分别来自政府部门、汽车制造商和销售商，起到了政府和汽车主之间的桥梁作用。他们的主要工作是将车主的意见反映给政府，代表政府审查汽车拆解企业的行为表现并发放资格证书等，使德国的汽车报废回收管理制度化，并在有效的监督机制下形成良性循环。

4.3.2.2 我国报废汽车管理体制

近年来，我国汽车产业处于快速发展时期，汽车保有量持续增长。随之而来的是报废汽车的数量也迅速增加。这对我们国家报废汽车的管理提出了更高的要求。

我国在 1986 年制定了《汽车报废标准》，对汽车施行强制性报废管理制度。2006 年以前，我国《汽车报废标准》多次修订，根据车型和用途不同进行了调整，加速了汽车的报废更新，也活跃了新车销售市场，刺激了私人购车。

2007 年国家商务部拟定的《机动车强制报废标准规定》开始正式生效，由此，我国采用了强制性与技术性相结合的管理制度，取消了非营运小型、微型乘车及专项作业车的报废年限规定，对其他车型的报废年限都适当进行了延长，同时强化了车辆的技术状态及安全、环保指标。新的汽车报废标准更加合理，对二手车市场将产生较大影响。

2012 年 8 月，商务部第 68 次部务会议审议通过了商务部、国家发展和改革委员会、公安部、环境保护部日前联合发布的《机动车强制报废标准规定》，自2013 年 5 月 1 日起施行。其中，根据第四条规定：已注册机动车有下列情形之一的应当强制报废，其所有人应当将机动车交售给报废机动车回收拆解企业，由报废机动车回收拆解企业按规定进行登记、拆解、销毁等处理，并将报废机动车登记证书、号牌、行驶证交公安机关交通管理部门注销。

1）达到本规定（指《机动车强制报废标准规定》第五条规定）使用年限的。

2）经修理和调整仍不符合机动车安全技术国家标准对在用车有关要求的。

3）经修理和调整或者采用控制技术后，向大气排放污染物或者噪声仍不符合国家标准对在用车有关要求的。

4）在检验有效期届满后连续 3 个机动车检验周期内未取得机动车检验合格标志的。

对小、微型出租客运汽车（纯电动汽车除外）和摩托车，省、自治区、直辖市人民政府有关部门可结合本地实际情况，制定严于上述使用年限的规定，但小、微型出租客运汽车不得低于 6 年，正三轮摩托车不得低于 10 年，其他摩托车不得低于 11 年。机动车使用年限起始日期按照注册登记日期计算，但自出厂之日起超过 2 年未办理注册登记手续的，按照出厂日期计算。

目前，我国已有的关于报废机动车回收拆解的政策性文件主要包括：国务院 2001 年公布的《中华人民共和国报废汽车回收管理办法》、商务部 2005 年公布的《汽车贸易政策》和国家发展和改革委员会、科技部、国家环境保护总局 2006 年联合发布的《汽车产品回收利用技术政策》等。这些文件的主要目的是规范报废机动车回收拆解工作，建立汽车产品报废回收制度，禁止报废零部件及非法拼装车的倒卖行为，其内容多是指导性的规定，对环保和资源循环利用也只是提出了一些概括性的要求。

我国报废机动车回收拆解的认定工作由国家经济贸易主管部门负责（原为国家经济贸易委员会，现为商务部），以公告的形式公布企业名单。资质的认定则是依据《报废机动车回收管理办法》中的相关规定和原国家经济贸易委员会 2001 年制定并实施的《报废机动车回收企业总量控制方案》，认定的条件主要是企业规模方面的要求。

在报废汽车产品回收利用方面，我国已制定了一些政策文件。2006 年，国家发展和改革委员会、科技部和环境保护总局对外发布的《汽车产品回收利用技术政策》，这个推动我国汽车产品报废回收的指导性文件，将会对我国汽车的生产和销售及相关企业启动、开展并推动汽车产品的设计、制造和报废、回收与再利用等环节带来深刻的影响。

《汽车产品回收利用技术政策》明确提出，2010 年起，我国汽车生产企业或进口汽车总代理商要负责回收处理其销售的汽车产品及其包装物品，也可委托相关机构、企业负责回收处理；将汽车回收利用率指标纳入汽车产品市场准入许可管理体系；综合考虑汽车产品生产、维修、拆解等环节的材料再利用，鼓励汽车制造过程中使用可再生材料，鼓励维修时使用再利用零部件，提高材料的循环利用率，节约资源和有效利用能源，大力发展循环经济。

尽管我国已经制定了《报废汽车回收管理办法》、《汽车产品回收利用技术政策》等一系列的法律法规来规范报废汽车行业，但目前这个行业仍存在不少问题。

首先是报废汽车的回收体系仍然没有理顺。管理办法仅规定国家宏观经济管理部门和地方经济贸易管理部门是报废汽车拆解的监督部门，报废汽车的回收部门是各级物资再生、物资回收公司，这也是唯一的经营渠道。其他任何未取得资格认证的部门、单位和个人均不得收购报废汽车。各汽车生产厂商，拥有技术和销售网络等优势，在大多数国家报废汽车回收体系中占重要地位，而在我国的回收体系中尚未得到利用。

其次是报废汽车的特殊性，受经济利益的驱使，导致国家的政策法规在执行时出现很大偏差，政策难以落实，也容易造成安全和环境隐患的违法回收、改造活动屡禁不止。

最后是拆解过程的环境问题没有得到重视。由于管理办法中仅原则性地要求遵守环保法律，采取措施防治污染，而缺乏可具体操作实施的拆解环境保护技术规范，造成环境污染与资源浪费的不合理拆解还普遍存在。

4.3.3 报废汽车回收管理信息系统

管理信息系统有广义和狭义之分。狭义的管理信息系统是指计算机网络管理信息系统，即运用现代化计算机网络技术和企业管理学方法，系统地实现企业经营生产目标的一种综合管理系统。广义的管理信息系统指政务部门或企事业单位应用计算机网络技术为实现各项业务、技术、工作自动化和系统集成的高水平管理方法和模式。现代社会组织中的管理信息系统是为了实现组织的整体目标，对管理信息进行系统的、综合的处理，辅助各级管理决策的计算机硬件、软件、通信设备、规章制度及有关人员的统一体（石生斌，2012）。

管理信息系统是一个由人、机（计算机）组成的能进行管理信息的收集、传递、存储、加工、维护和使用的系统。简言之，管理信息系统是一个以计算机为工具，具有数据处理、预测、控制和辅助决策功能的信息系统。管理信息系统综合运用了管理科学、数学和计算机应用的原理和方法，在符合软件工程规范的原则下，形成了自身完整的理论和方法学体系，是计算机应用在管理领域的一门实用技术。

管理信息系统的基本结构可以概括为四部分，即信息源、信息处理器、信息用户和信息管理者。此外，管理信息系统还包括计算机网络、数据库和现代化管理，这些是管理信息系统的三大支柱。具体地讲，管理信息系统组成包括以下 7大部分，即计算机硬件系统、计算机软件系统、数据及其存储介质、通信系统、非计算机系统的信息收集、处理设备、规章制度和工作人员。

报废汽车回收再生是一个庞大而复杂的系统工程，其高效运行需要有能力对纷繁复杂的各类信息进行计算机处理，并有基于互联网进行信息传输与管理的信息管理系统作为支撑（巴兴强，等，2015）。报废汽车回收管理信息系统一般应包含如下几个部分。

(1) 汽车报废回收管理信息系统

汽车报废回收管理信息系统在各级政府或行业协会的管理下实行对报废汽车

基本信息的收集与管理。其中最为权威的是中国商务部的汽车流通信息管理系统，图4-9为该系统的登录界面。

图4-9　汽车流通信息管理系统界面

汽车报废回收管理信息系统收集的信息一般包括：车主、车牌号、车型、发动机号、车架号、报废日期、报废原因等。用户可以在计算机网络上进行相关的信息申报和查询。

除基本的信息搜集功能外，该系统还应具备对报废汽车进行报批、核对、验收及办理收购手续等功能。系统可按汽车报废回收工作流程出具相应的表格和文件，如《机动车停驶、复驶/注销登记申请表》、《报废汽车回收证明》、《报废汽车交接登记表》等。

在信息准确、流程规范的情况下，系统可自动形成《报废汽车回收拆解经营情况月报表》等表格，并分别报送各级各类管理机构，如中国物流与采购联合会、中国物资再生协会、交通管理部门等。

（2）汽车废旧零部件拆卸管理信息系统

该系统的功能模块由以下部分组成。

1）拆卸作业管理。这个模块主要用于汽车拆卸工作指令的生成、分配和管理。由于报废汽车拆卸工作可能同时针对多种类型的车辆和多种回收来源，并且不同的汽车中各零部件的消耗程度也不相同，应该区分对待。系统针对不同类型的车辆及其来源设定不同的拆卸规程，下达不同的工作指令，使拆卸人员明确自己的工作职责，从而有效管理拆卸过程中产生的辅助信息。这有利于拆卸工作完成后对该回收车辆及其来源的情况加以分析，进一步为其他部门的工作决策提供数据基础。

2）BOM（物料清单）管理。根据不同的工作指令从产品数据（PD）系统中获取产品对应的物料清单结构信息，供拆卸人员检索具体的零部件信息以及零部件之间的装配关系。

3）产品零部件图浏览。从图示的角度提供给拆卸人员具体的零件图、部件图，并且提供针对零部件图的放大、缩小、拖曳等功能，便于拆卸人员了解零件之间的装配关系，用以指导具体的拆卸工作。

4）拆卸信息管理。对汽车中零部件的可拆卸性、材料的可回收性等进行多方面评价，将零部件分为可直接回用、可再制造件、材料回收件等类别。针对不同类别采用不同的库位存储，随后由专门的质检人员针对不同的类别采用不同的检测手段进行进一步分检，并进行零部件的 ERP（企业资源计划）系统入库操作。

5）分析统计、评价功能。对汽车拆卸过程中产生的信息加以分析、统计，供工艺设计、库存管理等部门的相关人员参考和评价，从而更好地进行拆卸路线的规划、汽车零部件的设计和库存的管理，以实现拆卸企业的利益最大化。拆卸过程信息主要包括拆卸工艺规程、拆卸费用（工人工资、工具磨耗、运输费、排放费）、拆卸能耗、拆卸时间等。

6）员工绩效管理。每一个员工都有自己独立的账号和密码来登录系统，员工进行的任何拆卸工作及系统操作都将在数据库中储存下来，管理员可以根据员工工号迅速地检索出该员工某一天或者某一个阶段的具体工作内容，加以统计，以衡量员工的实际工作量，并作为该员工绩效考核的参考。

7）权限管理。拆卸工作指令只能由管理员来建立和管理。工作指令生成后由管理者统一发放给具体的拆卸人员。拆卸人员可以通过自己的账号和工作指令登录系统，以不同工作指令登录的用户看到的汽车产品的 BOM 信息是不同的，这样可以避免拆卸过程中发生信息混淆。分拣、入库过程只能由检验人员登录系统后才能操作完成。此外，分析统计数据的生成也必须由具有一定权限的用户才可执行。这种方式可保证信息的保密性，避免数据的混淆和外因的干扰、破坏。

目前我国最为权威的汽车废旧零部件拆卸管理信息系统是中国汽车绿色拆解系统（China automotive green dismantling system，CAGDS），该系统由中国汽车技术研究中心开发并管理，向报废汽车回收拆解企业提供技术支持和指导，通过该平台，报废汽车回收拆解企业可查询到每一款车型的拆解流程、方法、工具和注意事项等信息，拆解技术水平可得到有效提升，并且有利于我国报废汽车回收拆解行业向着"精细、安全、环保、高效"的方向发展，不断提高拆解零部件和材料的资源综合利用水平。

(3) 旧车拆卸数据系统

此类系统的目的是支持旧车拆卸的全过程。它可向汽车再生企业提供报废车拆卸过程所要求的数据。这套系统应适用于所有拆车厂的业务流程，并可通过一定的规则确定哪些材料可以再利用。被国际上 25 个主要的汽车制造商支持的软件系统——IDIS 软件（国际拆解信息系统）就是这样的一套系统，图 4-10 为该系统的主界面。

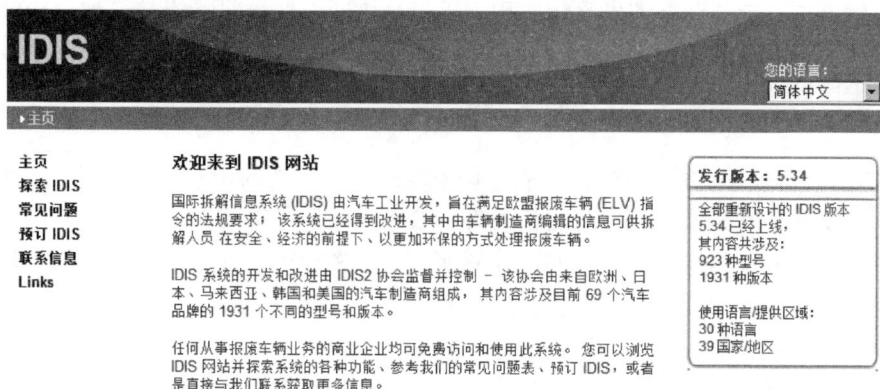

IDIS

您的语言：
简体中文

▶主页

欢迎来到 IDIS 网站

主页
探索 IDIS
常见问题
预订 IDIS
联系信息
Links

国际拆解信息系统 (IDIS) 由汽车工业开发，旨在满足欧盟报废车辆 (ELV) 指令的法规要求；该系统已经得到改进，其中由车辆制造商编辑的信息可供拆解人员 在安全、经济的前提下、以更加环保的方式处理报废车辆。

IDIS 系统的开发和改进由 IDIS2 协会监督并控制 – 该协会由来自欧洲、日本、马来西亚、韩国和美国的汽车制造商组成，其内容涉及目前 69 个汽车品牌的 1931 个不同的型号和版本。

任何从事报废车辆业务的商业企业均可免费访问和使用此系统。您可以浏览IDIS 网站并探索系统的各种功能、参考我们的常见问题表、预订 IDIS，或者是直接与我们联系获取更多信息。

发行版本：5.34

全部重新设计的 IDIS 版本
5.34 已经上线，
其内容共涉及：
923 种型号
1931 种版本

使用语言/提供区域：
30 种语言
39 国家/地区

图 4-10 IDIS 软件主界面

IDIS 由欧洲、日本和美国的主要汽车制造商组成的 IDIS2 联盟支持开发。主要目的是为汽车拆解业提供有益于报废汽车环保化处理和再生资源利用最大化的信息。目前这个数据库有超过 600 种汽车型号的大约 40 000 个零部件的成分。该数据库甚至可以查询到 20 世纪 80 年代的某些车型信息，并列出了有回收价值的零部件和详细的液体、气囊的处理与拆解程序。

IDIS 系统具有专业的、界面友好的车辆拆解信息数据库。IDIS 免费向再生资源企业提供多种语言的只读光盘，数据一年进行二次更新，注册者也可以从互联网上获得相关的数据。

(4) 汽车零部件再制造管理信息系统

该系统一般应包含如下几个模块（员巧云，2010）。

1) 再制造仓储管理。报废汽车零部件回收时在到达的数量、质量和时间上是不确定的，同时下游客户对再制造产品的需求也是不确定的，这就需要再制造企业通过仓储以缓解回收件和再制造件的供需不平衡。再制造仓储管理主要处理的信息内容有以下几点。

第一，产品的基本特性数据。例如，零部件名、生产商、生产日期、基本结构、商标等。这些信息有利于对再制造零部件进行分类，以便进行规模生产。

第二，产品全生命周期数据。例如，零部件的使用时间、工作的环境状况、承受的机械冲击、电压、电流、过载及维修情况。这里的维修情况包括产品何时被维修，是否被再制造过，更换了哪些零部件，产品的结构是否有变化，如螺栓连接变成焊接等。这些信息有利于决定零部件的残余寿命，方便对零部件可再制造性的判定以及确定正确的拆解序列。

第三，产品使用材料的信息。例如，材料名称、纯度、附着材料（油漆）、稀有金属、有毒材料的分布，以及更换零部件的材料等。这些信息有利于对危险物和贵重金属的处理，同时可减少处理费用，提高再制造的经济效益。

第四，其他辅助信息。例如，使用材料的相容性、产品维护关键提示等。仓储管理信息也可以以 BOM 表形式来实现。而零部件的选取可以通过电子标签形式或者条形码扫描形式来实现。

2）再制造生产管理

单纯就生产制造过程而言，再制造过程与传统的生产制造过程没有区别。但再制造过程包含着大量的不确定性因素，其生产任务的安排非常复杂。再制造生产管理主要处理的内容有设备加工能力的分配问题、重新装配工艺调度问题、车间计划的编排问题等。

再制造管理信息系统除了上述两个主要功能外，还应具有绩效分析、员工管理、权限管理等一般管理功能。

（5）材料回收再生管理信息系统

报废汽车中不能被再制造加工利用的零部件可在经过物理的、化学的处理后以材料再生形式来实现资源的循环利用。汽车中各种材料，黑色金属、有色金属、贵金属、橡胶、塑料、玻璃、纤维、油液等，在一定的技术条件下均可实现材料层次上的循环利用。由于各种材料的性质不同，因此在再生工艺路线、加工设备、盈利能力等方面存在很大差异，由此也导致不同材料的再生管理信息系统在目标、结构、实现方法等方面相差甚远。但无论什么样的系统都应具备如下的基本功能：材料特性管理、再生设备管理、工艺流程规划、入库出库管理、仓储管理、人员管理、效益分析等。

4.3.4 报废汽车零部件再制造产品标准及管理

报废汽车零部件再制造产品标准对于报废汽车零部件再制造产业至关重要。

相比国外汽车零部件再制造产业，目前我国的再制造产业仍然是一个新兴产业，尚未形成产业化发展。但我国目前在相关领域已经颁布了一系列的技术规范、技术标准及相关管理制度。

4.3.4.1 报废汽车零部件再制造产品技术规范标准

报废汽车零部件再制造产品技术规范标准主要有三个：《汽车零部件再制造产品技术规范 起动机（GB/T 28673—2012）》《汽车零部件再制造产品技术规范 交流发电机（GB/T 28672—2012）》与《汽车零部件再制造产品技术规范 转向器（GB/T 28674—2012）》。其中起动机与交流发电机的再制造技术规范的标准文件规定了再制造的术语和定义、拆解、分类、清洗、检测与修复、装配、性能要求和试验方法、检验规则、包装和标识等。转向器的再制造技术规范的标准文件规定了齿轮齿条式、循环球式机械和液压助力转向器再制造术语和定义，拆解、分类与清洗，检测与修复，总成装配要求，性能要求和试验方法，检验规则，标识与包装等。

4.3.4.2 汽车零部件再制造工艺标准

汽车零部件再制造工艺标准文件主要有五个：《汽车零部件再制造 拆解（GB/T 28675—2012）》《汽车零部件再制造 分类（GB/T 28676—2012）》《汽车零部件再制造 清洗（GB/T 28677—2012）》《汽车零部件再制造 出厂验收（GB/T 28678—2012）》《汽车零部件再制造 装配（GB/T 28679—2012）》。其中汽车零部件再制造拆解的标准文件规定了汽车零部件再制造拆解的术语和定义、常用的拆解方法、拆解的一般要求和拆解的环保要求等。汽车零部件再制造分类的标准文件规定了汽车零部件再制造分类的术语和定义、零部件的分类方法、一般要求和常用的分类检测技术等。汽车零部件再制造清洗的标准文件规定了汽车零部件再制造清洗的术语和定义、一般要求、一般清洗分类方法和常用清洗方法等。汽车零部件再制造出厂验收的标准文件规定了汽车零部件再制造产品出厂验收的术语和定义、出厂验收要求等。汽车零部件再制造装配的标准文件规定了汽车零部件再制造产品装配的术语和定义、装配的基本要求等。

4.3.4.3 汽车零部件再制造产品的认证和标识管理

在汽车零部件再制造产品的认证和标识管理方面，我国现有两个相关的文件，即《再制造产品认定管理暂行办法》和《再制造产品认定实施指南》。

《再制造产品认定管理暂行办法》共分五章，其中第五条规定了认证的原则和申请认证的企业应具备的条件。再制造产品认定采取企业自愿认定的原则。第六条规定了企业认定时应提供的材料。第九条规定了认定机构应具备的条件和责任。第十条规定了认定的方式和时间要求。第十三条规定了通过认定的再制造产品，应在产品明显位置或包装上使用再制造产品认定标志。

《再制造产品认定实施指南》比《再制造产品认定管理暂行办法》更详细，从组织管理、认定程序、认定标志与信息明示、异议处理、专家管理五个方面对再制造产品的认定做了更具体的规定。2010 年国家发展和改革委员会与工商管理总局发出"关于启用并加强汽车零部件再制造产品标志管理与保护的通知"，通知中对再制造产品标识的设计、标识的位置、标志的使用等做出了明确和详细的说明。

4.4 汽车绿色设计

随着人类科技的发展，人类物质文明和精神文明不断提高，人类生存环境也日益恶化，可利用资源日趋枯竭，经济的进一步发展受到了严重制约，这些问题已直接影响人类文明的可持续发展。绿色设计（green design）也称为生态设计（ecological design），其着重考虑产品的环境属性（可拆卸性、可回收性、可维护性、可重复利用性等），并将其作为设计目标，在满足环境目标要求的同时，保证产品应有的功能、使用寿命、质量等要求。

4.4.1 绿色设计内涵

4.4.1.1 绿色设计概念

绿色设计是将保护环境的措施和预防污染的方法应用到产品的设计中，其目的是使产品在全生命周期内对自然环境的影响最小。具体地讲，绿色设计把环境保护贯彻到了产品的全生命周期，从产品的概念形成、设计制造、使用维修、报废回收、再生利用以及无害化处理等各个阶段，都要落实保护自然生态，防止污染环境的措施，并把节约自然资源、减少能源消耗作为产品设计的重要目标。绿色设计在保证产品应有的基本功能、使用寿命和周期费用最优的前提下，将产品的环境影响、资源利用及可再生等属性加入产品的环境设计要求。绿色设计的原则为"3R（reduce、reuse、recycle）"，即减少能源消耗与环境污染、产品及零部件的再使用和废旧产品及零部件材料的循环回收利用。

4.4.1.2 绿色设计内容

绿色设计是在产品设计、制造、使用、回收及再生利用等产品生命周期各阶段综合考虑环境特性和资源利用效率的先进设计理念和方法。其要求在产品的功能、质量和成本基本不变的前提下，系统考虑产品在生命周期的各项活动对环境的影响，使得产品在整个生命周期中对环境的负面影响最小，资源利用率最高。绿色设计的主要内容如下（Boyang and Chengkui, 2015）。

1）产品描述与建模。主要是准确全面地描述绿色产品，建立系统的绿色产品评价模是绿色设计的关键。

2）材料选择与管理。绿色设计的选材不仅要考虑产品的使用条件和性能，还应考虑环境的约束，应了解材料对环境的影响，选用无毒、无污染的材料，以及易回收、易降解、可再次使用的材料。

此外，加强材料的管理也是绿色设计的重要内容。绿色设计过程中的材料管理包括两方面内容：一个是不能把含有有害成分与无害成分的材料混放在一起；另一个是报废产品的有用部分要充分回收利用，不可用部分则要采用一定的工艺方法进行处理，使其对环境的影响降到最低限度。

3）可回收性设计。在产品绿色设计初期，应充分考虑其零部件材料的可回收性、回收价值、回收方法、可回收结构及拆解工艺等一系列与回收相关的问题，最终达到零部件材料资源、能源的最大利用，找到对环境污染最小的一种设计思想和方法。

可回收性设计包括以下几方面的主要内容：①可回收材料及其标志；②可回收工艺与方法；③可回收性经济评价；④可回收性结构设计。

4）可拆解性设计。在产品设计初级阶段，应将可拆解性作为设计的评价准则，使所设计的结构易于拆卸、便于维护，并在产品报废后再使用其内部的可用部分，以便充分发挥零部件的有效价值，从而达到节约资源与能源、保护环境的目的。

可拆解性设计要求在产品结构设计时，改变传统的连接方式，采用易于拆解的连接方式。可拆解性设计有两种方式，即基于典型构造模式的可拆解性设计和计算机辅助的可拆解性设计。

5）产品包装设计。绿色包装设计是产品整体绿色特性的一个重要内容。绿色包装设计的内容包括优化包装方案和包装结构，选用易处理、可降解、可回收重用或再利用的包装材料。

6）技术经济分析。绿色设计中，在产品设计时就必须考虑产品的回收、拆解及再利用等技术问题，同时也必须考虑相应的生产费用、环境成本及其经济效益等经济问题。并在技术与经济两方面进行综合分析，实现技术性与经济性的动态平衡。

7）绿色设计数据库的建立。数据库是产品绿色设计的基础，它应包括产品全生命周期中与环境、技术、经济等一切有关的数据。例如，材料成分、各种材料对环境的影响值、材料自然降解周期、人工降解时间与费用，制造、装配、销售和使用过程中，所产生的附加物数量及对环境的影响值，环境评估准则所需的各种判断标准等。

4.4.1.3 绿色设计的特点

传统设计通常是根据产品技术性能和使用消费属性进行设计，如功能、质量、寿命和成本。其设计原则是产品易于制造，并应保证技术性能和满足使用要求，而较少或基本不考虑产品报废后的资源化、再利用以及对生态环境的影响。

而绿色设计，则源于人们对资源浪费和环境污染的反思以及对生态规律认识的深化，是传统设计理论与方法的发展与创新。绿色设计在产品整个生命周期中把环境影响作为设计要求，即在概念设计及初步设计阶段，就充分考虑到产品在制造、销售、使用及报废后对环境的各种影响。通过相关设计人员的密切合作，信息共享，运用环境评价准则约束制造、装配、拆解和回收等过程，并使之具有良好的经济性。

绿色设计是一种集成设计，涉及机械设计理论与制造工艺、材料学、管理学、环境学和社会学等学科门类的理论知识和技术方法，具有多学科交叉的特性。因此，单凭传统设计方法是难以适应绿色设计的要求，绿色设计是一种综合了面向对象技术、并行工程、生命周期设计的一种发展中的系统设计方法，也是一种集产品质量、功能、寿命和环境为一体的系统设计方法。绿色产品设计系统简图，如图 4-11 所示。

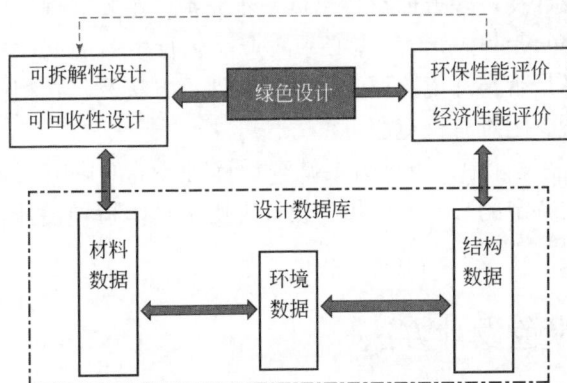

图 4-11　绿色设计系统简图

在产品绿色设计时，必须按环境保护的要求选用合理的材料和合适的结构，以利于产品的回收、拆解及材料再利用。在制造和使用过程中，应能实现清洁生产、绿色使用，对环境无危害。在回收和资源化时，要保证产品的回收率，使废弃物最少，并且可进行无害化处理。

4.4.1.4 绿色设计的意义

（1）绿色设计是推动资源循环利用的关键

在传统的设计模式中，产品的最终状态是"废弃物"。产品设计只关心技术、功能、工艺和市场目标，至于产品报废后如何处理，则不在设计考虑范围之内。特别是产品设计过程中，满足市场需求的观念导致了大量生产、大量消费和大量废弃局面的出现，而且产品产量越大，资源消耗越快，垃圾产生也越多，生态环境负荷日益增加，资源和环境的压力使得社会的可持续发展难以为继，末端治理的难度和成本也越来越高。

（2）绿色设计是节约资源和避免环境污染的起点

绿色设计运用生态系统理论，把资源节约和环境保护从消费终端前移至产品的开发设计阶段，从源头开始重视产品全生命周期可能给资源和环境带来的影响。即在产品设计时就充分考虑产品制造、销售、使用、报废回收、再利用和废弃处理等各个环节可能对环境造成的影响，对产品及其零部件的耐用性、再利用性、再制造性、加工过程的能耗以及最终处理难度等进行系统、综合的评价，将产品生命周期延伸到产品报废后的回收、再利用和最终处理等阶段（Boyang and Chengkui，2015）。

目前，绿色设计在许多方面有待于进一步完善，主要表现在以下两个方面。

1）在产品绿色设计中，设计者必须对产品进行生命周期评价，依据评价结果，才能知道产品是否与环境协调。目前，在评价方法及与之相应的评价软件工具的发展中还有不少困难有待克服。

2）在绿色产品设计中，设计者要减少设计对环境的影响，就得把环境方面的设计要求转换成特定的、易于应用的设计准则来具体指导设计，但是，目前这一点还难以做到。

4.4.2 汽车绿色设计方法

汽车绿色设计的方法主要有以下几种。

4.4.2.1 绿色设计的材料选择方法

材料选择是汽车绿色设计中不可缺少的重要组成部分，也是汽车产品开发过程中最早、最重要的设计决策方法。借助更加合理的材料选择方法,可以使汽车产品对环境的影响最少。因此,绿色设计要求设计人员改变传统的选材程序和步骤。

绿色设计的材料选择方法,在选材时不仅要考虑汽车产品的使用要求和性能,更要优先考虑其环境性能,考虑材料本身制备过程中的能耗与污染。绿色设计材料选择的具体措施包括:①选用可回收再生的材料、节能型材料、可降解材料、环境友善型元件;②选用性能更好的材料;③减少汽车产品中所使用材料的品种等。

4.4.2.2 面向拆卸性设计方法

传统的汽车设计方法一般只考虑零部件的装配性,很少考虑汽车的拆卸性。而绿色设计则要求把可拆卸性作为汽车产品结构设计的一项评价准则,使汽车在报废以后其零部件能够高效地不加破坏地拆卸下来,从而有利于汽车零部件的重新利用或是进行材料循环再生,达到既节省又保护环境的目的。因此,面向拆卸性设计方法成为汽车绿色设计的重要方法之一,引起了许多研究人员的重视,并进行了深入的研究。

由于汽车零部件的品种千差万别,不同的汽车零部件必须采用不同的拆卸性设计方法。可拆卸性设计的一般原则为:①减少拆卸的工作量,将多个零件的功能集中到一个零件,落实部件模块化;②采用标准化紧固连接部件,紧固方法及紧固部件位置设计标准化,尽量使用简易连接方式,使产品易于拆解;③设计和采用易拆解标识,使拆解更直观。

4.4.2.3 回收性设计方法

回收性设计方法主要是指在进行汽车设计时充分考虑汽车零部件的各种材料组分的回收再用的可能性、回收处理方法、回收费用等与回收有关的一系列问题,从而达到节约材料、降低环境污染的目的的一种设计方法。回收性设计方法的原则有:①避免使用对环境及人体有害的材料;②减少产品所使用的材料种类;③避免使用与标准循环利用过程不兼容的材料或零件;④使用易于重用的材料。

4.4.2.4 面向制造与装配的设计方法

面向制造与装配的设计方法是一种使产品更容易制造和装配的设计方法,该方法是一种从装配与制造的角度分析设计方案的系统化方法,能使产品更简化,装配和制造费用更少。面向制造与装配的设计方法在产品设计阶段就尽早地考虑与产品制造和装配有关的约束因素，并提供改进的设计反馈信息。面向制造与装配的设计方法在设计过程中完成可制造性和可装配性检测，能使产品结构合理，制造更加简单，提示装配性能，并实现全局优化，从而缩短产品的开发周期，取得最大的经济效益。

4.4.2.5　面向再生的设计方法

面向再生的设计方法是一种在产品设计之初就考虑产品及其零部件报废时回收再生途径及方法的设计方法，该方法的目标是力争让产品中所有的零部件都能进行回收再生，确保资源的可持续供给。

减少环境污染和节省自然资源是绿色设计的根本目标，合理的再生方法会产生巨大的经济和社会效益。然而，目前废弃产品再生的再生率并不理想，以汽车为例，目前全球的平均再生率在75%～80%，大大低于其应达到的目标，造成再生困难的一个原因是缺少更有效的再生技术，另一个主要的原因就是产品的设计没有考虑其废弃后的回收和再生。例如，产品很难拆卸和分类，在产品废弃时很难找到回收再生的方法。如果在设计之初，就考虑零部件报废之后的处理，那将会大大提高废弃产品的再生率。

4.4.3　汽车绿色设计的关键技术

4.4.3.1　生命周期的评估

生命周期评估是绿色设计的一项重要的内容。如何方便而有效地评价一个产品对人和环境的影响，这是绿色产品设计能否最终在产品设计中被设计者所采用的关键。这就要求能提供评估一个产品在资源消耗和环境污染方面所产生的后果的工具，目前有关的研究集中在生命周期评价上（LCA，life cycle assessment）。生命周期评价能够量化一个产品贯穿其整个产品生命周期的对环境的影响，并提供改进的指导原则。因此，生命周期评价被认为是支持绿色产品设计的核心工具（陈孝旭，2011）。

生命周期评价对一个特定产品的分析具有四个基本阶段。

1）定义目标和范围，通过选择产品中与环境相互作用的功能单元和定义有关的产品生命周期的阶段来确定生命周期评价进行分析和评价的系统边界。

2）分条目量化，指定的产品生命周期中所有的与环境相关过程的输入和输出都被量化，给出指定产品对材料与能源消耗以及对空气、水和土壤的排放的基础数据。

3）影响因素评估，对量化的基础数据进行分析，将其转换成对环境影响有关的测量数据。

4）结果评估，对各影响因素造成最严重的环境问题的结果进行评估，影响范围一般分成局部的、区域的和全球的。

4.4.3.2 人机工程的设计技术

人机工程的设计技术是以人机工程学的相关理论为基础，面向人的产品设计技术。人机工程必须依据人的心理和生理特征，利用科学技术成果和数据去设计产品，符合人的使用要求，以最小的劳动代价换取最大的经济成果，并改善环境。

人机工程的设计技术的目标是在系统约束条件下，提高操作者工作的有效性，减少操作者可能出现的失误，同时尽可能地简化操作，降低操作者体力和脑力消耗，降低劳动强度，改进工作条件，尽量迎合操作者的心理和生理需求，使操作者轻松愉快地完成工作，以达到人机系统的最佳效率与效能。

与其他研究人的学科不同，人机工程的设计技术主要研究"处于系统中的人"。在此，"系统中的人"作为一个完整的概念，既不是单独指人，也不是单独指系统，它是关于二者的内在联系的概念。因此，人机工程学并非孤立地研究人，而是将人放在"人-机-环境"这样一个系统中来研究，从而建立解决劳动工具与劳动主体之间矛盾的理论和方法，以便根据人的能力和特性，来设计和改造系统，这也是人机工程的设计技术的基本内涵。

在汽车绿色设计技术大范畴下，人机工程的设计技术主要包括以下几个方面：①行为科学的认知过程的分析技术；②人机界面设计技术；③人机工程测量新技术；④心理模型技术；⑤用户模型技术；⑥产品设计中的人机工程技术；⑦人机工程 CAD（计算机辅助设计）技术。

4.4.3.3 面向环境的设计技术

面向环境的设计（design for environment，DFE）技术是在世界"绿色浪潮"中诞生的一种新型产品设计概念。面向环境的设计是以面向环境的设计技术为原则所进行的产品设计。按面向环境的设计开发的产品通常称为"绿色产品"。传统设计通常仅考虑产品的基本属性（功能、质量、寿命、成本），其设计指导原则是只要产品易于制造并具有所要求的功能、性能即可，而不考虑或很少考虑环境属性。按传统设计生产制造出来的产品，在其使用寿命结束后就成为一堆废弃物垃圾，回收利用率低，资源能源浪费严重，特别是其中的有毒有害物质，会严重污染生态环境，影响人类的生活质量和生产发展的可持续性。

与传统设计不同的是，面向环境的设计涉及产品整个生命周期，强调要从根本上防止污染，节约资源和能源。其关键在于设计与制造，不能等产品产生了不良的环境后果再采取防治措施，要预先设法防止产品及工艺对环境产生的副作用。概括起来，面向环境的设计技术是一种系统化的设计方法，即在产品整个生命周期内，以系统集成的观点考虑产品环境属性（可拆性、可回收性、可维护性、可重复利用性和人身健康及安全性等）和基本属性，并将其作为设计目标，使产品在满足环境目标要求的同时保证应有的基本性能、使用寿命和质量等（戚赟徽，2006）。

面向环境的设计技术包含学科多，涉及范围广，目前许多方面还处于发展完善之中。面向环境的设计技术主要包含以下 9 个方面：①绿色产品的描述与建模；②绿色产品评价体系和方法的研究；③绿色产品集成设计理论与方法的研究；④适合绿色产品设计的环境指标的建立及其规则化和量化；⑤绿色产品设计的材料数据及数据库的建立；⑥面向回收的产品可拆卸性设计及评价方法和评价指标体系的建立；⑦可拆卸结构的模块划分和接口设计；⑧可回收零件及材料的识别与分类系统；⑨开发针对具体产品的系统设计工具平台。

4.4.3.4 面向能源的设计技术

面向能源的设计技术是指：用对环境影响最小和能源消耗最少的能源供给方式支持产品的整个生命周期，并以最少的代价获得能源的可靠回收和重新利用（张宇平，2011）。面向能源的设计技术包括以下两个方面。

（1）能源供给驱动方式的优化

不同类型的产品在设计中可明确优化出能源的供给形式。面向能源的设计技术，应在能源供应形式上着重提供这样的功能：①合理规范新能源的使用场所，并区分主能源和辅助能源供应形式。对各种新能源的机构进行标准化设计，在产品中对驱动过程进行优化计算。②明确划分不同产品中能源的供应机构的结构和控制形式，并给出量化计算的依据。③运用先进的能源控制技术，如变频控制、模糊控制技术来控制动力驱动部件，使这些控制技术的应用标准化，成为标准的功能部件。

（2）能源回收和重新利用的有效性、经济性分析及优化

各种能源的消耗最终多是以热量耗散形式排放，采用传热学理论及相应的技术方法，如热管、热泵、磁流体发电、蓄热相变材料等技术应用于产品设计，有效回收排放的热量，并进行品质提升，供其他环节再使用。

这方面的主要研究内容包括：①能源供应形式与回收转化形式的一致性和高效性；②依能源耗散形式进行传热机理分析，量化能源耗散指标，确定最佳的回收位置、回收机构形式和回收与转换效率的计算方法；③明确回收能量的合理使用、分配及储存的设计、计算过程和依据。

产品设计是影响能源消耗最关键的环节。在产品功能和基本要素确定的情况下，产品的结构布局、材料选择、加工工艺、可制造性、可装配性和可重复使用性等影响能源消耗的主要因素都是在设计阶段确定的。

因此，分析产品设计对能源消耗的影响因素，并从系统的角度研究面向能源优化利用的产品设计方法，对提高能源利用率，改善能源危机的状况有重要意义。

面向能源设计技术应用的最终目标是控制能源消耗和无效排放，从而达到节约能源和保护环境的目的。

总的来说，面向能源的设计技术包含以下几个方面：①新能源基础理论和技术实现的可行性研究；②新能源技术经济性分析和成本控制技术研究；③主能源结合辅助能源的相关性和成本控制研究；④产品能源消耗关系模型研究；⑤减少能源消耗环节直接驱动机理和应用研究；⑥能源回收机理的基础性研究；⑦能源回收重用转换机制和结构体系的研究；⑧能源回收利用的经济性研究；⑨能源使用最佳控制方式研究；⑩能源先进控制技术的标准化研究。

第5章　报废汽车拆解与破碎工艺

5.1　报废汽车拆解

报废汽车拆解的组织是否合理，不仅影响到汽车拆解质量、生产效率、拆解成本，而且关系到汽车拆解任务的完成。汽车拆解的组织方法，包括汽车拆解作业方式、作业流程及基本方法、劳动组织形式等。

5.1.1　报废汽车拆解方式

汽车拆解方式，一般分为定位作业法和流水作业法。

5.1.1.1　定位作业法

定位作业法一般用于汽车车架、驾驶室等的拆解，被放置在一个固定工位上进行作业，拆卸后的总成拆解则可分散至专业组进行。进行拆解作业的工人按不同的劳动组织形式，在规定的时间内，分部位和按顺序完成任务。定位作业法占地面积小，所需设备比较简单，同时便于组织生产，一般适用于拆解车型较复杂的拆解场。

5.1.1.2　流水作业法

汽车拆装作业是在间歇流水线上的各工位上完成。对于其他总成，如发动机的拆解作业，也可根据设备条件，组成流水作业线。不能组成流水作业的其他拆解作业，则仍分散在各专业组进行。这种作业方法专业化程度高，总成和组合件运距短，工效高，但设备投资大，占地面积也大。一般适用于生产规模大，拆解车型单一、有足够的拆解作业量的拆解场，这样才能保证流水作业线的连续性和节奏性。

5.1.2　报废汽车拆解工艺

5.1.2.1　定位作业拆解工艺流程

由于每次拆解的报废车型可能不同，因此拆解操作及其程序不仅具有个性，同时也存在共性。同流水作业拆解工艺流程类似，定位作业拆解的一般工艺流程是：登记验收、外部情况检视、预处理（放净油料、先拆易燃易爆零部件）、总体拆卸、拆解各总成的组合件和零部件及检验分类。由于轿车和载货车结构存在差别，因此，拆解程序也可能有所不同。报废汽车的解体应按照由表及里、由附件到主机，并遵循先由整车拆成总成，再由总成拆成部件，最后由部件拆成零件的原则进行。

（1）载货汽车总体拆解

报废汽车的总体拆解就是将汽车拆卸成总成和组合件的过程。载货汽车总体拆解的一般作业程序如下。

a. 准备工作

1）鉴定。对报废车辆的完好程度进行细致的分析，确定拆解深度和解体程序。

2）预处理工作。检查报废车辆是否有易燃物和危险品；放净油箱内残余油料；放净润滑油并收集在专用容器内。

b. 解体程序

1）吊拆车厢。拆解车厢与车架连接的"U"形螺栓，把车厢吊下。

2）拆卸全车电器及线路。包括蓄电池、起动机、发电机、点火、仪表、照明设备和信号装置等。

3）拆卸发动机室罩和散热器。拆下发动机室罩；拆卸散热器与车架连接处的螺母、橡胶软垫、弹簧以及橡胶水管、百叶窗拉杆、拉手和百叶窗等；最后拆下散热器。

4）拆卸挡泥板及脚踏板。

5）拆卸汽油箱。拆卸与汽油箱连接的油管、带衬垫的夹箍、再把汽油箱拆下。

6）拆卸转向盘和驾驶室。拆卸转向盘、驾驶室与车架连接处的橡胶软塑及螺栓、螺母，吊下驾驶室。

7）拆卸转向器。将转向摇臂与直拉杆分开，拆下转向管柱和转向器。

8）拆卸消声器。先拆下消声器与排气歧管夹箍的固定螺栓，然后拆下消声器。

9）拆卸传动轴。先拆下万向节凸缘与变速器及主减速器凸缘的连接螺栓，后拆卸中间支承。

10）拆卸变速器。先拆下变速器与发动机连接的螺栓，后拆下变速器。

11）拆卸发动机及离合器总成。拆卸发动机与车架的支承连接，吊下发动机及离合器总成。

12）拆卸后桥。将车架后部吊起，拆卸后桥与车架连接的钢板弹簧和吊耳；或先将后桥与钢板弹簧的"U"形螺栓拆下，然后将后桥推出车架。

13）拆卸前桥。将车架前部吊起，拆卸前桥与车架连接的钢板弹簧及吊耳；或先将前桥钢板弹簧的"U"形螺栓拆下，然后将前桥推出车架。

（2）乘用汽车总体拆解

按照"先易后难，先少后多"的原则，并正确选择拆解部位。对于遇到的新车型，先拆容易作业的部位，后拆作业空间小、结构复杂的部位。

（3）常见连接件的拆解

汽车上有上万个零件，部件相互间的连接形式有多种，主要有螺纹、过盈配合、链、铆接焊接、黏结和卡扣连接等。这些连接拆解量大，技术要求高，其拆解方法如下。

螺纹连接的拆解。螺纹连接在全车拆解工作量中占50%~60%。在拆解过程中通常遇到最麻烦和困难的是拧松锈蚀的螺钉和螺母。在这种情况下，一般可采用下列方法。

1）非破坏性拆解。在螺钉及螺母上注上些汽油、机油或松动剂，待浸泡一段时间后，用铁锤沿四周轻轻敲击，使之松动，然后拧出；用乙炔氧火焰将螺母加热，然后迅速将螺母拧出；先将螺钉或螺母用力旋进1/4圈左右，再旋出。

2）破坏性拆解。用手锯将螺钉连螺母锯断；用錾子錾松或錾掉螺母及螺栓；用钻头在螺栓头部中心钻孔，钻头的直径等于螺杆的直径，这样可使螺钉头脱落，而螺栓连螺母则用冲子冲去；用乙炔氧火焰割去螺钉的头部，并把螺栓连螺母从孔内冲出。

5.1.2.2 流水作业拆解工艺流程

将待拆解报废汽车运送到汽车拆解线，并固定在拆解工作台上，按工位进行拆解操作。流水作业拆解工艺流程，如图5-1所示。

（1）预处理

对报废汽车进行拆解前，首先要进行预处理工作，其各工位主要作业内容如下。

1）拆卸蓄电池和车轮；

2）拆卸危险部件。由认定资格机构培训后的人员按制造商的说明书要求，

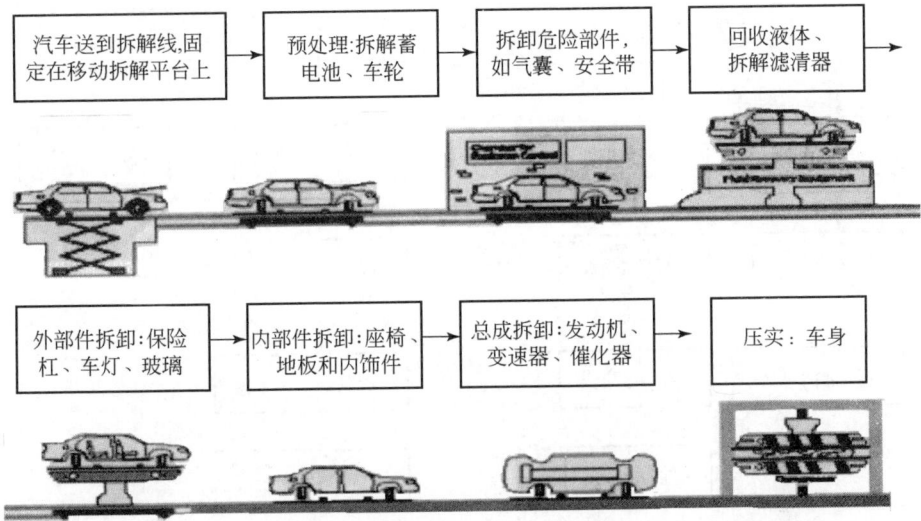

图 5-1 流水作业拆解工艺流程

拆解或处置易燃易爆部件，并进行无害化处理，如安全气囊、安全带预紧器等；

3）抽排液体。在其他拆解未处理前，必须抽排下列液体：燃料（液化气、天然气等）、冷却液、制动液、挡风玻璃清洗液、制冷剂、发动机机油、变速器齿轮油、差速器双曲线齿轮油、液力传动液、减震器油等。液体必须被抽吸干净，所有的操作都不应当出现泄漏，存储条件符合要求。根据制造商提供的说明书，处置拆卸液体箱、燃气罐和机油滤芯等。

报废汽车拆解作业的预处理工艺流程，如图 5-2 所示。

（2）拆解

拆解厂必须组织技术人员，将可再利用部件无损坏地拆卸下来。拆解过程是从外到里，分成外部拆卸、内部拆卸和总成拆卸 3 个工位。

（3）分类

从报废的汽车上拆下的零件或材料应首先考虑再使用和再利用。因此，拆解过程应保证不损坏零部件。在技术与经济可行的条件下，制动液、液力传动液、制冷剂和冷却液应考虑被再利用，废油也可被再加工，否则按规定废弃。再利用的与废弃的油液容器应标明清楚，以便分辨。在将拆解车辆送往破碎厂或作进一步处理时，应分拣全部可再利用和可再循环使用的零部件及材料，主要包括三元催化转换器、车轮平衡块（含铅）和铝轮辋、前后侧窗玻璃和天窗玻璃、轮胎、塑料件（如保险杠、轮毂罩、散热器格栅）、含铜、铝和镁的零部件等。

```
┌────────┐      ┌──────────────────┐      ┌──────────────┐
│ 预处理 │─────→│ 抽取液体与其他项 │──────→│ 移出引爆的气囊 │
└────────┘      └──────────────────┘      └──────────────┘
     │         把汽车放上平台    把汽车放下平台
     ↓                  ↓              ↓              ↓
┌────────┐      ┌────────┐      ┌──────────┐   ┌────────┐
│拆卸电池│      │抽发动机油│      │拆除空调单元│   │引爆气囊│
└────────┘      └────────┘      └──────────┘   └────────┘
     │               │                │
     ↓               ↓                ↓
┌──────────┐    ┌────────┐      ┌──────────┐
│拆燃油箱盖│    │抽传动油│      │拆除洗涤油箱│
└──────────┘    └────────┘      └──────────┘
     │               │                │
     ↓               ↓                ↓
┌──────────┐    ┌────────┐      ┌────────────┐
│拆轮胎平衡块│    │抽冷却液│      │拆制动、离合器│
└──────────┘    └────────┘      └────────────┘
                     │                │
                     ↓                ↓
                ┌────────┐      ┌────────────┐
                │抽制动液│      │拆动力转向总成│
                └────────┘      └────────────┘
                     │
                     ↓
                ┌──────────┐
                │拆除催化器│
                └──────────┘
                     │
                     ↓
                ┌────────┐
                │抽干油箱│
                └────────┘
                     │
                     ↓
                ┌──────────┐
                │抽除减振液│
                └──────────┘
                     │
                     ↓
                ┌──────────┐
                │拆除吸油器│
                └──────────┘
```

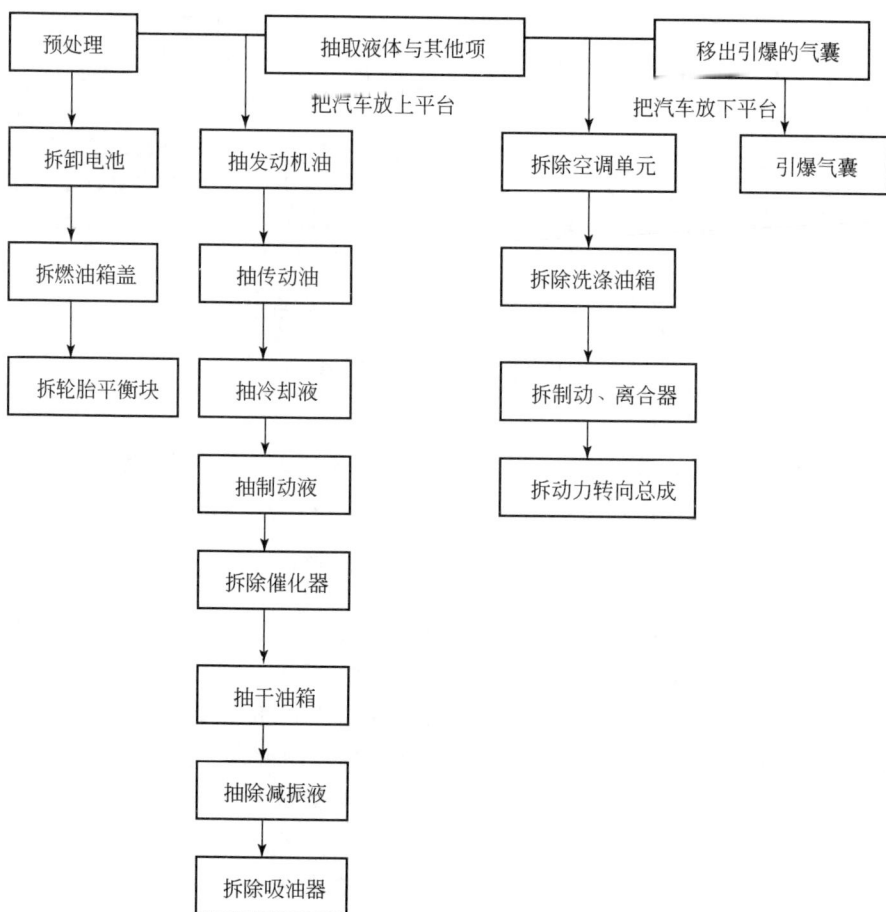

图 5-2　报废汽车拆解作业的预处理工艺流程

（4）压实

预处理后或拆解后的汽车可以压实后进行运输。

（5）废弃处理

对报废汽车的拆解过程必须按照要求填写操作日志，主要记录内容有：证明文件编号、拆解过程、再使用、再利用、能源利用和能量回收材料及零部件的比率等。操作日志应包含拆解处理的最基本数据，保证对报废处理过程的透明性和追溯性。所有进出的报废车辆的证明、货运单、运输许可、收据及其各种细目，都应作为必备内容填写在日志中。

5.1.3 报废汽车拆解作业组织形式

汽车拆解作业的劳动组织形式有综合作业法和专业分工作业法。

（1）综合作业法

综合作业法是适用于定位作业法的一种劳动组织形式。在汽车拆解场内，将可以进行全面拆解作业的人员安排在一起，对汽车的拆解和总成的拆解等采用的劳动组织形式。综合作业法对工人的要求是不必精通，因此，质量不能保证。其特点是工效低，施工周期长，设备比较简单。这种作业法，适用于生产规模小、车型复杂的汽车拆解场。

（2）专业分工作业法

将汽车拆解作业，按工种、部位、总成、组合件或工序，划分为若干个作业单元，每个单元的拆解工作固定由一个或几个工人专门负责进行。作业单元分得越细，专业化程度也就越高。这种劳动组织形式，既适用于定位作业法，也适用于流水作业法。这种形式，便于采用专用工艺装备，能保证拆解质量，提高工效，易于提高工人的操作技术水平，缩短拆解时间，同时也便于组织各单元的平衡交叉作业。采用这种形式时，应注意拆解进度的相对平衡，要搞好生产计划调度，才能保证有节奏地生产。一般适用于拆解车辆多，车型单一的拆解场。

根据生产规模和拆解车型，工艺装备条件、工人技术水平等具体情况，选择最合理的拆解作业方法和组织形式。根据报废汽车的状态或零部件损坏程度，首先选择拆解方式，然后再确定拆解深度。

5.2 报废汽车破碎与材料分离

5.2.1 报废汽车破碎工艺

报废汽车最理想的回收方法是原零件的循环使用，这是一种人工为主的回收方法，即人工分解汽车，然后将各种材料和零部件分类放置。目前工业发达国家用人工拆卸旧车已不再是唯一的方法，并且在逐年减少。原因如下：①人工拆卸的费用高；②拆卸下来的零部件直接利用可能性不大，特别是汽车更新换代速度加快；③市场上对零部件的需求量很小。

这样，经人工拆卸下的汽车零部件还需重熔回收，拆卸费加重熔回收费使总费用提高。

目前回收旧车上的材料，已从回收零部件的旧模式向回收原材料的新模式转变，即从人工拆卸零部件转向机械化、半自动化回收原材料。

现在较多采用切碎机切碎旧车主体后再分别回收不同的原材料的方法，其步骤如下：①将旧车内所有液态物质排放后用水冲洗干净；②先局部地将易拆卸下来的大件（车身板、车轮、底盘等）拆卸下来；③将旧车拆卸下的大件和未拆卸的旧车剩余体，先压扁，然后进入破碎系统流水线破碎；④流水线对碎块进一步处理，其顺序如下：第一，全部碎块通过空气吸道，利用空气吸力吸走轻质塑料碎片；第二，通过磁选机，吸走钢和铁碎块；第三，通过悬浮装置，利用不同浓度的浮选介质分别选走密度不同的镁合金和铝合金；第四，由于铅、锌和铜的密度较大，浮选方法不太适用，利用熔点不同分别熔化分离出铅和锌，最终余下来的是高熔点铜。

该种回收方法的优点是流程合理，成本低，缺点是轿车上用的铝、镁合金不能再进一步分离。因此，新的分离方法也在不断被开发出来，如铝废料激光分离法、液化分离法等。

例如，我国湖北力帝机床股份有限公司结合多年生产废钢铁加工机械的经验，借鉴国外先进技术，大胆创新，开发的适合我国国情的首台国产废钢铁破碎分选、输送生产线，即 PSX-6080 型废钢破碎生产线。该生产线主要对废汽车、废机器、废家电设备以及其他适合破碎加工的废钢铁进行破碎、分拣、净化处理，从而得到理想的优质废钢，满足钢铁厂"精料入炉"的要求。

PSX-6080 废钢破碎生产线的工艺流程，如图 5-3 所示。经压扁或打包处理过的废钢铁原料，通过鳞板输送机运至进料斜面，进料斜面上装有可转动的一高一低的两个碾压滚筒将其压扁并送入破碎机内。在破碎机内，有 10 个固定在主轴上的圆盘和 10 个安在圆盘之间可以自由摆动的锤头，通过高速旋转产生的动能，对废钢铁进行砸、撕等破碎处理，将废钢处理成块状或团状，并穿过下部或顶部的栅格，落于振动输送机上。第一次未能处理成足够小的废钢铁，会在破碎机内被转动的圆盘和锤头再次处理，直到能穿过栅格为止。意外进入破碎机内的不可破碎物，由操作人员及时打开位于顶部下方的排料门，将它们弹出。在破碎机进行破碎的同时，对破碎机内进行喷水，以便降温和避免扬尘。

从破碎机出来的破碎物，经过振动输送机、皮带输送机、磁力分选系统，把黑色金属物、有色金属物、非金属物分离开，并由各自输送机送出归堆。有色金属和非金属物在输送机上会再次受到磁选设备的筛选，从而提高黑色金属物的回收率，同时通过人工挑选有色金属，提高回收效益。整条流水线由电脑控制，能

破碎钢归堆传送带

磁力分选系统

破碎物传送带

双滚筒碾压装置

破碎机

人工分拣有色金属

非金属物传送

悬挂式
磁力分选

主机下破碎物震动穿送装置 加料传送带

非金属物归堆

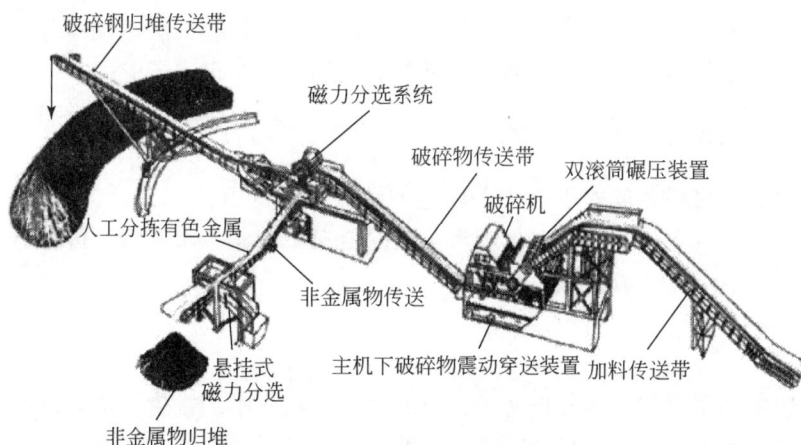

图 5-3 PSX-6080 废钢破碎生产线的工艺流程

实现自动及手动运行，效率高。

5.2.2 破碎材料分离方法

对于以材料回收利用为目的被拆解的车辆，采用破坏性拆解方式，而且压扁或剪切后，不同类型的材料仍混合在一起。为了将它们分离出来，主要进行的加工过程有材料破碎和分选。

5.2.2.1 破碎方法

由拆解厂运送到破碎厂的报废汽车材料有两种基本形态。第一种是压缩或压扁了的报废汽车或车体，主要是轿车；第二种是被剪切成尺寸较小的散料，主要是载货汽车的车架车身。

目前，减小或破碎原料尺寸的方法主要是源于矿产技术。常用的破碎有三种方式。

1）剪碎。剪切的破碎原理与剪刀一样，剪切机中产生剪切作用的刀片可在不同的方向旋转，同时，在两个不同方向上产生作用于同一物体的力使物体破碎。

2）磨碎。基于摩擦原理，通过搅动磨料产生间接作用力使物体磨碎。

3）击碎或压碎。将作用力直接作用于可压缩的物体上，使其尺寸减小或破碎。

基于以上原理制造的设备有鳄式破碎机、冲击式破碎机、滚筒式破碎机、锤击式破碎机和锥式破碎机等。

5.2.2.2 分选方法

破碎材料分选的基本方法主要有筛分、磁选、气选、涡流分选和机械分离法等，可以分离钢铁、有色金属、塑料和其他的杂质。这些方法不仅在分选报废汽车破碎材料中都得到了应用，而且在材料的提纯中也都得到了应用。

（1）筛分

筛分是将材料分成大于和小于规定的筛分尺寸的方法。为了提高筛分效率，可以采用湿式或干式方法。对报废汽车破碎材料中的非金属材料，可以首先采用振动、转动或过滤的方法进行初选。

（2）磁选

磁选主要用于初选和气选之后，目的是分离物质中的铁磁性物质和非磁性物质。例如，塑料中的钢铁材料。磁选参数主要包括磁场强度、强度梯度分布、机械系统输送速度及磁体类型。转鼓式磁选机的原理如图5-4所示。

（3）气选

气选是按动力学特性将混合材料分成轻、重两类物质的过程，分选效果主要基于材料的密度、尺寸和形状，气选原理如图5-5所示。该系统主要由鼓风机产生分选气流。气选主要用于从轻的材料中分离出重的材料，可作为报废汽车破碎后的首次分选方法。气选对非磁性物质的分选效率如下，铅100%、铝85%、锌97%、铜70%。并且初始投资和运行费用较低。

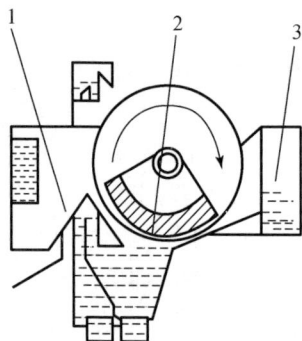

图5-4　转鼓式磁选机的原理示意图
1-铁屑；2-磁转鼓；3-粉碎料

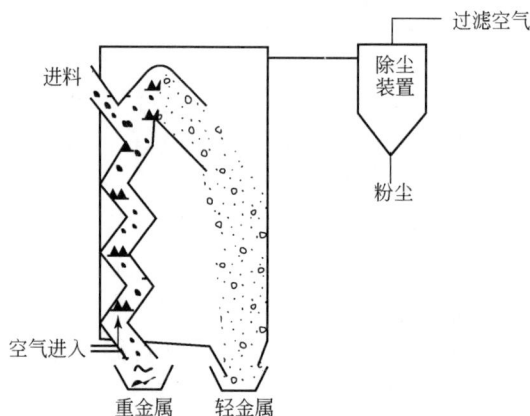

图5-5　气选原理示意图

（4）涡流分选

涡流分选主要用于从塑料中分离出顺磁性物质，例如，铝、铅和铜等。基于涡流分选原理的分选装置主要由输送带和在输送带前端转鼓内的旋转磁鼓组成。可旋转的磁鼓是由若干宽度相同的永磁铁相间组合安装而成的，表面沿圆周呈 N 极和 S 极周期变化。所以，当磁鼓旋转起来时，可以产生交变磁场。如果导电材料处在这样的磁场中，则就会导致材料表面产生电涡流。同时，这个涡流也对磁场产生作用，并产生排斥力。

有色金属被旋转的输送带抛离的最远，并形成有色金属、钢铁和非金属三个不同的抛物落点，如图5-6所示。

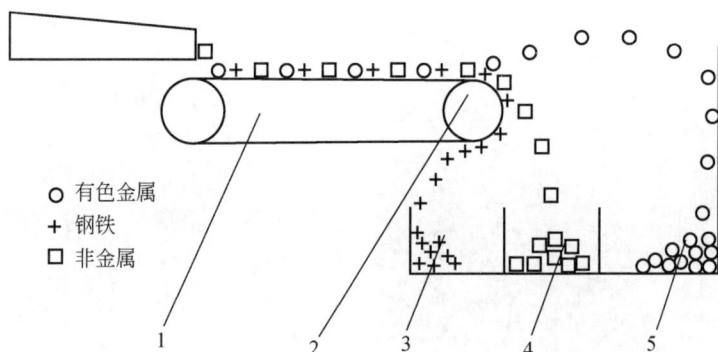

图 5-6　涡流分选原理示意图
1-输送带；2-磁转鼓；3-非金属；4-钢铁；5-有色金属

（5）机械分离法

机械分离法主要是基于材料密度与液体分离介质密度不同，利用被分离材料所受到的浮力不同或产生的离心力和惯性力不同的原理进行分类的。机械分离方法广泛应用于塑料的分选和金属的分离。但是，在分选多种树脂材料时将受到限制，这是因为树脂材料之间的密度差别较小。几种机械分离方法原理与应用见表5-1。

表 5-1　机械分离方法原理与应用

序号	名称	原理	应用
1	沉浮分离法	当被分离的粉碎材料密度与液体分离介质密度不同时，被分离材料将在液体中产生沉浮现象	液体分离介质可以选用水和水–甲醇混合物（分选密度比其小的树脂材料），氯化钠溶液和氯化锌溶液（分选密度比其大的树脂材料）
2	离心分离法	当离心分离器绕水平轴旋转时，能将密度大于液体分离介质密度的粉碎材料分离出来	可以将塑料碎片分成两类

序号	名称	原理	应用
3	旋流分离法	当离心分离器绕垂直轴旋转时，能将密度大于液体分离介质密度的粉碎材料分离出来	可以将塑料碎片分成两类
4	射流分离法	将被分离的材料投入射流中，密度较大的被冲得较远；相反，密度小的冲得较近	可以同时分离两种或多种密度不同的材料

5.2.3 拆解企业实例

图 5-7　宝马公司再循环和拆解中心外景

发达国家对报废汽车的处理已形成了完善的体系，对资源的再生利用和环境保护有明确的规定和要求。在这些国家，报废汽车的处理和资源循环利用已形成了具有相当规模的产业链。德国宝马汽车公司在慕尼黑建有一家再循环和拆解中心，负责研究旧车的拆解技术和工具。该中心的场地上存放有数百辆报废车辆，包括宝马公司生产的各种型号的汽车，也包括 MINI 和劳斯莱斯。宝马公司再循环和拆解中心外景，如图 5-7 所示。

宝马汽车公司再循环和拆解中心报废汽车拆解主要工序如下。

（1）引爆气囊

由于气囊使用了易爆充气物质，其成为没有弹片的微型炸弹。为了保证拆解安全，首先要将其引爆，安全气囊引爆如图 5-8 所示。气囊是通过电流引爆的，图 5-8 中显示的仪器是可以移动的引爆器。为了减少对环境的影响，引爆气囊应在一个封闭的环境中进行。该中心采用类似帐篷的罩子，引爆后将排出的气体进行过滤。

（2）废液回收

将报废汽车置于一个用于回收各种油料和废液的专用台架上，如图 5-9 所示。例如，油箱中的剩余燃油、发动机油底壳中的机油、变速器油、冷却液和制动液等，这些废液通过不同的管道分别回收，由专门的工厂进行再处理。专用台架装有摇摆装置,可以晃动车身,使废液彻底流出。

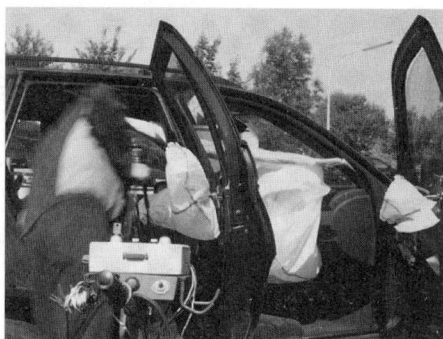

图5-8 安全气囊引爆

图5-9 报废汽车废液回收

(3) 电器电子元件回收

报废汽车电器电子件回收,如汽车各控制单元、仪表等,如图5-10所示。

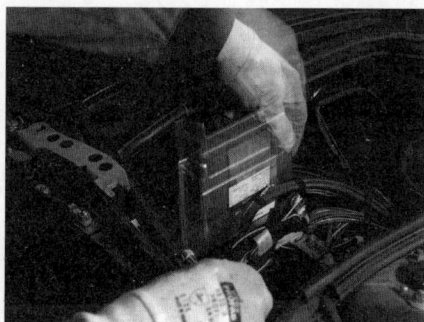

图5-10 报废汽车电器电子元件回收

(4) 外部拆解

例如,挡风玻璃、保险杠等的拆解。报废汽车玻璃拆解,如图5-11所示。利用专门的玻璃切割工具,将挡风玻璃完整地切割下来。

(5) 内部拆解

例如,地板、内饰件、座椅、仪表台等的拆解。

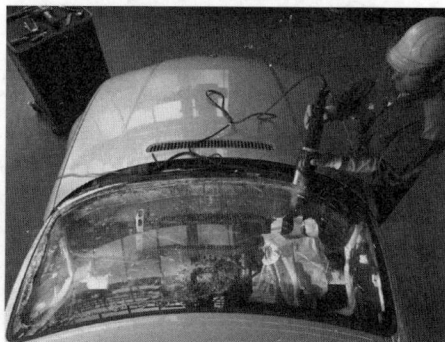

图5-11 报废汽车玻璃拆解

（6）材料分类回收

报废汽车材料分类回收，如图5-12所示。

图5-12　报废汽车材料分类回收

（7）压实

拆解完内部主要零部件总成，用打包机压扁，如图5-13所示。压扁的车体，再用机械手取出，放到容器内运走。

（8）粉碎

如图5-14所示，压扁的车体经粉碎后，再采用重力和磁力分选，分离出钢铁碎屑、塑料、织物等。对这些分离出来的物质再分别进行回收处理，无法回收处理的碎屑进行填埋。

图5-13　报废汽车车体压实

图5-14　报废汽车粉碎处理

第6章 报废汽车发动机拆解与零部件检验

6.1 报废汽车发动机拆解工艺

6.1.1 汽车发动机主要零部件

现代汽车发动机一般采用电控燃油喷射发动机，主要结构由曲柄连杆机构、配气机构、冷却系统、润滑系统、点火系统、供给系统和起动系统等组成（关文达，2011；陈家瑞，2009）。

6.1.1.1 曲柄连杆机构

曲柄连杆机构由三部分组成，分别为机体组、活塞连杆组、曲轴飞轮组。

1）机体组是发动机的主要组成部分，它一般由五个部分组成，包括气缸盖罩、气缸体、气缸盖、气缸垫和油底壳，如图6-1所示。

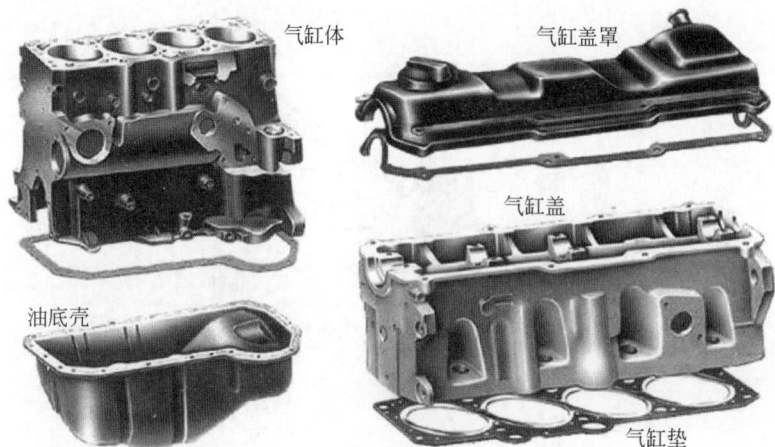

图6-1 机体组

2）活塞连杆组由活塞、气环、油环、活塞销、连杆和连杆盖等组成，如图

6-2 所示。

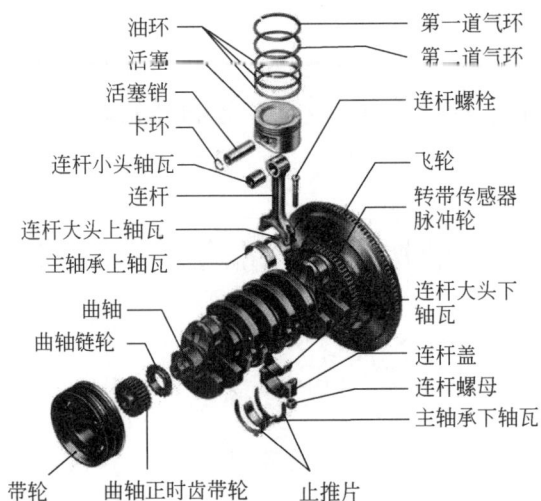

图 6-2　活塞连杆组与曲轴飞轮组

3）曲轴飞轮组由曲轴、飞轮、带轮和正时齿形带轮等组成，如图 6-2 所示。

6.1.1.2　配气机构

配气机构是调节进气与排气的主要机构，由进气门、排气门座、气门弹簧、气门导管、挺柱体、排气门、凸轮轴与凸轮轴正时齿形带轮等组成，如图 6-3 所示。

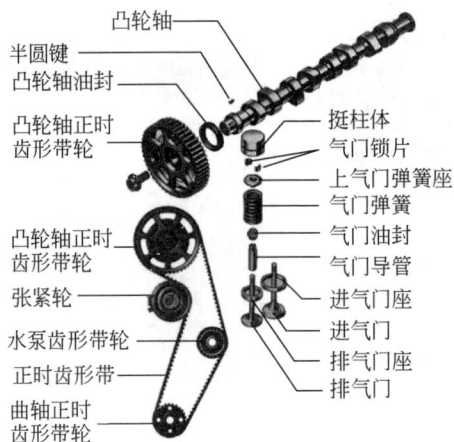

图 6-3　配气机构

6.1.1.3 冷却系统

冷却系统的目的是使发动机的工作温度保持适当，它主要由水泵、散热器、电动风扇、暖风机芯、水管、冷却液膨胀箱、节温器、气缸体水套等组成，如图6-4所示。

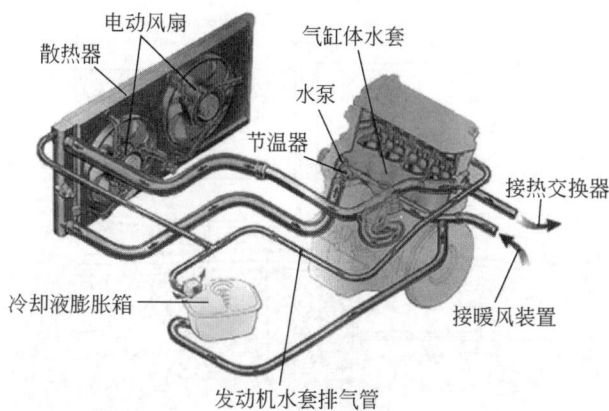

图6-4　冷却系统

6.1.1.4 润滑系统

润滑系统由安装在机油泵吸油口端的集滤器、机油泵、机油滤清器、油底壳等组成，如图6-5所示。在热负荷较高的发动机上还装备有机油冷却器。

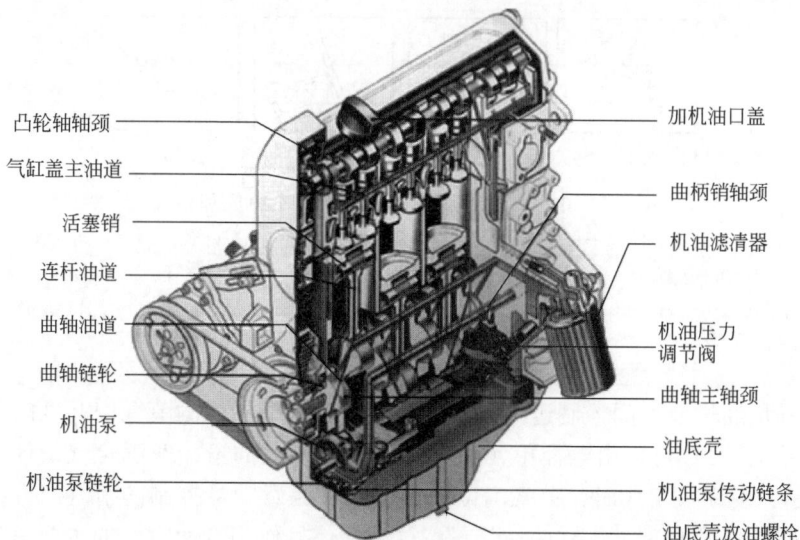

图6-5　润滑系统

6.1.1.5 供给系统

现代轿车发动机如桑塔纳 2000GLi 型轿车，供给系统采用了电子控制汽油喷射系统，由电控单元（ECU）、传感器、点火线圈、点火分电器、油压调节器、喷油器等组成，其基本组成和布置，如图6-6所示。

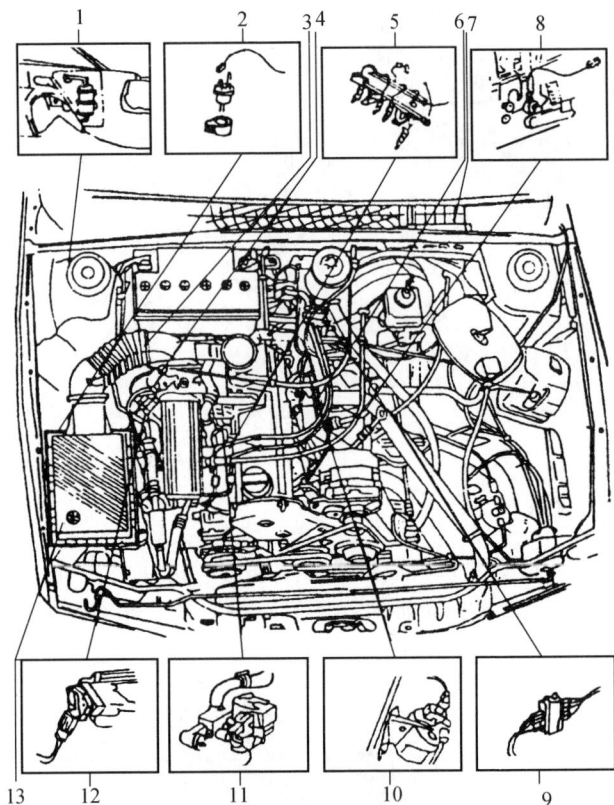

图6-6　电子控制汽油喷射系统的基本组成和布置

1-活性炭罐（位于右前翼子板内侧）；2-活性炭罐电磁阀（位于空气滤清器旁）；3-进气软管；4-节气门位置传感器；5-汽油分配管；6-喷油器；7-电控单元（ECU，位于驾驶员侧仪表板下）；8-爆震传感器；9-4 针插头连接器（用于氧传感器）；10-点火分电器；11-怠速调节器；12-进气压力和进气温度传感器；13-空气滤清器

驾驶员通过节气门控制进气量，节气门位置传感器检测节气门开度的信息传给电控单元（ECU），由电控单元综合诸因素调整喷油量，使混合气最佳。如图6-7所示，发动机工作时，节气门位置传感器检测驾驶员控制的节气门开度，进气压力传感器检测进入气缸的空气量，这两个信号作为汽油喷射的主要信息输入

ECU，由 ECU 计算出喷油量。再根据水温、进气温度、氧、爆震四个传感器输入的信息，使 ECU 对上喷油量进行必要的修正，确定出实际喷油量，最后再根据霍尔传感器检测到的曲轴转角信号，令 ECU 确定出最佳喷油和点火时刻并指示喷油器喷油、火花塞跳火。

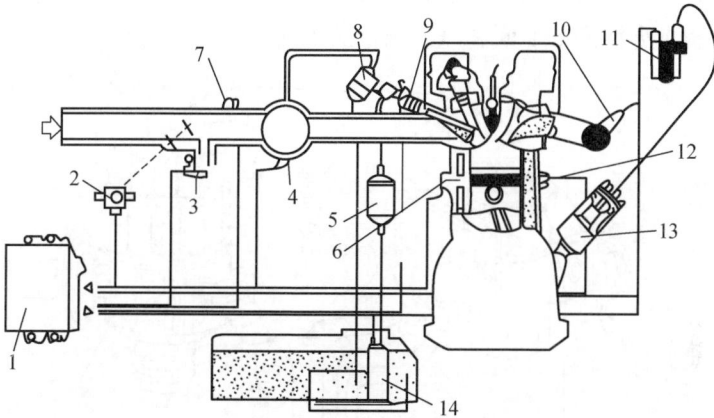

图 6-7　电子控制供油喷射系统示意图

1-ECU；2-节气门位置传感器；3-怠速旁通阀；4-进气压力传感器；5-汽油滤清器；6-爆震传感器；7-进气温度传感器；8-油压调节器；9-喷油器；10-氧传感器；11-点火线圈；12-水温传感器；13-分电器；14-电动汽油泵

电子控制汽油喷射系统分为汽油供给系统、空气供给系统和控制系统三部分。

汽油供给系统的作用是根据 ECU 的指令，以恒定的压差将一定数量的汽油喷入进气管中，它由汽油箱、汽油分配管、电动汽油泵，汽油滤清器、油压调节器、喷油器等组成。

空气供给系统作用是提供并控制汽油燃烧所需的空气量。它由空气滤清器、节气门体、进气压力传感器、稳压箱和附加空气门等组成。

控制系统的作用是收集发动机的工况信息并确定最佳喷油量、最佳喷油时刻及最佳点火时刻，它由电控单元（ECU）、水温传感器、氧传感器、节气门位置传感器、进气温度传感器、进气压力传感器、爆震传感器及霍尔传感器等组成。传感器是检测发动机实际工作状况、感知各种信号的主要部件，并将各种信号传送给 ECU，ECU 通过计算分析后，发出相应指令，使发动机在最佳的工作状态下工作。

6.1.1.6　点火系统

传统点火系统的主要目的就是使发动机在任何使用情况下，在气缸内适时产生火花。点火系统主要由火花塞、蓄电池、配电器、点火线圈、分电器、高压线等组成。现代汽油机广泛采用电子点火系统，又称半导体点火系统，它是利用半导体器件（如三极管、可控硅）作为开关，接通和切断初级电流的点火系统。图6-8为磁脉冲式无触点点火装置，它由点火控制器、点火线圈、装有磁脉冲式传感器的分电器、火花塞等组成，利用磁脉冲式传感器代替断电器触点，产生点火信号，控制点火线圈的通断和点火系统的工作。

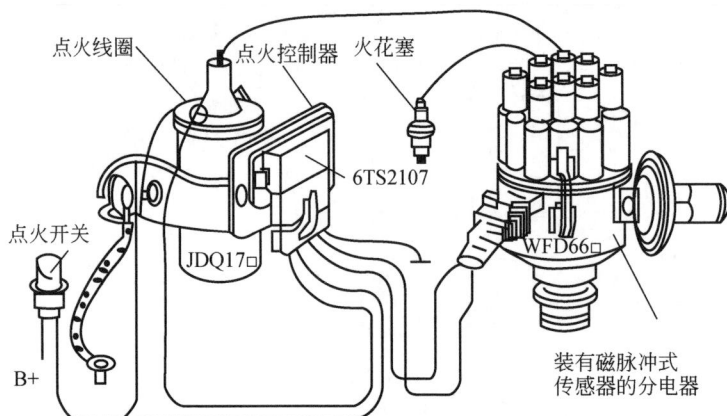

图 6-8 磁脉冲式无触点点火装置

6.1.1.7 起动系统

现代汽车发动机以电动机作为起动动力。起动系统的基本组成由蓄电池、点火开关、起动继电器、起动电机等组成。起动系统的功用是通过起动电机将蓄电池的电能转换成机械能，起动发动机运转，如图6-9所示。

6.1.2 报废汽车发动机总成及附件拆解

以桑塔纳2000GLi型轿车采用的电喷发动机为例，详细介绍电喷发动机的拆解步骤。

6.1.2.1 发动机总成的拆卸

一般先将发动机与变速器脱开，再用吊具将发动机从汽车上吊下来，如图6-10所示。

发动机总成的拆卸步骤如下。

1）放净发动机油底壳中的机油，并加以收集。

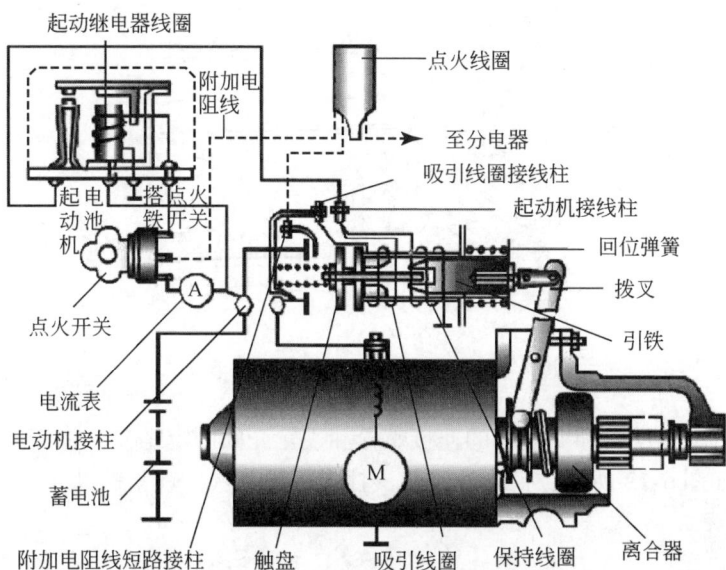

图 6-9　发动机起动系统

2）从蓄电池上拆卸下搭铁线或从汽车上卸下蓄电池。

3）将暖风开关拨到"暖气"位置。

4）打开散热器盖。

5）水泵有三个进口：①自散热器出水口中出来的称为大循环进口；自暖风出水口进入水泵的称为第二进口；②小循环时的水泵进口。将水泵大循环进口处拆开，放出冷却液，并用容器收好。

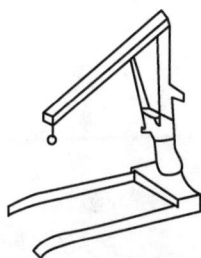

图 6-10　发动机吊具

6）拆卸全部在发动机上的与电子控制系统相关联的线接头，包括分电器上的中心高压线，并移开线束。

7）拆下并移开所有与发动机连接的真空管、油管。

8）拆下散热器支架，取出散热器、风扇及护风罩整体。

9）拧松发电机张紧支架螺栓和空调压缩机架螺栓，卸去皮带。

10）拆下空气滤清器及管道，并用清洁布料盖住进气管口。

11）将空调压缩机先从发动机上卸下，注意不要拆开或分离各管道，而应将压缩机和管道一起移到车身一侧用软线缚住，如图6-11 所示。

12）卸开节气门拉索和离合器拉索。

13）拆下启动机上导线接头，拆卸启动机紧固螺栓，卸下启动机总成。

14）拆下排气管与排气歧管接口处螺栓，将排气管分开，注意断开氧传感器的线接头。

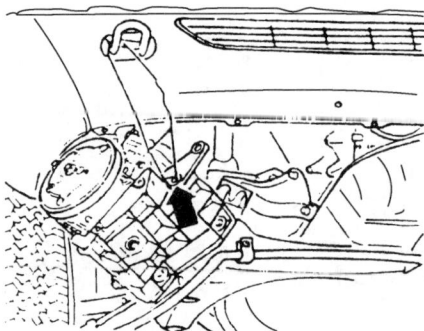

图6-11　将空调压缩机固定在车身上

15）拆下发动机和变速器的连接螺栓和飞轮壳的固定螺栓，将变速器脱开。

16）如图6-12所示，拆下发动机支撑橡胶缓冲块，锁紧螺母。

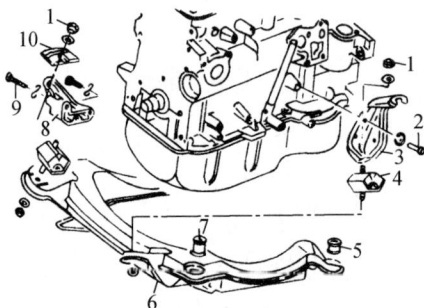

图6-12　发动机的支承

1-固定螺母；2-支架固定螺栓；3-发动机左支架；4-橡胶缓冲块；5-发动
机悬架后橡胶支承；6-发动机悬架；7-发动机悬架前橡胶支承；8-发动机
右支架；9-右支架固定螺栓；10-垫板

17）将吊座夹头放在发动机后端，拧紧连接螺栓，如图6-13所示。

18）拆卸正时齿形带防护罩。

19）如图6-14所示，放入吊架。在"V"形带轮端，对第3号位第3孔插入销子；在飞轮端，将销子插入8号位第2孔。插销与吊钩，均用弹簧开口销保险。

20）起吊发动机，使发动机脱离发动机支座。

21）旋下发动机与变速器的连接螺栓，使发动机脱离变速器。转动发动机，并将发动机逐渐吊起。这时应十分细心，以免在吊起过程中碰坏有关结构件。

22）用托架将发动机固定在装配旋转架上。

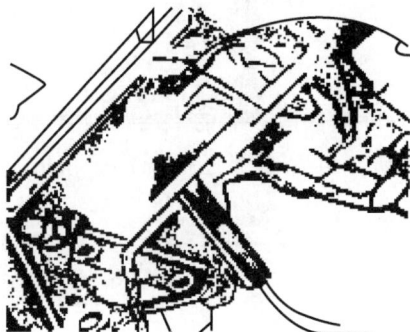

图6-13　安装吊座夹头

图6-14　安装吊架

6.1.2.2　发动机外层构件的拆卸

发动机外层构件的拆卸包括发动机的发电机、动力转向油泵正时齿形带与"V"形带的拆卸。发电机、动力转向油泵"V"形带的分解图，如图6-15所示。

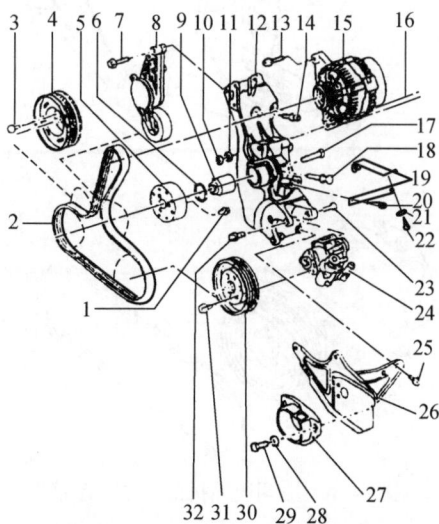

图6-15　发电机、动力转向油泵"V"形带的分解图

1-螺栓；2-"V"形带；3-螺栓；4-"V"形带轮；5-曲轴传动带轮；6-保持夹；7、13、23、25、29、31、32-螺栓；8-"V"形带张紧轮；9-过渡轮；10、14、16～18-螺栓；11、28-垫圈；12-支架；15-发电机；19-支架；20、22-螺栓；21-垫圈；24-动力转向油泵；26-支架；27-扭力臂止位块；30-动力转向油泵带轮

（1）发电机拆卸

发电机拆卸步骤如下：

①断开蓄电池搭铁线。②抽取冷却液，拆除通向散热器的上冷却液管。③松开发电机的上、下连接螺栓。轻轻转动发电机，拆除下部连接螺栓。④拆下发电机。

（2）空调压缩机"V"形带拆卸

空调压缩机"V"形带拆卸步骤如下：

①松开空调压缩机，拆下空调压缩机"V"形带。②用开口扳手扳动"V"形带张紧轮，使"V"形带松弛。③用销针固定住张紧轮。④拆下固定住的"V"形带张紧轮。⑤拆下"V"形带，如图6-16所示。

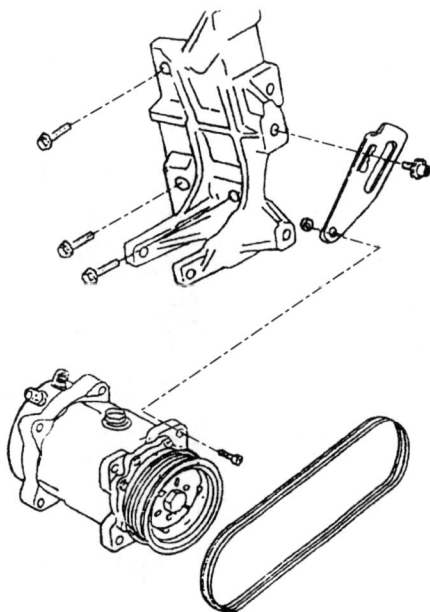

图6-16　空调压缩机的"V"形带

（3）发动机正时齿带的拆卸

发动机正时齿带的拆卸步骤如下：

①将发动机安装在维修工作台上。②拆下齿形带上护罩，正时齿带及附件分解过程如图6-17所示。③拆卸曲轴正时齿带轮。④拆卸正时齿带中间及下防护

罩。⑤松开半自动张紧轮并拆下正时齿带。

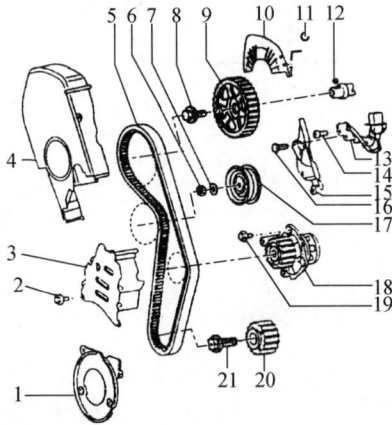

图 6-17 正时齿带及附件的分解图

1-正时齿带下防护罩；2-中间防护罩螺栓；3-正时齿带中间防护罩；4-正时齿带上
防护罩；5-正时齿带；6-张紧轮固定螺栓；7-波纹垫圈；8-凸轮轴正时齿带轮固定
螺栓；9-凸轮轴正时齿带轮；10-正时齿带后上防护罩；11-防护固定螺栓；12-半
圆键；13-霍尔传感器；14-螺栓；15-正时齿带后防护罩；16-螺栓；17-半自动张
紧轮；18-水泵；19-螺栓；20-曲轴正时齿带轮；21-曲轴正时齿带轮螺栓

6.1.3 报废汽车发动机本体拆解

6.1.3.1 气缸盖的拆卸

气缸盖的拆卸步骤如下。

1）关闭点火开关，拆除蓄电池搭铁线。

2）抽取冷却液。

3）拆下发动机罩盖。

4）断开空气流量计的接头。

5）断开活性炭罐电磁阀的接头。

6）拆除空气滤清器罩壳上的活性炭罐电磁阀。

7）拆下空气滤清器和节气门控制器之间的空气管路。拆下空气滤清器罩壳。

8）拆除散热器底部和发动机上的冷却液软管。

9）拆下冷却液储液罐，拆下散热器的冷却液软管。

10）如图 6-18 所示，拆除燃油分配管上的供油管和回油管。

11）如图 6-19 所示，拆下节气门拉索。

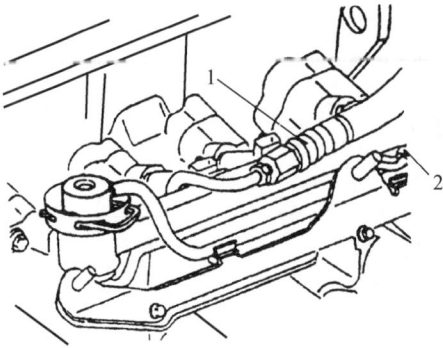

图 6-18 拆下供油管和回油管
1-供油管；2-回油管

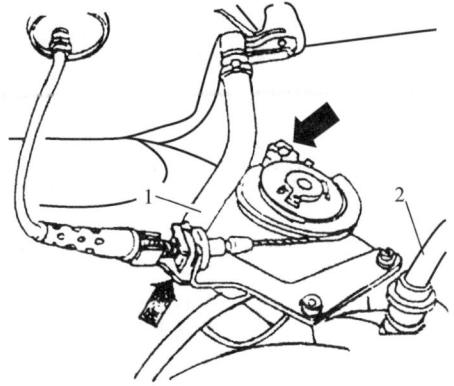

图 6-19 拆下节气门拉索
1-通向活性炭罐电磁阀的真空管；
2-通向制动助装置的真空管

12）拆除活性炭罐电磁阀的真空管 1，如图 6-19 所示。

13）拆除制动助力装置的真空管 2，如图 6-19 所示。

14）拆除喷油器、节气门体、霍尔传感器、进气温度传感器接头，如图 6-20 所示。

15）如图 6-21 所示，拆除通向暖风热交换器的冷却液软管。

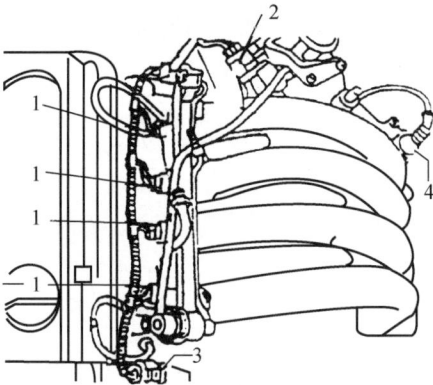

图 6-20 拆除各个接头
1-喷油器；2-节气门体；3-霍尔传感器；
4-进气温度传感器

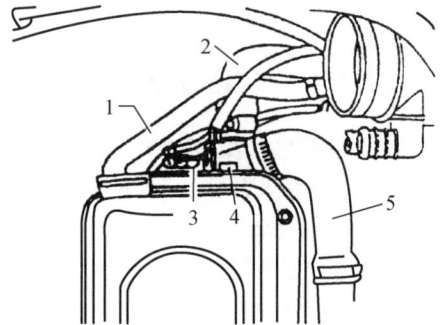

图 6-21 拆除通向暖风热风交换器的冷却液管
1-通向膨胀水箱软管；2-通向暖风热交换器软管；
3-冷却液温度传感器；4-空调控制开关；5-通向散
热器软管

16）拆除冷却液温度传感器上的接头，拆除机油温度传感器的接头。

17）旋下进气歧管支架的螺栓，如图 6-22 所示。从排气歧管上拆下前排气管的螺栓。

18）如图 6-23 所示，拆除氧传感器插头。

19）拆下正时齿形带护罩。

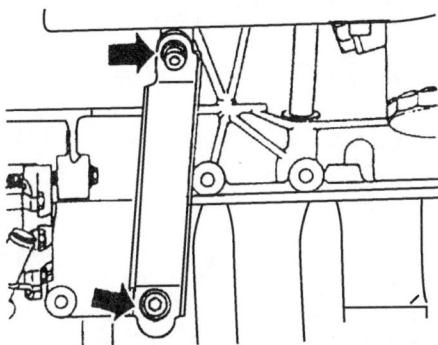

图 6-22 松开进气歧管支架的下紧固螺栓

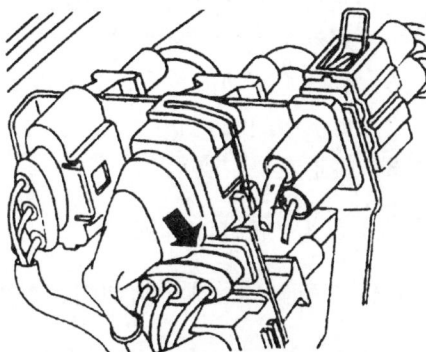

图 6-23 拆除氧传感器的插头

20）将曲轴转动到第一缸的上止点位置。

21）松开半自动张紧轮，并从凸轮轴正时齿带轮上拆下正时齿形带。

22）旋下正时齿形带后护罩的螺栓。

23）拔出火花塞插头，并放置在一边。

24）拆下气门罩盖。按照图 6-24 从 1 到 10 的顺序松开气缸盖螺栓。

25）将气缸盖与气缸盖衬垫一起拆下。

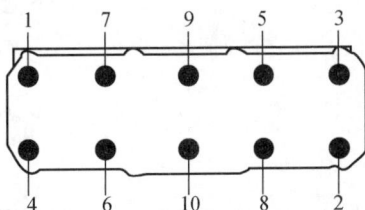

图 6-24 气缸盖螺栓拆卸顺序

6.1.3.2 油底壳的拆卸

油底壳的拆卸步骤如下。

1）使发动机前端位于维修工作台上。

2）放出发动机机油。

3）旋下油底壳上的所有螺栓。

4）拆卸油底壳，必要时用橡胶锤子轻轻敲击。

6.1.3.3 机油泵的拆卸

机油泵的拆卸步骤如下。

1）旋松分电器轴向限位卡板的紧固螺栓，拆下卡板。

2）拔出分电器总成。

3）旋松并拆下两个机油泵壳与发动机机体的连接长紧固螺栓，将机油泵及吸油部件一起拆下。

4）拆除吸油管组紧固螺栓，拆下吸油管组，检查并清洗滤网。

5）旋松并取下机油泵盖短螺栓，取下机油泵盖组，检查泵盖上限压阀（旁通阀）。观察泵盖接合面的磨损情况。

6）分解主从动齿轮，再分解齿轮和齿轮轴。

7）拆下中间轴。

8）拆下左、右支承。

6.1.3.4　气缸体拆卸

发动机气缸体总成分解如图 6-25 所示。

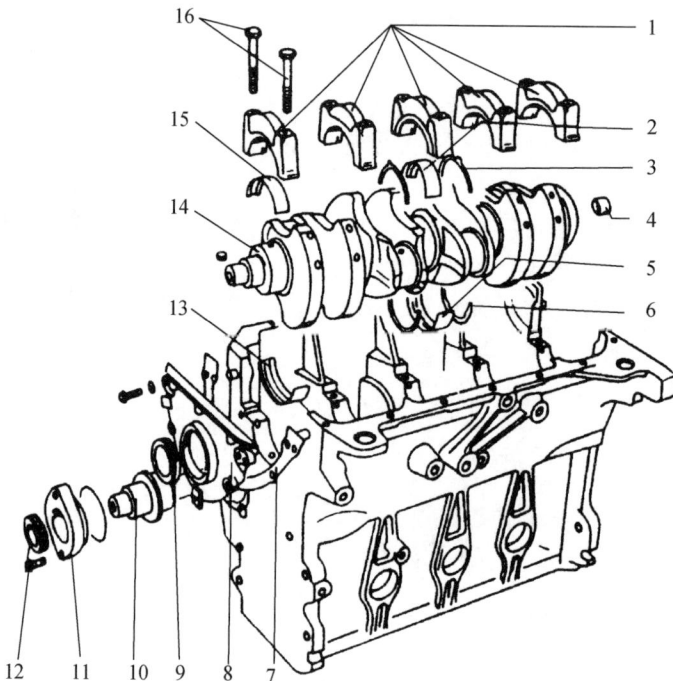

图 6-25　发动机气缸体总成分解图

1-主轴承盖；2、5-3 号主轴承；3、6-半圆形止推环；4-滚针轴承；7-衬垫；8-前油封凸缘；9-油封；10-中间轴；11-密封凸缘；12-油封；13、15-1、2、4 和 5 号主轴承；14-曲轴；16-曲轴主轴承盖螺栓

气缸体拆卸步骤如下。

1）将气缸体反转倒置在工作台上。

2）拆下中间轴密封凸缘，拆下气缸体前端中间轴密封凸缘中的油封。

3）在汽油泵及分电器已拆卸的情况下，拆下中间轴。

4）拆下正时齿带轮端曲轴油封。

5）拆下前油封凸缘及衬垫。

6）分几次从中间到两边逐渐拧松主轴承盖紧固螺栓，如图6-26所示。

7）拆下曲轴各主轴承。

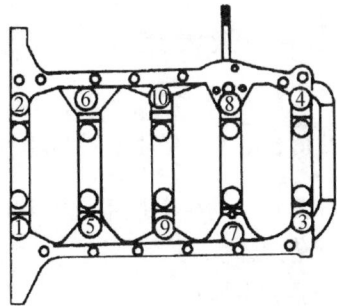

图 6-26　曲轴主轴承盖的拆卸顺序

6.1.3.5　曲轴飞轮组的拆卸

发动机曲轴飞轮组的拆卸分解如图6-27所示，具体操作过程如下。

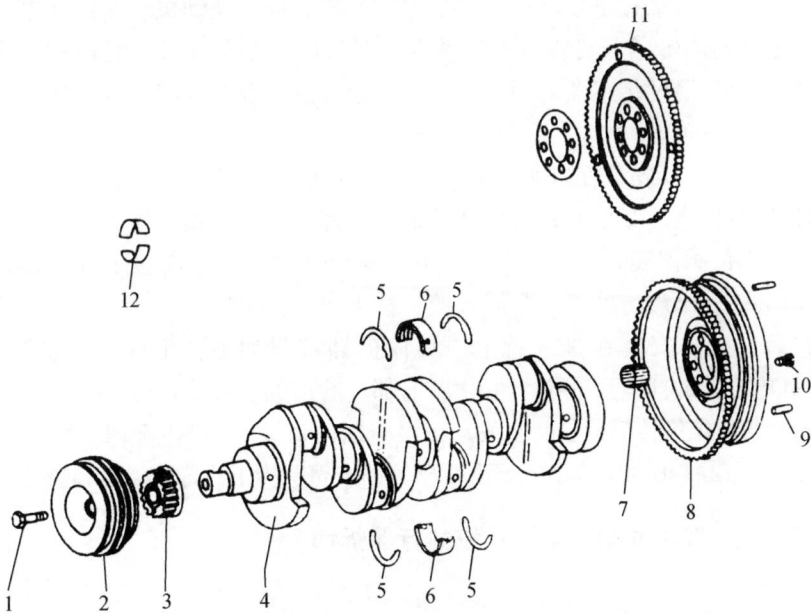

图 6-27　曲轴飞轮组分解图

1-曲轴"V"形带轮、正时齿带轮的轴向紧固螺栓；2-"V"形带轮；3-曲轴正时齿带轮；4-曲轴；5-半圆形止推环；6-主轴承；7-滚针轴承；8-飞轮齿圈；9-定位销；10-飞轮紧固螺栓；11-飞轮；12-连杆轴承

1）飞轮拆卸时，使用专用工具卡住飞轮齿圈，拧下飞轮紧固螺栓，从曲轴上拆下飞轮。

2）使用专用工具拆卸飞轮内孔中滚针轴承。

6.1.4 报废汽车发动机电控系统拆解

6.1.4.1 汽油发动机电控系统主要传感器拆解

汽油发动机电控系统主要传感器包括空气流量计、发动机转速传感器、进气温度传感器、霍尔传感器、爆震传感器、氧传感器和冷却液温度传感器，具体拆卸步骤如下所述。

1）空气流量计安装在空气滤清器与进气软管之间。具体拆卸步骤如下：①拔下空气流量计五孔插头。②松开进气软管与空气流量计连接的卡箍，并拔下进气软管。③脱开空气流量计与空气滤清器的连接，取下空气流量计。

2）发动机转速传感器安装在缸体下部。具体拆卸步骤如下：①拔下转速传感器的三孔插头。②拧下发动机下部的紧固螺栓，取下发动机转速传感器。

3）进气温度传感器安装在进气歧管上节气门控制单元后。具体拆卸步骤如下：①拔下进气温度传感器的两孔插头。②松开进气温度传感器的紧固螺栓，拆下进气温度传感器。

4）霍尔传感器安装在缸盖右侧，进气凸轮后端。具体拆卸步骤如下：①拔下霍尔传感器插头。②松开霍尔传感器的紧固螺栓，拆下霍尔传感器。

5）爆震传感器安装在气缸壁上。具体拆卸步骤如下：①拔下爆震传感器两孔插头。②松开爆震传感器的紧固螺栓，拆下爆震传感器。

6）氧传感器安装在排气管上。具体拆卸步骤如下：①拧下防护罩螺栓。②拔下氧传感器的插头。③拆下催化器前部、后部的氧传感器。

7）冷却液温度传感器安装在发动机缸盖出液口处。具体拆卸步骤如下：①拔下四孔插头。②拔出固定冷却液温度传感器的卡簧，拆下冷却液温度传感器。

6.1.4.2 汽油发动机电控系统执行器拆卸

（1）电子控制系统部件拆卸

1）拆下刮水器臂及流水槽护板。

2）松开并拔下控制单元插头，向右拉出发动控制单元，如图6-28所示。

（2）节气门体操纵机构的拆卸

1）拆下节气门体上的连接管。

2）拔下节气门体控制单元插头。

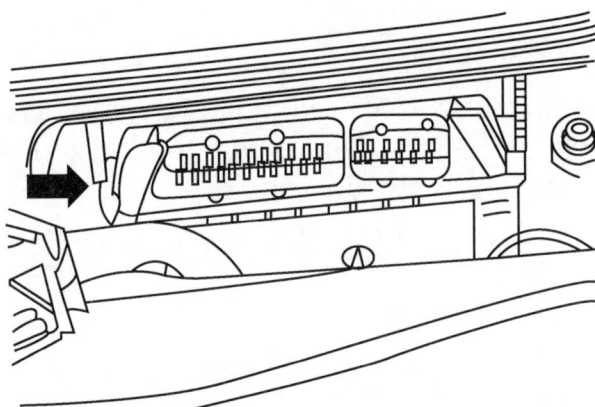

图 6-28　发动控制单元

3）用尖嘴钳拔下控制拉索调整卡夹，从节气门体上拆下节气控制拉索。

4）拆下节气门体。

5）拆下加速踏板，节气门体分解如图 6-29 所示。

(3) 喷油器拆卸

1）打开发动机罩盖，先拆下负极导线，再拆下正极导线。

2）拔掉燃油压力调节器上的真空软管。

3）脱开每个喷油器上的电控插头。

4）松开软管接头前，先将燃油管卸压，松开支架紧固螺栓，从燃油管上拆下喷油器紧固夹。将喷油器从燃油导管中拔出来，如图 6-30 所示。

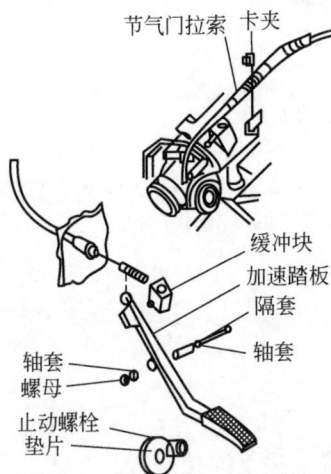

图 6-29　节气门体分解

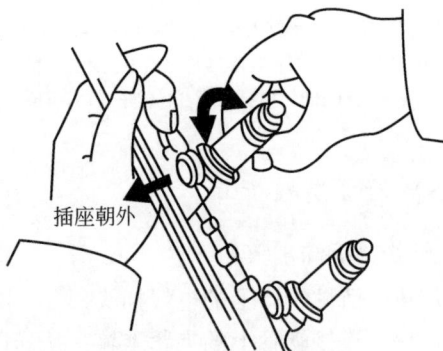

图 6-30　喷油器拆卸

（4）点火系统部件拆卸

现在许多电喷发动机的点火系统采用无分电器点火方式。这种点火方式改变了传统的配电方式，无机械零件，采用单缸独立点火。图6-31所示为宝来轿车发动机点火系统。点火线圈直接安装在火花塞顶上，取消了点火高压线。其拆卸步骤如下。

1）打开发动机罩盖。

2）拆下蓄电池负极再拆下蓄电池正极。

3）拔下带功率放大器的点火线圈上的四孔插头。

4）拔出带功率放大器的点火线圈。

5）用火花塞专用工具拆下火花塞。

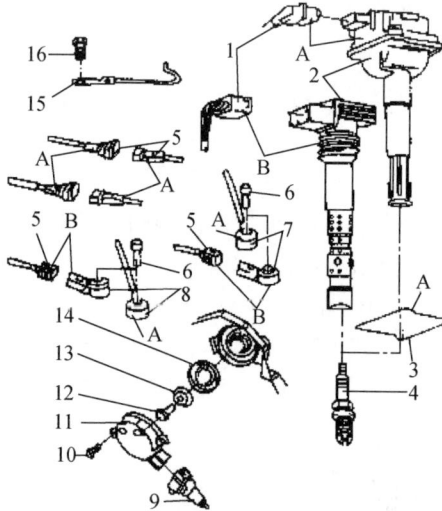

图6-31　宝来轿车发动机点火系统

1-孔插头；2-带功率放大器的点火线圈；3-密封圈；4-火花塞；5-插头（ARZ 3孔，AUM 2孔）；
6、10、12、16-螺栓；7-爆震传感器1-G61；8-爆震传感器2-G66；9-插头3孔；11-霍尔传感器
G163；13-垫片；14-转子；15-接地线 A-ARZ发动机 B-AUM发动机

（5）活性炭罐拆卸

活性炭罐拆卸步骤如下。

1）拔下活性炭罐上的电线插头。

2）松开连接软管上的夹紧卡箍，从活性炭罐上拔下连接软管。

3）松开并拧下固定活性炭罐的紧固螺栓，卸下活性炭罐，如图6-32所示。

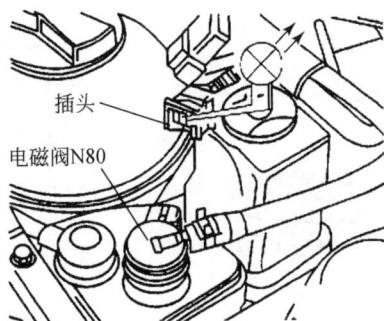

插头

电磁阀N80

图 6-32　活性炭罐的拆卸

6.2　报废发动机主要零部件检验

在发动机拆卸过程中，通过检验可以把发动机零件分为三类：第一类是报废件，经检测不能继续使用的零件，需要更换；第二类是可修件，仅通过维修可以再次使用的零件；第三类是可用件，经过检测不需要维修，零件可以继续使用。在报废汽车拆解中，许多零件可以二次利用，如发动机缸体、曲轴等。

6.2.1　气缸活塞组检验

6.2.1.1　气缸体检验

（1）检查裂纹

一般用水压法检查，即把气缸盖装在气缸体上，用水管与水压机相连，封住水口，在 200 ~ 400kPa 的压力下，保持 5min，应无渗水现象。否则，应修理或更换。

（2）检查气缸磨损

这是判断发动机技术状态和修理尺寸的重要依据。将缸径分上、中、下三个位置，这是判断发动机技术状态和修理尺寸的重要依据。将缸径分上、中、下三个位置即图 6-33 中①、②、③位置，位置①在离缸体上平面 10mm 处，位置②在缸体中间部位、位置③离下平面 10mm 处，在每一位置处按 A 和 B 方向进行纵向、横向垂直测量，如图 6-33 所示。

要求与标准尺寸的最大偏差为 0.08mm。

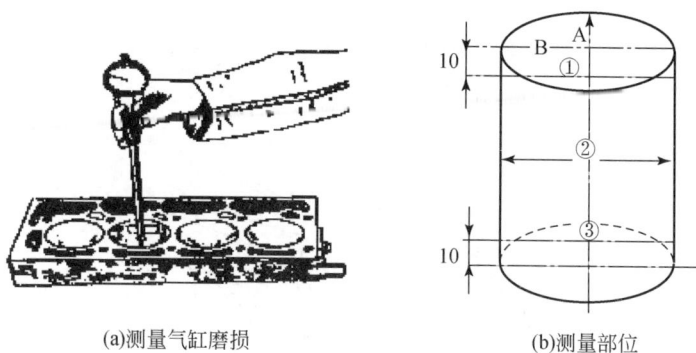

(a)测量气缸磨损　　　　　　　(b)测量部位

图 6-33　气缸磨损的测量

（3）气缸盖变形检查

如图 6-34 所示，在图示的 AF、BG、BC、EG、BE、CG 六个方向上放置直尺，用直尺和厚薄规检查气缸盖表面平面度。以桑塔纳发动机为例，气缸盖平面度磨损极限值为 0.1mm。超过极限值时，可进行修磨。但修磨后气缸盖的高度应不小于 133mm，否则应报废。

6.2.1.2　活塞连杆组检验

（1）活塞检验

检查活塞直径，用千分尺在距活塞裙部下边缘约 10mm 处与活塞销垂直方向测量，如图 6-35 所示，测量值与标准尺寸的偏差最大为 0.04mm。超过则更换。

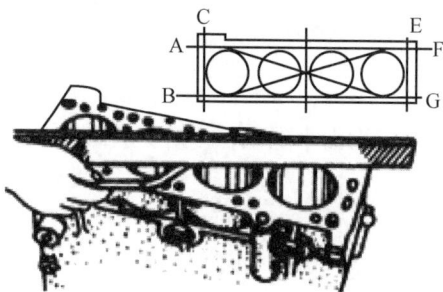

图 6-34　气缸盖变形的检查

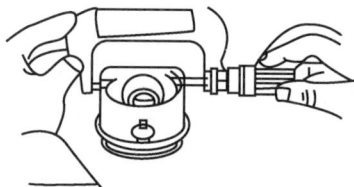

图 6-35　测量活塞直径

（2）连杆变形检查和校正

检查连杆变形时，将连杆轴承盖好装好，活塞销装入连杆小头，再将连杆大头固定在检测器的定心轴上，然后把三点式量规的"V"形槽贴紧活塞销，用塞尺测量检测器平面量规指销之间的间隙。三点式量规有三个指销，上面一个下面两个，三个指销均与检测器平面接触，说明连杆无变形；若量规上面一个指销（或下面两个指销）与检测器平面有间隙，说明连杆有弯曲变形，间隙大小反映了连杆的弯曲程度；若量规下面的两个指销与检测器平面的间隙不同，说明连杆有扭曲变形，两指销的间隙差反映了连杆的扭曲程度；若上述两种情况并存，说明既有弯曲变形，又有扭曲变形。连杆弯曲或扭曲超过其允许极限时，应进行校正或更换连杆。

6.2.2　曲轴飞轮组检验

6.2.2.1　曲轴损伤检查

主要检查项目为曲轴的主轴颈、连杆轴颈的磨损、轴颈表面拉伤、烧蚀、曲轴弯曲、扭曲变形、裂纹、断裂。检查步骤如下。

1）用"V"形铁将曲轴两端水平支撑在平台上，使百分表的测量触点垂直抵压到第三道主轴颈上。转动曲轴一周，百分表指针所指示的最大和最小读数差值的一半即为曲轴的直线度误差，其值应不大于 0.03mm，否则应进行压校或更换曲轴。

2）曲轴轴颈圆度、圆柱度误差不得超过 0.01 ~ 0.0125mm。

6.2.2.2　飞轮检验

飞轮的主要故障是工作磨损、齿圈磨损或断齿。在手动变速器的汽车上，飞轮与离合器接触的一面会有沟槽磨损，磨损较轻（沟槽深度小于 0.5mm）时允许继续使用，磨损严重（沟槽深度超过 0.5mm）或槽纹较多时，应磨削飞轮工作面，必要时应更换飞轮。飞轮齿圈若有损坏，必须报废更换。

6.2.3　配气机构检验

6.2.3.1　气门组零件检验

（1）进、排气门检验

气门的结构与尺寸见表6-1。

表 6-1　气门尺寸

图示	符号	进气门	排气门
	a	φ38.00mm	φ33.00mm
	b	φ7.97mm	φ7.97mm
	c	98.70mm（标准） 98.20mm（修理）	98.50mm（标准） 98.00mm（修理）
	α	45°	45°

　　进气门修理尺寸如图 6-36 所示，其中 α 为 45°，a 最大为 3.5mm，b 最小为 0.5mm。如果超过规定标准，则应修理或报废。

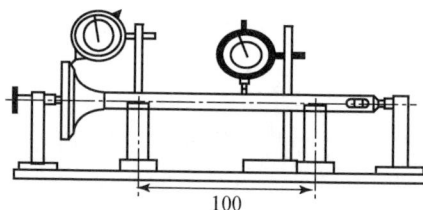

　　用百分表在平台上检查气门杆的弯曲度，如图 6-37 所示。表针摆差超过 0.05mm 时，应进行校正或更换气门。气门常见损伤如下：①气门工作面烧蚀、开裂、斑点、凹坑；②工作面磨损起槽、变宽；③气门杆弯曲、磨损、端部偏磨等。技术要求如下：①气门杆直线度误差小于 0.03mm；②气门头部的偏摆量不超过 0.05mm；③气门杆磨损量不超过 0.05mm。

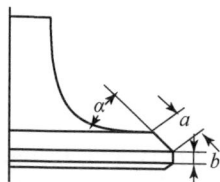

图 6-36　进气门修理尺寸　　图 6-37　用百分表在平台上检查气门杆的弯曲度

　　气门干涉角：气门角度与气门座角的差值称为气门干涉角。

　　作用：保证气门与气门座之间形成线接触，提高工作比压易于快速研磨；保证燃烧室燃气不与工作面接触，减少工作面烧蚀概率。

（2）气门导管检验

　　将气门杆插入导管中，使气门杆末端与导管平齐。用百分表检查气门杆有无晃动现象，如图 6-38 所示。进气门杆在导管中晃动量最大为 1.0mm，排气门杆在导管中晃动量最大为 1.3mm。

(3) 气门弹簧检验

气门弹簧的检验项目主要是：观察有无裂纹或折断，测量弹簧自由长度和垂直度，测量弹簧弹力。气门弹簧不能维修只能报废更换。气门弹簧的自由长度可用卡尺进行测量。气门弹簧垂直度一般应不大于 2.0mm。若气门弹簧的自由长度或垂直度不符合标准，应报废更换气门弹簧。气门弹簧里的检查，用检验仪对气

图 6-38　检查气门导管

门弹簧施加压力，在规定压力下的气门弹簧高度应符合标准，否则应报废。

6.2.3.2　气门传动组检验

(1) 凸轮轴检验

凸轮轴外形如图 6-39 所示，凸轮轴通过 5 个剖分式轴承直接装在气缸盖上平面上，利用第 5 轴承盖的两个侧面进行轴向定位。

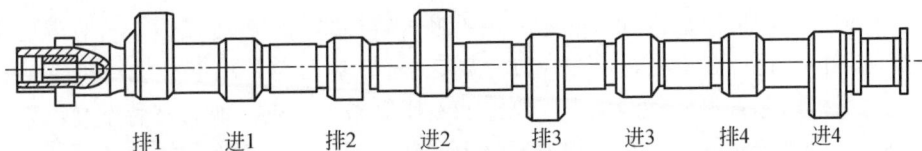

排1　　　进1　　　排2　　　进2　　　排3　　　进3　　　排4　　　进4

图 6-39　凸轮轴的外形

检查凸轮轴轴向间隙测试前，拆下液压挺杆并安装好 1 号和 5 号轴承盖。用百分表检查凸轮轴轴向间隙。凸轮轴轴向间隙磨损极限为 0.15mm。

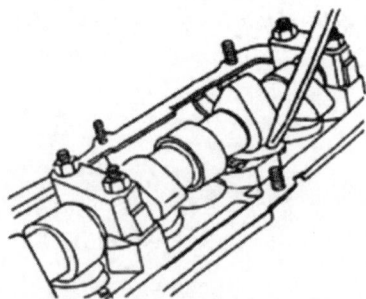

图 6-40　测量凸轮和液压挺杆
之间的间隙

(2) 液压挺杆检验

液压挺杆检验步骤如下。

1) 拆卸气门罩盖。

2) 按照顺时针方向转动曲轴，直到待检查的液压挺杆的凸轮朝上为止。

3) 测量凸轮和液压挺杆之间的间隙，如图 6-40 所示。如果间隙大于 0.2mm，则更换液压挺杆。

（3）正时齿轮检验

检查正时齿轮有无裂纹及磨损。磨损可用塞尺或百分表测量其齿隙，正时齿轮若有裂纹或齿隙超过 0.30 ~ 0.35mm，应成对更换正时齿轮。通常情况下，正时齿轮不会发生严重磨损，也不易损坏。

6.2.4　冷却系统检验

6.2.4.1　散热器检验

（1）散热器密封性检验

散热器密封性检验的检查方法是，将散热器注满水，装上压力测试器，如图 6-41 所示。用手泵压测试器，使压力上升到 120kPa，5min 内压力不应下降，散热器任何部位不得渗漏。

（2）散热器芯管堵塞检验

从加水口向散热器内加入热水，用手触试散热器芯管各处温度，若有温度不升高的部位，说明散热器芯管该部位堵塞。若散热器芯管堵塞，也可拆下储水室，再用根据芯管尺寸和断面形状制造的专用通条来检查，所有芯管不允许有堵塞现象。散热器芯管若存在压扁或通条不能通过现象，应更换芯管。

（3）散热器盖检验

散热器盖检验的检查方法是，将散热器与测试器相连，如图 6-42 所示。用手泵压测试器直至排气门开启为止。排气门应在 75 ~ 105kPa 的压力范围内处于开启状态，且当压力下降至 60kPa 时，排气门应能迅速关闭。若上述两项要求之一不符合规定，要更换排水口盖。

6.2.4.2　水泵检验

水泵常见的损伤有壳体的渗漏、破裂，水泵轴的弯曲，磨损，水泵叶轮叶片的破裂，水泵密封垫圈的磨损，水泵轴与轴承的磨损，轴承与轴承座孔的磨损。

（1）泵壳检验

用检视法检查，泵壳出现裂纹或砂眼应进行焊修或更换新件。在平台上用厚

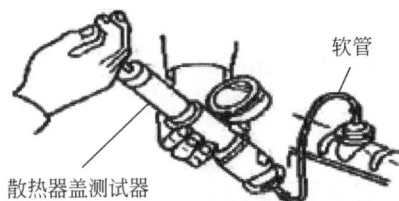

图 6-41　检查散热器的密封性

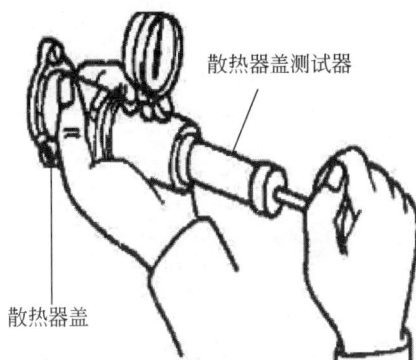

图 6-42　检查排水口盖的工作特性

薄规检查，泵壳与泵盖结合面的平面度误差应不大于 0.15mm，否则可对泵壳端面进行磨削加工，但其加工量不得超过 0.50mm，否则应更换新件。泵壳轴承的配合应无松旷现象，否则应予更换。

（2）水泵轴检验

用游标卡尺测量，水泵轴与轴承的配合间隙应不大于 0.50mm，否则应更换新的水泵轴。用 "V" 形铁将水泵轴支撑于平台上，然后用百分表检查其弯曲程度，径向跳动误差超过 0.10mm 时应进行压力校正。

（3）水泵叶轮检验

用直观检视法检查，叶轮出现破损应更换新件。

（4）水封总成检验

水封胶木垫出现磨损凹槽，水封老化、变形或破裂，水封弹簧严重锈蚀，均应更换新件。

（5）水泵轴承检验

水泵轴承应转动灵活、无异响，用百分表测量水泵轴承的轴向间隙应不大于 0.30mm，径向间隙应不大于 0.15mm，否则应更换新轴承。

6.2.4.3　节温器检验

将节温器放在装有热水的容器中，如图 6-43 所示，注意不要让节温器接触容器底部，逐渐提高冷却液温度，用温度计测量主阀门开始开启时水的温度；再

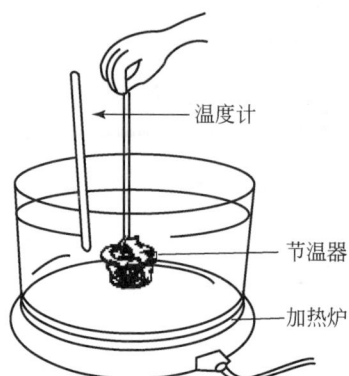

图 6-43　节温器检验方法

继续加热，检查节温器完全开启时水的温度。然后将测量结果与标准值比较。如果不合要求，则节温器损坏，一般应进行更换。

6.2.4.4　风扇检验

（1）风扇叶片检验

风扇叶片如果出现变形、弯曲、破损后，应及时更换。

（2）电动风扇热敏开关检验

发动机热态时，即使发动机已熄火，风扇仍可能转动。如果冷却液温度很高，但风扇不转，应检查熔断器。若熔断器完好，则应停机检查温控开关和风扇电动机，必要时更换有关部件。

（3）风扇离合器检验

检验风扇离合器时，把点火开关旋到"ON"挡，并使风扇离合器脱离温控器的控制，风扇应转动平衡，工作电流应符合规定的要求，否则应予以更换。

6.2.5　润滑系统检验

6.2.5.1　机油泵检验

齿轮式机油泵的损伤主要是磨损，机油泵在使用中，主动齿轮与从动齿轮、齿轮顶与泵壳、齿轮端面与泵盖均会产生磨损，造成泵油压力降低，泵油量减少，需进行检验。机油泵的磨损情况可通过检测机油泵各处配合间隙获得。

（1）对于齿轮式机油泵应检查以下部位的间隙

1）用塞尺测量齿轮顶面与泵壳内壁间隙。测量相隔 180°或 120°的 2~3 个间隙，取平均值，其值一般应在 0.05~0.20mm，如图 6-44 所示。

2）用塞尺测量主、从动齿轮的啮合间隙。转动齿轮选择相隔 120°的三个位置进行，取其平均值，其标准值为 0.05mm，最大磨损不得超过 0.20mm，如图 6-45 所示。

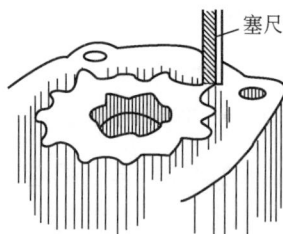

图 6-44　测量齿轮顶面与泵壳内壁之间间隙

3）用直尺、塞尺或游标深度尺测量泵盖与齿轮端面的间隙。其间隙一般为 0.025～0.075mm，其极限值为 0.15mm。端面间隙过大，会发生内漏，使润滑油压力降低，如图 6-46 所示。

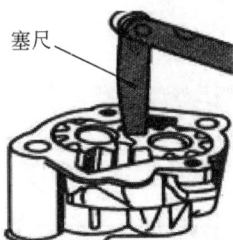

图 6-45　测量主、从动齿轮的啮合间隙　　图 6-46　测量泵盖与齿轮端面之间间隙

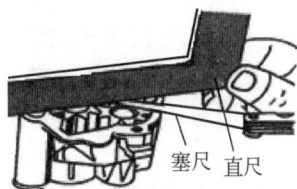

（2）检查机油泵主动轴的弯曲度

将机油泵主动轴支撑在"V"形架上，用百分表检查弯曲度。如果弯曲度超过 0.03mm，则应对其进行校正或报废更换。

（3）检查机油泵盖

机油泵盖如有磨损、翘曲和凹陷超过 0.05mm，应以车、研磨等方法进行修复。

6.2.5.2　检查限压阀

检查限压阀弹簧有无损伤，弹力是否减弱，必要时予以更换。检查限压阀配合是否良好、油道是否堵塞、滑动表面有无损伤，必要时更换限压阀。

6.2.6　燃油供给系统检验

6.2.6.1　电动燃油泵检验

（1）电动燃油泵电阻检测

测量电动燃油泵电源端子和搭铁端子间的电阻，即为电动燃油泵直流电动机线圈的电阻，其阻值应为 0.2～3Ω，否则应更换电动燃油泵。

（2）电动燃油泵工作状态检查

将电动燃油泵与蓄电池相连（正负极不得反接），并使燃油泵尽量远离蓄电池，每次通电时间不得超过 10s。如果电动燃油泵不转动，则应予以更换。

6.2.6.2 电动燃油泵供油量检查

电动燃油泵供油量检查步骤如下。

1）按安全操作规程拆除燃油分配管上的进油管；

2）把拆开的进油管放入一个大号量杯中；

3）用跨接线将电动燃油泵与蓄电池相连，此时电动燃油泵工作，泵送出高压汽油；

4）记录电动燃油泵工作时间和供油体积，供油量应符合车型技术要求。一般经汽油滤清器过滤后的供油量为 0.6~1L/30s。

6.2.7 发动机电控系统检验

6.2.7.1 汽油发动机电控系统传感器检验

（1）空气流量计

图 6-47 中采用的是热线式空气流量计，其中 A、B、C、D、E、F 为流量计中六个端子，空气流量计的单独检测主要是在传感器与线路不连接的情况下，对传感器内部情况进行检测。从而判断传感器是否损坏。检测步骤如下。

1）拆卸空气流量计后，用 12V 蓄电池在空气流量计 D、E 端子之间施加电压，如图 6-47 所示，测量 B、D 之间的电压应在 2~4V。

2）送风通过空气流量计，B、D 之间的电压应在 1~1.5V 变化。如所测电压不正常则表示传感器损坏，应报废。

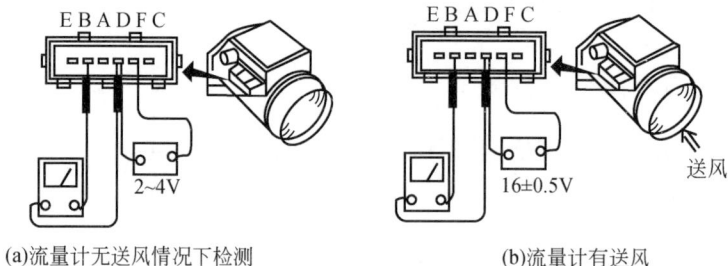

(a)流量计无送风情况下检测   (b)流量计有送风

图 6-47 空气流量计检测

（2）进气歧管压力传感器

进气歧管压力传感器检测步骤如下。

1）拔下传感器插头，在测量插头上 V_C 端子与 E_2 端子之间的电压施加 4.5~5.5V 后，再测量 ECU 连接器上 PIM 与 E_2 端子间在大气压下输出的电压，应符合图 6-48 所示的输出特性。

2）对传感器施以 13.3~66.7kPa 的负压（真空度），再测 ECU 连接器上 PIM 与 E_2 间的电压，应符合表 6-2 所示值。

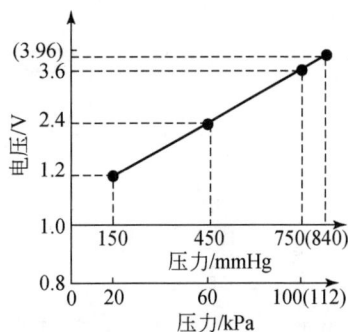

图 6-48　进气压力与输出特性

表 6-2　ECU 连接器上 PIM 与 E_2 间的电压

真空度/kPa	13.3	26.7	40.0	53.5	66.7
电压/V	0.3~0.5	0.7~0.9	1.1~1.3	1.5~1.7	1.9~2.1

（3）节气门位置传感器

线性式节气门位置传感器检测步骤如下。

1）在传感器的两个接线端上连接好全套的测试仪器，如图 6-49 所示，在 V_C 和 E_2 上施加 5V 电压。使用车用万用表测试节气门位置传感器信号电压。

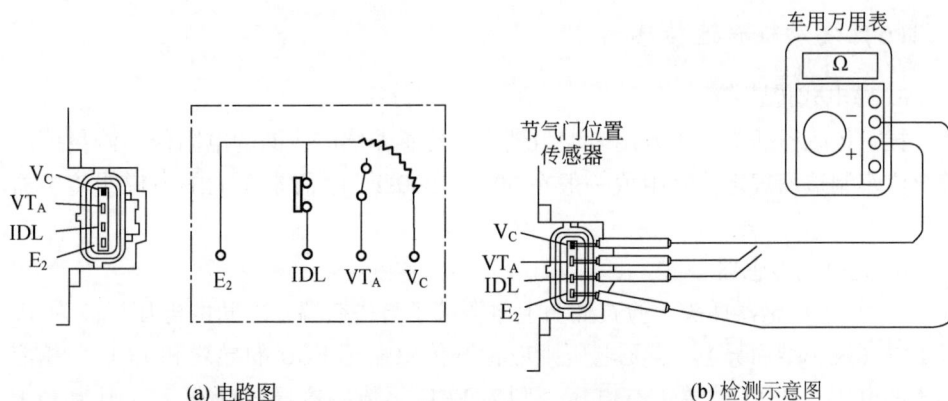

(a) 电路图　　　　　　　　　　　　　　(b) 检测示意图

图 6-49　节气门位置传感器的检测

2）慢慢地开大节气门，观察万用表电压。电压读数应该平稳、逐渐地增大。怠速时，正常的节气门位置传感器上测出的读数应为 0.5~1V，全开节气门时应为 4～5V。如果在节气门位置传感器上没有获得规定的读数或电压信号不稳定，则表明传感器损坏应报废。

（4）冷却液温度传感器

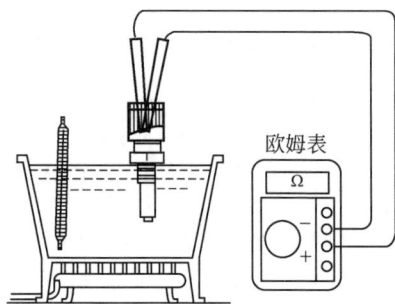

图 6-50　发动机冷却液温度
传感器电阻检测

把发动机冷却液温度传感器拆下装在一个装满水的容器内，在传感器的接线端上接一个汽车万用表，使用电阻挡，如图 6-50 所示。将温度计放入加热的水中。对应着不同的温度，传感器应有固定的对应电阻值（负温度系数热敏电阻温度传感器特性曲线）。对照汽车制造商提供的性能指标，如果传感器的电阻值不合要求，说明传感器损坏。

（5）进气温度传感器

把进气温度传感器从发动机上拆下，按图 6-50 的方法，与温度计一同放入一个装水的容器内，使用汽车万用表的电阻挡测量传感器电阻值，加热容器里的水，对应每个温度值，传感器都应有确定的电阻值（参考负温度系数热敏电阻温度传感器特性曲线）。如果测得传感器电阻值没有变化，说明传感器损坏。

（6）发动机转速传感器

a. 磁电式传感器

拔下传感器插头，用万用表电阻挡测量传感器感应线圈的电阻值，测量值应符合汽车制造商规定。其阻值一般在 300～1500Ω。阻值不在范围内说明传感器损坏。

b. 光电式传感器

1）拔下传感器插头，检查插头上电源端子与搭铁端子之间的电压，应为 5V 或 12V（视车型而异），若无电压则应检查传感器至 ECU 的导线和 ECU 上相应端子的电压，若 ECU 端子有电压，则为 ECU 至传感器导线断路，否则为 ECU 故障。

2）插回传感器插头，起动发动机，转速保持在 2500r/min 左右，测量传感器输出端子的电压，应为 2～3V，否则为传感器损坏。

3）用示波器检测其信号波形。

（7）霍尔传感器

1）插回传感器插头，起动发动机，测量传感器输出端子信号电压，应为3～6V，若无信号电压，则为传感器损坏。

2）用示波器检查传感器输出电压波形。

（8）氧传感器

从发动机上拆下氧传感器，将数字式电压表的信号导线与传感器相连，并把传感器的敏感元件放到丙烷焊枪的火焰上加热。丙烷火焰可以使敏感元件与氧气隔离，这样，将导致传感器产生电压。传感器的敏感元件处在火焰中时，输出电压应该接近1V，而把敏感元件从火焰中拿出时，输出电压应立刻降至0V。如果传感器输出电压没有按上述变化，说明传感器损坏。

如果氧传感器上的加热器不工作，传感器的预热时间就要延长，ECU处在开环状态的时间也要延长，这时ECU误传出一个富油空燃比，浪费了油料。拆下传感器，在加热器的接线端上连一只万用表，如图6-51所示。如果加热器没有正常的电阻值，说明传感器损坏。

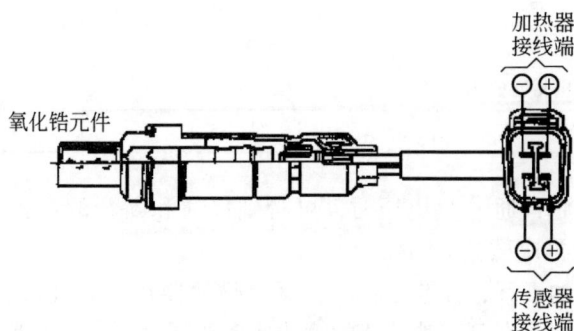

图6-51　氧传感器加热器接线端

（9）爆震传感器

检测发动机爆震传感器的步骤如下。

1）拆下发动机爆震传感器的导线接线器。

2）使用万用表检测发动机爆震传感器与地线间电阻，电阻应在3300～4500Ω。

6.2.7.2 汽油发动机电控系统执行器检验

（1）油压调节器的检测

1）工作情况的检查。用油压表测量发动机怠速运转时的燃油压力，然后拆下压力调节器上的真空软管。这时燃油压力应升高50kPa，否则应予以报废。

2）保持压力的检查。让电动燃油泵运转10s，然后关闭；再将压力调节器的回油管夹紧，5min后观察油压（保持压力）。如果该油压与不夹紧回油管时的油压相比有所上升，表明调节器有泄漏，应报废。

3）拆卸检查。拆下压力调节器的进油管和真空软管，这时两者之间应不通；否则，表明有泄露，应予以报废。

（2）喷油器的检测

用手指接触喷油器，应可察觉到喷油的脉动。检查喷油器电阻值、30s喷油量等性能参数，应符合规定的标准，见表6-3。

表6-3　喷油器的检测标准值

检测项目及条件	2000 GLi	2000 GSi
室温时电阻/Ω	15.9±0.35	13~18
发动机工作时电阻增量/Ω	4~6	4~6
30s喷油量/mL	78~85	78~85

喷油器拆下后，通12V电压时，可听到接通和断开的声音（注意：通电时间应不大于4s，再次试验应间隔30s）。

检查喷油器的滴漏，油泵运转时，每个喷油器在1min内允许滴油1~2滴，否则应更换喷油器。在测试喷油器的喷油速率的同时，可检查喷射形状。所有喷射形状应相同，都是小于35°的圆锥雾状。

（3）发动机节气门控制组件J338检测

节气门控制组件J338将节气门电位计G69、节气门控制器电位计G88、节气门控制器V60及怠速开关F60合为一体，如图6-52所示。

节气门电位计G69和节气门控制器电位计G88，这两个部件起着节气门位置传感器的作用。

供电电压的检测，如图6-53所示，测量节气门控制组件插头端子4和7之间的电压应不小于4.5V。

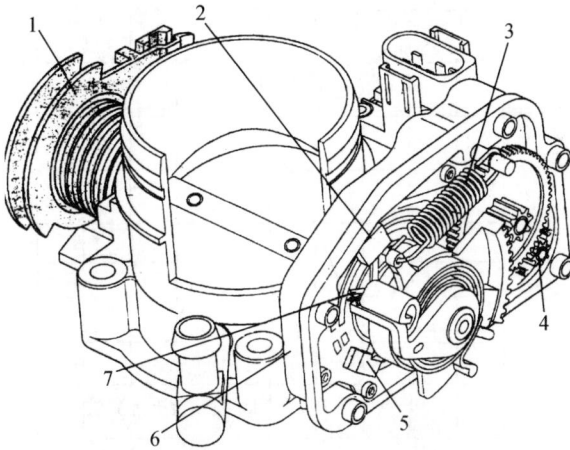

图 6-52　节气门控制组件

1-节气门拉索轮；2-节气门控制器电位计；3-紧急运行弹簧；4-节
气门控制器（怠速电动机）；5-节气门电位计；6-整体式怠速稳定
装置；7-怠速开关

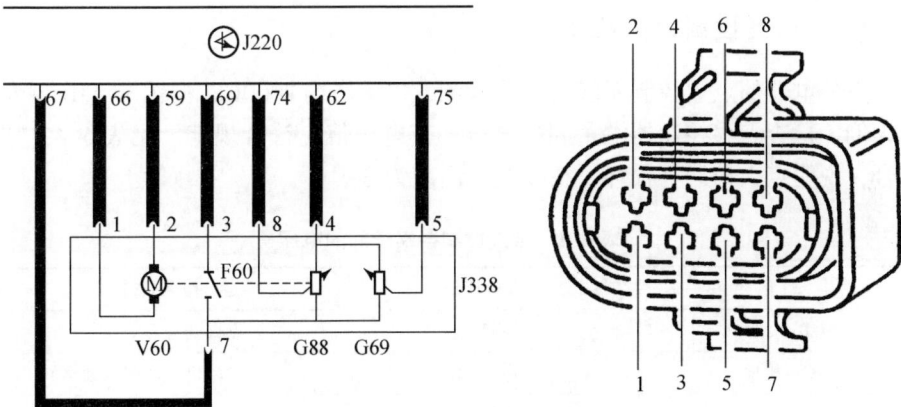

图 6-53　电路图与连接插头

线束导通性的检测。检查节气门控制组件插头端子至发动机控制单元 ECU
相应端子（ECU 的 66 号端子与传感器 1 号端子、ECU 的 59 号端子与传感器 2 号
端子、ECU 69 号端子与传感器 3 号端子、ECU 62 号端子与传感器 4 号端子、
ECU 75 号端子与传感器 5 号端子、ECU 67 号端子与传感器 7 号端子、ECU 74 号
端子与传感器 8 号端子）之间的电阻值，最大不得超过 1.5Ω。

波形分析，如图 6-54 所示，电压应从怠速时的低于 1V 到节气门全开时的低
于 5V。

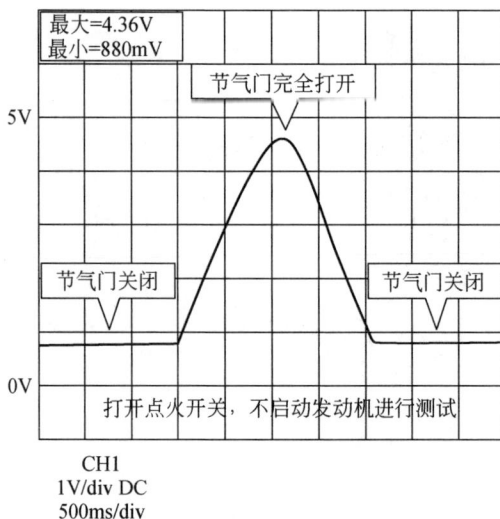

图 6-54　节气门开启闭合波形

波形上不应有任何断裂、对地尖峰或大跌落。

（4）点火控制器的检测

无分电器的点火控制系统的电路检测，以桑塔纳 2000GSi 型轿车 AJR 型发动机为例，检查点火控制器端子间的电压，其电压值应符合规定，见表 6-4；如不符合，说明点火控制器损坏。搭铁线电阻应为零。

表 6-4　点火控制器端子间的电压

端子	标准电压值	检测条件
+B-接地	9 ~ 14V	点火开关 ON
IGT-接地	有电压脉冲	发动机起动或怠速运转
IGF-接地	有电压脉冲	发动机起动或怠速运转

Ⅰ. 检查点火线圈

拔下点火线圈的插头，并从火花塞上拔下点火线。如图 6-55 所示，用万用表测量点火线圈的次级电阻，A、D 端子电阻表示 1、4 缸线圈次级电阻，B、C 端子电阻表示 2、3 缸线圈次级电阻，1、4 缸和 2、3 缸电阻规定值均为 4 ~ 6kΩ。如电阻值不符合规定，说明点火线圈总成损坏。

Ⅱ. 点火线圈与点火控制器供电与搭铁情况的检查

将点火线圈的点火控制器的 4 针插头拔下，如图 6-56 所示，最左边为 1 号端子，最右边为4号端子，中间依次为2号和3号端子，用万用表测量线束端插头端子2（电源端）和4（搭铁端）之间的电压，其电压值应为蓄电池电压，大于或等于11.5V。

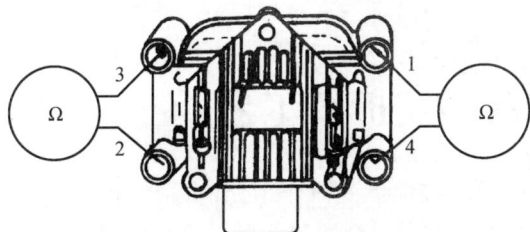

图6-55　双火花电子线圈组件

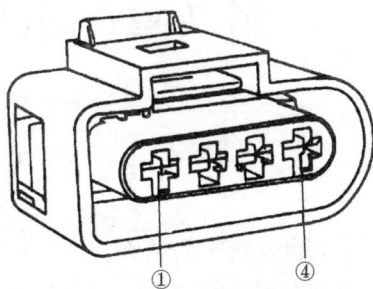

图6-56　点火控制组件插头

第7章 报废汽车底盘拆解工艺

7.1 汽车传动系统拆解工艺

底盘是汽车的基础。汽车底盘直接或间接地承受汽车上所有零部件的重量，并接受发动机的动力，使汽车运动，并保证汽车安全快速行驶。汽车底盘由传动系统、行驶系统、转向系统和制动系统四部分组成（张能武，2015；陈家瑞，2009）。

（1）传动系统

传动系统具有传递动力、减速、变速、倒车、中断动力、轮间差速和轴间差速等功能。传动系统与发动机配合工作，把发动机发出的动力传递到驱动车轮，保证汽车在各种工况下正常行驶，并具有良好的动力性和经济性。汽车上传动系统的布置主要取决于汽车的用途。

传动系统一般由离合器、变速器、万向传动装置、主减速器、差速器和半轴等组成，如图7-1所示。

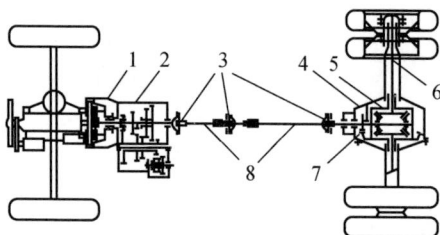

图7-1　汽车底盘传动系统结构图

1-离合器；2-变速器；3-万向传动装置；4-桥壳；5-差速器；6-半轴；7-主减速器；8-传动轴

Ⅰ. 离合器

离合器安装在发动机与变速器之间，用来分离或接合前后两者之间的动力联系。其功用如下，使汽车平稳起步，中断给传动系的动力，配合换挡，防止传动系过载。

目前汽车广泛采用摩擦式离合器，摩擦式离合器根据压紧弹簧位置不同可分为周布弹簧离合器、中央弹簧离合器和周布斜置弹簧离合器，根据压紧弹簧的形式不同，也可分为圆柱螺旋弹簧离合器、圆锥弹簧离合器和膜片弹簧离合器。膜片弹簧离合器的结构，如图7-2所示。

图 7-2　膜片弹簧离合器结构

1-膜片弹簧（压紧机构）；2-飞轮（主动部件）；3-摩擦片（从动部件）；4-压盘（压紧机构）

Ⅱ. 变速器

变速器是汽车传动系统中最主要的部件之一。变速器由变速传动机构和变速操纵机构两部分组成。变速传动机构的主要作用是改变转矩和转速；变速操纵机构的主要作用是控制传动机构，实现变速器传动比的切换，即实现换挡，以达到变速变矩的目的。

目前汽车上使用的变速器一般有两种：机械变速器和自动变速器。机械变速器主要应用齿轮传动的降速原理。在机械变速器内部有多组传动比不同的齿轮副，汽车行驶时的换挡操作，也就是通过操纵机构使变速箱内不同的齿轮副进入啮合工作。如在低速时，让传动比大的齿轮副啮合工作，而在高速时，让传动比小的齿轮副啮合工作。

自动变速器在轿车上使用比较普遍，目前常见的自动变速器主要有电控液力自动变速器（AT）、电控机械自动变速器（AMT）和无级变速器（CVT）三种。

Ⅲ. 万向传动装置

汽车上万向传动装置的作用是连接不在同一直线上的变速器输出轴和主减速器输入轴，并保证在两轴间的夹角和距离不断变化的情况下，仍能可靠地传递动力。汽车万向传动装置主要由万向节、传动轴和中间支承组成，安装时必须使传动轴两端的万向节叉处于同一平面，图7-3为载货汽车万向传动装置的安装示意图。目前，载货汽车上常用的万向传动装置主要是十字轴式万向节，如图7-4所示，而轿车上常用的是球笼式万向节，如图7-5所示。

Ⅳ. 主减速器差速器

主减速器是汽车传动系统中减小转速、增大扭矩的主要部件。对发动机纵置的汽车来说，主减速器还利用锥齿轮传动以改变动力方向。

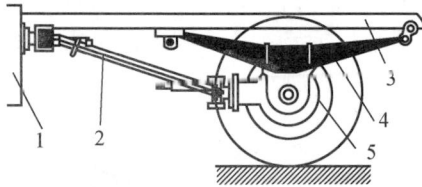

图 7-3　载货汽车万向传动装置安装示意图

1-变速器；2-万向传动装置；3-车架；4-后悬架；5-驱动桥

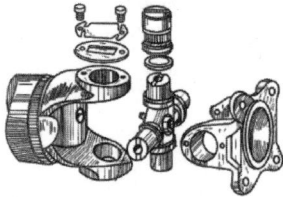

图 7-4　十字轴式万向节

图 7-5　球笼式万向节

　　在汽车拆解过程中，主减速器差速器通常作为一个整体总成件，图 7-6 为载货汽车（后轮驱动）的主减速器差速器，货车上主减速器差速器一般装在驱动桥上。图 7-7 为轿车（前轮驱动）的主减速器差速器，轿车上由于受到空间限制，主减速器差速器一般和变速器集成在一起。

图 7-6　载货汽车的主减速器差速器

图 7-7　轿车的主减速器差速器

Ⅴ. 半轴

　　半轴是差速器与驱动轮之间传递转矩的实心轴，其内端一般通过花键与半轴齿轮连接，外端与轮毂连接，如图 7-8 所示。现代汽车常用的半轴，根据其支承型式不同，有全浮式和半浮式两种。全浮式半轴只传递转矩，不承受任何反力和弯矩，因而广泛应用于各类汽车上。全浮式半轴易于拆装，只需拧下半轴凸缘上的螺栓即可抽出半轴，而车轮与桥壳照样能支持汽车，从而给汽车维护带来方便。半浮式半轴既能传递扭矩又能承受全部反力和弯矩。它的支承结构简单、成本低，因而被广泛用于反力弯矩较小的各类轿车上。但此类半轴支承拆卸麻烦，且汽车行驶中若半轴折断则易造成车轮飞脱。

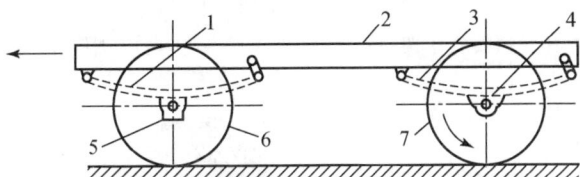

图 7-8　半轴装配位置图

1-轮毂；2-桥壳；3-半轴；4-差速器；5-主减速器；6-前轮；7-后轮

（2）行驶系统

行驶系统是汽车的重要组成部分，承受着汽车上所有零部件的总重力，缓和不平路面对车身造成的冲击，并抑制由此产生的振动和颠簸，保持汽车行驶时良好的平顺性。行驶系统还从传动系统接受动力，通过驱动车轮与路面的附着作用产生牵引力，使汽车正常行驶。同时，行驶系统还与转向系统配合，保证汽车操纵稳定性。汽车行驶系统一般由车架、悬架、车桥和车轮等组成，如图 7-9 所示。

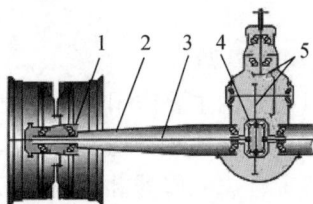

图 7-9　汽车行驶系结构

1-前悬架；2-车桥；3-后悬架；
4-驱动桥；5-从动桥

I．车架

车架是汽车的基体，几乎所有的总成和部件如发动机、变速器、传动机构、操纵机构、车身等都直接或间接地安装于车架上。除了承受静载荷外，车架还要承受汽车行驶时产生的动载荷。因此，车架必须要有足够的强度和刚度，必须保证汽车在正常使用时不变形和不被破坏。

汽车上装用的车架按其结构形式不同可分为边梁式车架、中梁式车架和综合式车架。边梁式车架由左右两侧的两根纵梁和若干横梁构成，横梁和纵梁一般由16Mn 合金钢板冲压而成，两种者之间采用铆接或焊接连接，如图 7-10 所示。中梁式车架只有一根位于汽车中央的纵梁。纵梁断面为圆形或矩形，其上固定有横向的托架或连接梁，使车架成鱼骨，如图 7-11 所示。综合式车架也称复合式车架，它的前部是边梁式，后部为中梁式，如图 7-12 所示。

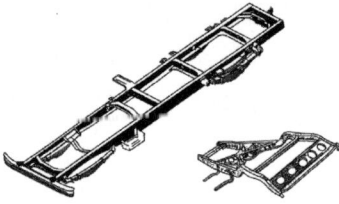

图 7-10 边梁式车架

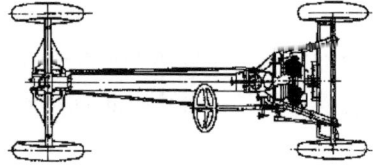

图 7-11 中梁式车架

图 7-12 综合式车架

Ⅱ. 悬架

悬架的主要作用是把车架与车桥弹性连接起来，吸收或缓和车轮在不平路面上受到的冲击和振动，并在车轮和车架之间传递各种作用力和力矩。悬架一般由弹性元件、减震器和导向装置三部分组成。弹性元件一般有钢板弹簧、螺旋弹簧、扭杆弹簧、空气弹簧、油气弹簧、橡胶弹簧等，减震器主要作用是衰减振动，目前汽车上使用较多的是液力减震器。

目前在汽车上使用的悬架系统可分为独立悬架和非独立悬架两类。独立悬架的类型很多，常见的有麦弗逊式独立悬架、双横臂式独立悬架和多连杆式独立悬架，如图 7-13 ~ 图 7-15 所示。非独立悬架结构的特点是两侧的车轮安装在同一整体式车轿上，车轿通过弹性元件与车架相连，其结构如图 7-16 所示。这种悬架在汽车行驶中，当一侧车轮跳动时，另一侧车轮也将随之跳动。非独立悬架广泛采用钢板弹簧作为弹性元件，这种悬架在中、重型汽车上普遍采用。

图 7-13 麦弗逊式独立悬架

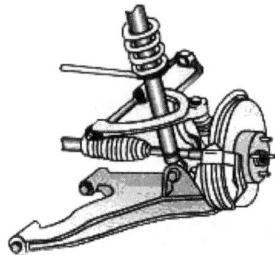

图 7-14 双横臂式独立悬架

图 7-15　多连杆式独立悬架

图 7-16　非独立悬架结构

Ⅲ. 车桥

车桥通过悬架与车架连接，承载汽车的大部分重量，并将车轮的牵引力（或者制动力）和侧向力通过悬架传给车架。汽车车桥按使用功能划分，可分为转向车桥、驱动车桥、转向驱动车桥和一般的支持桥。

第一，转向车桥。安装转向轮的车桥叫转向车桥。转向车桥与转向系统是协同工作的。现代汽车一般都采用前桥转向。

1）与非独立悬架匹配的转向车桥。这类转向桥结构大体相同，主要由前梁、转向节、主销和轮毂等部分组成。车桥两端与转向节铰接。前梁的中部为实心或空心梁，如图 7-17 所示。

2）与独立悬架匹配的转向车桥。断开式转向车桥的作用与非断开式转向车桥一样，所不同的是断开式转向车桥与独立悬架匹配，断开式转向车桥为活动关节式结构，如图 7-18 所示。

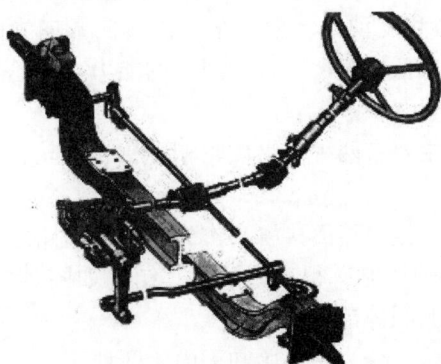

图 7-17　与非独立悬架匹配的转向车桥

图 7-18　与独立悬架匹配的转向车桥

第二，驱动车桥。驱动桥位于汽车动力传递的末端，其基本功能是增大由传动轴或变速器传来的转矩，并将动力合理地分配给左、右驱动轮，另外还承受作用于路面和车架或车身之间的垂直立、纵向力和横向力。驱动桥一般由主减速器、差速器、车轮传动装置和驱动桥壳等组成，如图7-19所示。

第三，转向驱动车桥。转向驱动车桥既要转向又要传递动力，对于前轮驱动汽车和全轮驱动汽车，前桥都是转向驱动桥。有的四轮驱动和四轮转向汽车，后桥也是转向驱动桥。典型的轿车用转向驱动桥，如图7-20所示。

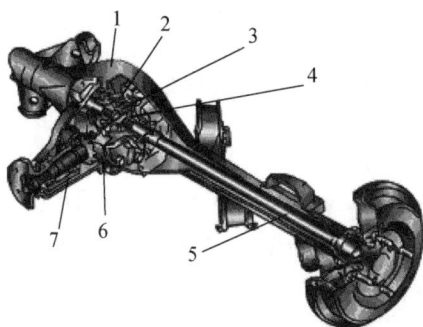

图7-19　驱动车桥结构图

1-驱动桥壳；2-差速器壳；3-差速器行星齿轮；
4-差速器半轴齿轮；5-半轴；6-主减速器；7-输入轴

图7-20　转向驱动车桥

第四，支持桥。支持桥一般在三轴或三轴以上的汽车上才会用到。例如，在有些单桥驱动的三轴汽车上，后桥往往是支持桥。此外在挂车上的车桥一般也都是支持桥。在发动机前置前驱的轿车上，后桥也属于支持桥。

Ⅳ. 车轮

车轮是汽车行驶系中的重要部件，它是汽车上直接和地面接触的唯一部件，具有缓和路面冲击、产生和传递制动力和驱动力、为汽车提供转向侧向力的作用，同时在汽车行驶过程中，轮胎还具有抵抗侧滑及自动回正的能力。车轮通常由轮辋和轮胎两部分组成。

第一，轮辋。目前汽车车轮的轮辋主要有两种，钢质轮辋和铝合金轮辋，其外形结构如图7-21所示。

第二，轮胎。轮胎安装在轮辋上，直接与路面接触。作为汽车与道路之间力的支承和传递部分，轮胎性能对汽车行驶性能有很大影响，其结构如图7-22所示，主要由胎冠、胎肩、胎侧、胎体和胎圈等部分组成。

汽车上一般采用充气轮胎。按其结构可分为有内胎和无内胎两种。

1）有内胎的充气轮胎主要由外胎、内胎、垫带组成。内胎中充满压缩空气，外胎用来保护内胎不受损伤且具有一定弹性；垫带放在内胎下面，防止内胎与轮辋硬性接触受损伤。

2）无内胎的轮胎也叫真空轮胎，它在外观上与普通轮胎相似，所不同的是

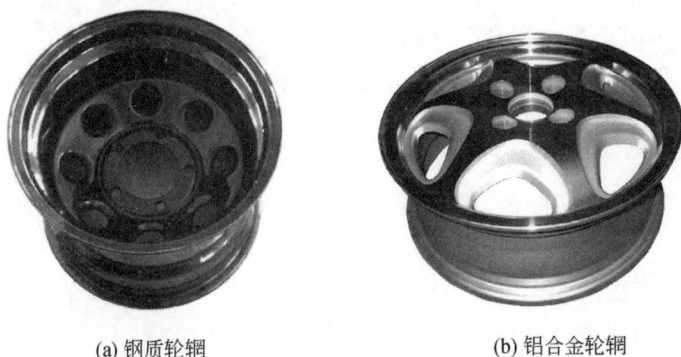

(a) 钢质轮辋   (b) 铝合金轮辋

图 7-21   车轮轮辋

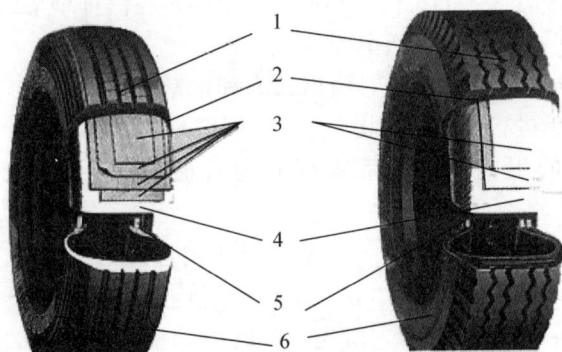

图 7-22   轮胎结构

1-胎冠；2-胎肩；3-带束层；4-胎体；5-胎圈；6-胎侧

无内胎轮胎的外胎内壁上附加了一层厚约 2～3mm 的专门用来封气的橡胶密封层，它是用硫化的方法黏附上去的，密封层正对着的胎面下面，贴着一层未硫化橡胶的特殊混合物制成的自黏层。当轮胎穿孔时，自黏层能自行将刺穿的孔黏合，压力不会急剧下降，有利于安全行驶。无内胎轮胎不存在内外胎之间的磨损和卡住，它的气密性好，可直接通过轮辋散热，温升低，使用寿命长，结构简单，重量轻。其缺点是修理比较困难。

另外按照汽车轮胎帘线排列角度的不同，还可以分为普通斜交轮胎和子午线轮胎。

1）普通斜交轮胎。它的特点是帘布层和缓冲层各相邻层帘线交叉排列，各帘布层与胎冠中心线成 35°～40° 的交角。

2）子午线轮胎。轮胎的胎体帘布层与胎面中心线呈 90° 或接近 90° 的交角排列，帘线分布如地球的子午线，因而称为子午线轮胎。子午线轮胎帘线强度得到充分利用，它的帘布层数小于普通斜交轮胎帘布层数，使轮胎重量可以减轻，胎体较柔软。子午线轮胎采用了与胎面中心线夹角较小（10°～20°）的多层缓冲层，用强力较高、伸张力小的结构帘布或钢丝帘布制造，可以承担行驶时产生的较大切向力。带束层紧紧镶在胎体上，极大地提高了胎面的刚性、驱动性及耐磨性。

（3）转向系统

汽车转向系统的作用主要是根据行驶需要，改变或恢复汽车行驶方向。汽车转向系统一般组成如下。

1）转向操纵机构，主要由转向盘、转向轴、转向管柱等组成。

2）转向器，将转向盘的转动变为转向摇臂的摆动或齿条轴的直线往复运动，并对转向操纵力进行放大的机构。转向器一般固定在汽车车架或车身上，转向操纵力通过转向器后一般还会改变转动方向。

3）转向传动机构，将转向器输出的力和运动传给车轮（转向节），并使左右车轮按一定关系进行偏转的机构。

按转向能源的不同，转向系统可分为机械转向系统和助力转向系统两大类。

图7-23为机械式转向系统。驾驶员对转向盘施加的转向力矩通过转向轴输入转向器。经转向器减速增矩后，动力传到转向直拉杆，再传给固定于转向节上的转向节臂，使转向节和它所支撑的转向轮偏转，从而改变了汽车的行驶方向。

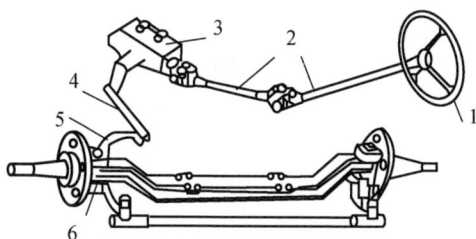

图7-23　机械转向系统
1-转向盘；2-转向轴；3-转向器；4-转向直拉杆；5-转向节臂；6-转向节

助力转向系统是兼用驾驶员体力和发动机（或电动机）的动力为转向能源的转向系统，它是在机械转向系统的基础上加设一套转向加力装置而形成的。目前助力转向系统主要有液压助力转向系统和电力助力转向系统两种。图7-24为液压助力转向系统的结构图。其中属于转向加力装置的部件是转向油泵5、转向油管 4、转向油罐 6 以及位于整体式转向器 10 内部的转向控制阀及转向动力缸等。

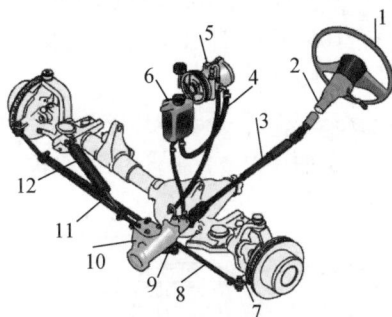

图 7-24　液压助力转向系统

1-方向盘；2-转向轴；3-转向中间轴；4-转向油管；5-转向油泵；6-转向油罐；

7-转向节臂；8-转向横拉杆；9-转向摇臂；10-整体式转向器；11-转向直拉杆；12-转向减震器

（4）制动系统

汽车制动系统是保证汽车安全行驶的重要总成部件。它的作用主要有三个：第一，使行驶中的汽车按照驾驶员的要求进行强制减速甚至停车；第二，使汽车下坡时保持稳定的车速；第三，能使汽车在各种道路条件下（包括在坡道上）稳定驻车。为了保证汽车在各种工况下都安全可靠，目前汽车上常用的制动系统有行车制动系统、驻车制动系统和辅助制动系统。

行车制动系统一般由制动器和制动驱动机构组成。其主要有盘式制动器和鼓式制动器两种。盘式制动器的结构如图 7-25 所示，主要由制动钳、制动盘和制动摩擦片等组成。鼓式制动器的结构如图 7-26 所示，主要由制动鼓、制动蹄片、制动间隙调整机构等组成。

图 7-25　盘式制动器结构

图 7-26　鼓式制动器结构

汽车车身按结构形式不同一般可分为非承载式车身和承载式车身两种。

非承载式车身的汽车有刚性车架，车身本体悬置于车架上，用弹元件连接。车架的振动通过弹性元件传到车身上，大部分振动被减弱或消除，发生碰撞时车架能吸收大部分冲击力，在坏路行驶时对车身起到保护作用，因此车厢变形小，平稳性和安全性好，而且厢内噪音低。

但这种非承载式车身比较笨重，质量大，汽车质心高，高速行驶稳定性较差。常见的几种非承载式车身如图 7-27 所示。非承载式车身在货车、客车和越野车上使用比较普遍。

图 7-27 非承载式车身

承载式车身的汽车没有刚性车架，只是加强了车头、侧围、车尾、底板等部位，车身和底架共同组成了车身本体的刚性空间结构。这种承载式车身除了其固有的乘载功能外，还要直接承受各种负荷。这种形式的车身具有较大的抗弯曲和抗扭转的刚度，且质量小、高度低、装配简单、高速行驶稳定性好。但由于道路负载会通过悬架装置直接传给车身本体，因此噪音和振动较大。常见的承载式车身如图 7-28 所示。承载式车身一般用在轿车上，现在某些客车也采用这种形式。

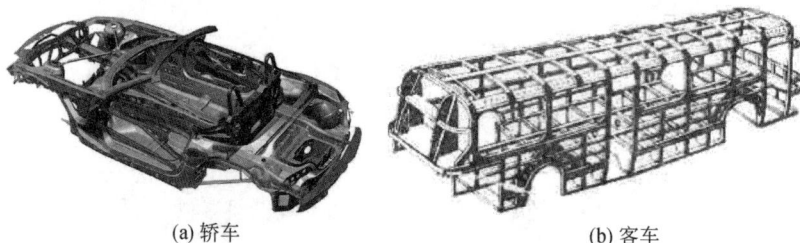

(a) 轿车　　　　　　　　　　(b) 客车

图 7-28 承载式车身

虽然报废汽车车型不同，但其基本结构是相同的，在拆解方法上也具有很多共同点。一般而言，在拆装过程中，要遵循以下拆解原则。

1）注意观察，当心安全。在拆解作业过程中，安全第一，时时刻刻要观察拆解各工位上的情况，防止因不当操作和意外事件导致安全事故。

2）先易后难，科学安排。在拆解过程中要先拆容易拆的零部件，比较难拆的应该等一等，在拆解工位的安排上一定要科学合理，加快作业的进度和场地的使用率。

3）合理使用工具，有序拆解。在拆解过程中，需要用到很多种拆解工具，在工具的选择上要合理有效，有效的工具可以大大提高作业的效率。拆解顺序要合理科学，要根据不同零部件之间的转配关系来确定其拆解先后顺序。同时在拆解过程中，各种卸下拆解件要合理分类，有序摆放。

本节以桑塔纳 2000 型轿车为例讲解汽车底盘系统拆解工艺。桑塔纳 2000 型轿车是前轮驱动轿车，其转动系统中的离合器、变速器、主减速器、差速器及转动轴均布置在前桥附近，且变速器、主减速器、差速器安装在一个外壳之内，结构布置紧密，如图 7-29 所示。后桥结构比较简单，如图 7-30 所示。

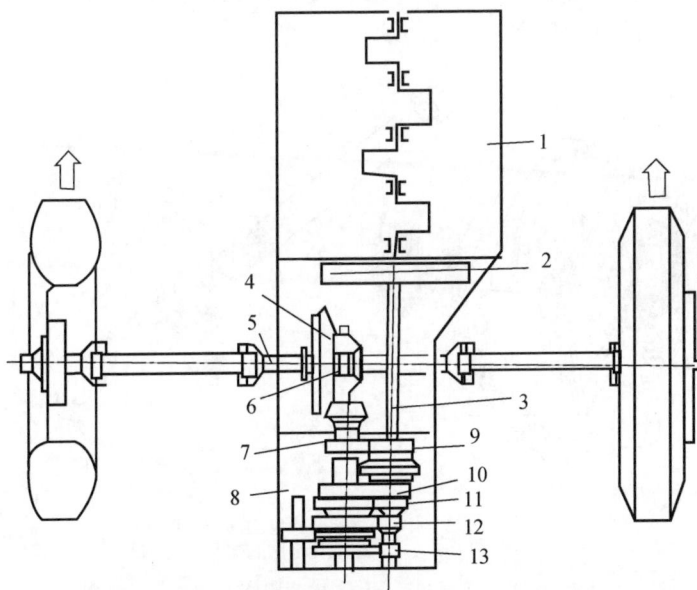

图 7-29　桑塔纳 2000 型轿车前桥结构图

1-发动机；2-离合器；3-变速器输入轴；4-主减速器；5-转动轴；6-差速器；7-变速器输出轴；8-变速器；
9-4 挡齿轮；10-3 挡齿轮；11-2 挡齿轮；12-倒挡齿轮；13-1 挡齿轮

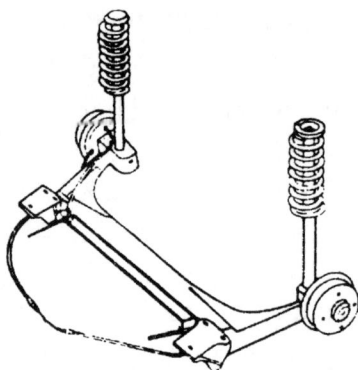

图 7-30　桑塔纳 2000 型轿车后桥结构图

7.1.1　离合器拆解

桑塔纳 2000 型轿车离合器采用单片、干式、膜片弹簧离合器。如图 7-31 所示，它主要由离合器盖、压盘、离合器从动盘、膜片弹簧、分离轴承、分离套筒、分离叉轴、离合器拉索等零件组成。

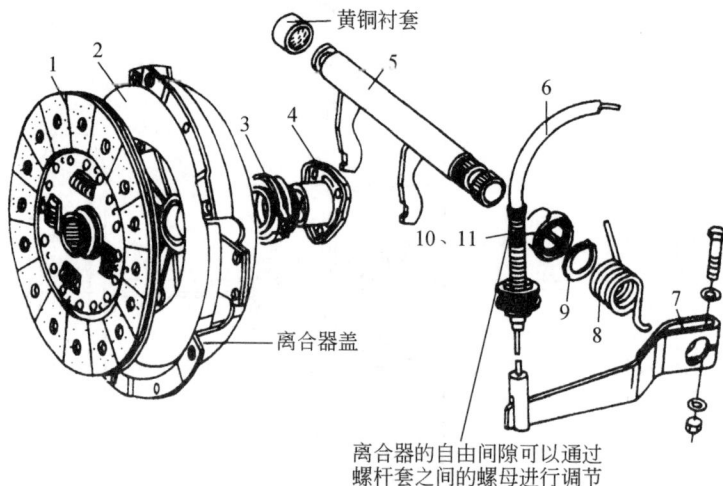

图 7-31　离合器结构图

1-离合器从动盘；2-膜片弹簧与压盘；3-分离轴承；4-分离套筒；5-分离叉轴；6-离合器拉索；
7-分离叉轴传动杆；8-回位弹簧；9-卡簧；10-橡胶防尘套；11-轴承衬套

桑塔纳 2000 型轿车的离合器操纵机构采用机械拉索式分离装置，机械拉索式分离装置主要由分离轴承、分离轴、分离轴传动杆、离合器拉索踏板等零部件组成，如图 7-32 所示。踩下离合器踏板时，踏板上端拉动离合器拉索，使分离轴承传动杆顺时针转动，同时带动分离轴顺时针转动，使分离拨叉推动分离轴承，压迫膜片弹簧与离合器分离。

离合器拆卸步骤如下。

1）首先拆下变速器。

2）将飞轮固定，然后逐渐将离合器压盘的固定螺栓对角拧松，取下离合器盖及压盘总成，并取下离合器从动盘。

3）按图 7-32～图 7-34 所示的顺序分解离合器各部件。离合器压盘和从动盘的分离，如图 7-34 所示。

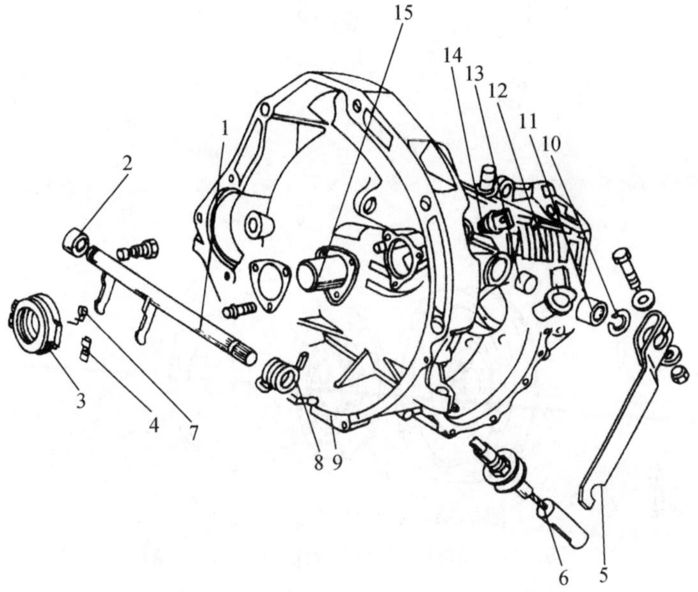

图 7-32　离合器分离装置

1-分离轴；2-轴承衬套；3-分离轴承；4-夹子；5-分离轴传动杆；6-离合器拉索；

7-支承弹簧；8-回位弹簧；9-变速箱罩壳；10-挡圈；11-橡皮防尘套；12-轴承衬套；

13-轴承；14-上止点信号发生器测试孔塞子；15-导向套筒

7.1.2　变速器拆解

7.1.2.1　汽车手动变速器拆解

桑塔纳 2000 系列轿车采用五挡手动变速器，由传动机构、操纵机构、变速

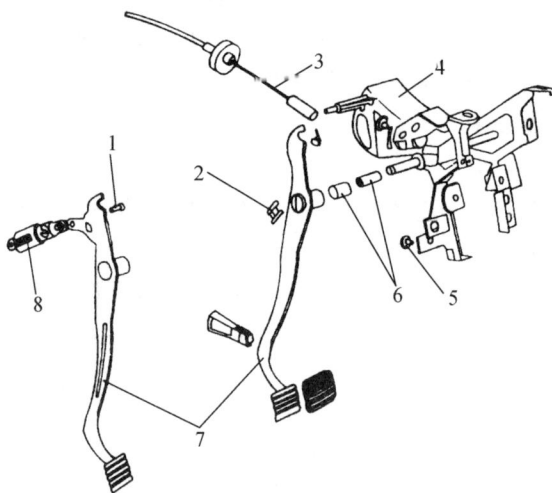

图 7-33　离合器踏板装置分解图

1-连接销；2-保险装置；3-离合器拉索；4-踏板支架；5-限位块；6-轴承衬套；7-离合器踏板；8-助力弹簧

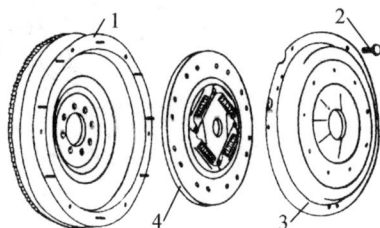

图 7-34　离合器压盘和从动盘

1-飞轮；2-六角螺栓或圆柱头螺栓；3-压盘；4-从动盘

器壳体等组成，其结构紧凑、噪声低、操作灵活可靠。该变速器的五个前进挡均装有锁环式惯性同步器，换挡轻便，所有挡位都有防跳挡措施。桑塔纳 2000 系列轿车五挡手动变速器的结构如图 7-35 所示。

变速器总成拆卸步骤如下。

1）拆下离合器拉索，如图 7-36 所示。

2）升起汽车。将传动轴（半轴）从变速器上拆下来并支撑好，如图 7-37 所示。

3）旋松变速操纵机构的内换挡杆螺栓，如图 7-38 所示。

4）压出支撑杆球头并将内换挡杆与离合块分离，如图 7-39 所示。

5）拆下倒挡灯开关的接头。

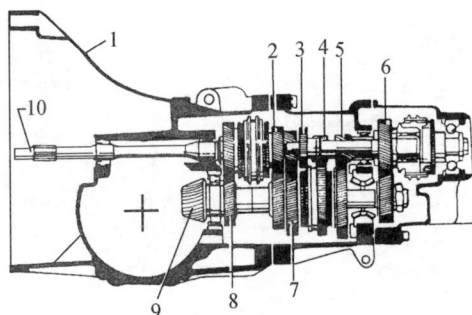

图 7-35　桑塔纳 2000 系列轿车五挡手动变速器结构

1-变速器壳体；2-输入轴三挡齿轮；3-倒挡齿轮；4-倒挡轴；

5-输入轴一挡齿轮；6-输入轴五挡齿轮；7-输出轴二挡齿轮；

8-输出轴四挡齿轮；9-输出轴；10-输入轴

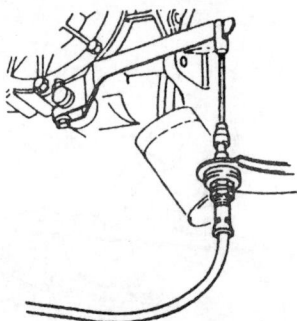

图 7-36　拆下离合器拉索

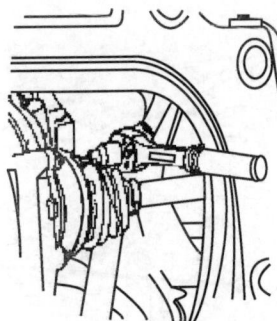

图 7-37　拆卸传动轴

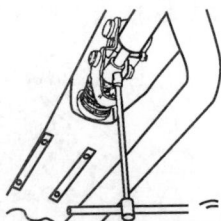

图 7-38　旋松内换挡杆螺栓

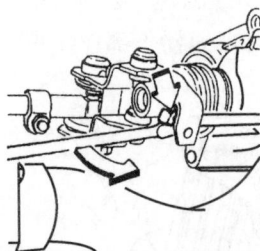

图 7-39　压出支撑杆球头

6）拆下车速里程表软轴，如图 7-40 所示。

7）卸下离合器盖板，如图 7-41 所示。

8）拆下排气管。必要时将化油器上的滤清器取下，有利于拆下排气管的螺母。

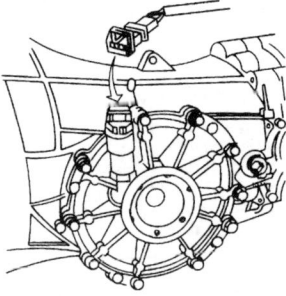

图 7-40　拆下车速里程表软轴

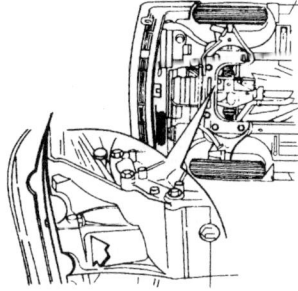

图 7-41　拆下离合器盖板

9）放下汽车并将发动机固定好，拆下发动机与变速器上部连接螺栓。如图 7-42 所示。

10）升起汽车。拆下起动机的紧固螺栓。

拆下发动机中间支架，如图 7-43 所示。

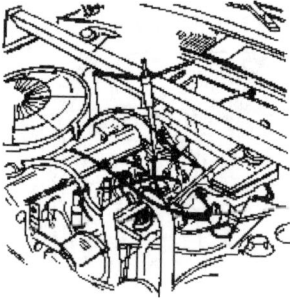

图 7-42　固定发动机

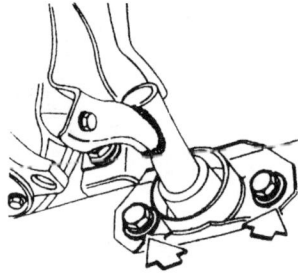

图 7-43　拆下发动机中间支架

拆下螺栓 1，并旋松螺栓 2，如图 7-44 所示。拆下变速器减震垫和减震垫前支架。拆下发动机与变速器下部连接螺栓，如图 7-45 所示，拆下变速器。

图 7-44　拆下螺栓

1、2-螺栓

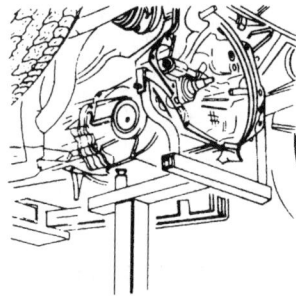

图 7-45　拆下变速器与发动机下部连接螺栓

7.1.2.2 汽车自动变速器拆解工艺

不同车型的变速器，其自身结构形式也有所区别，但也有许多共同或相近之处，凌志 LS400 轿车 A341E 自动变速器结构如图 7-46 和图 7-47 所示，其拆解步骤如下。

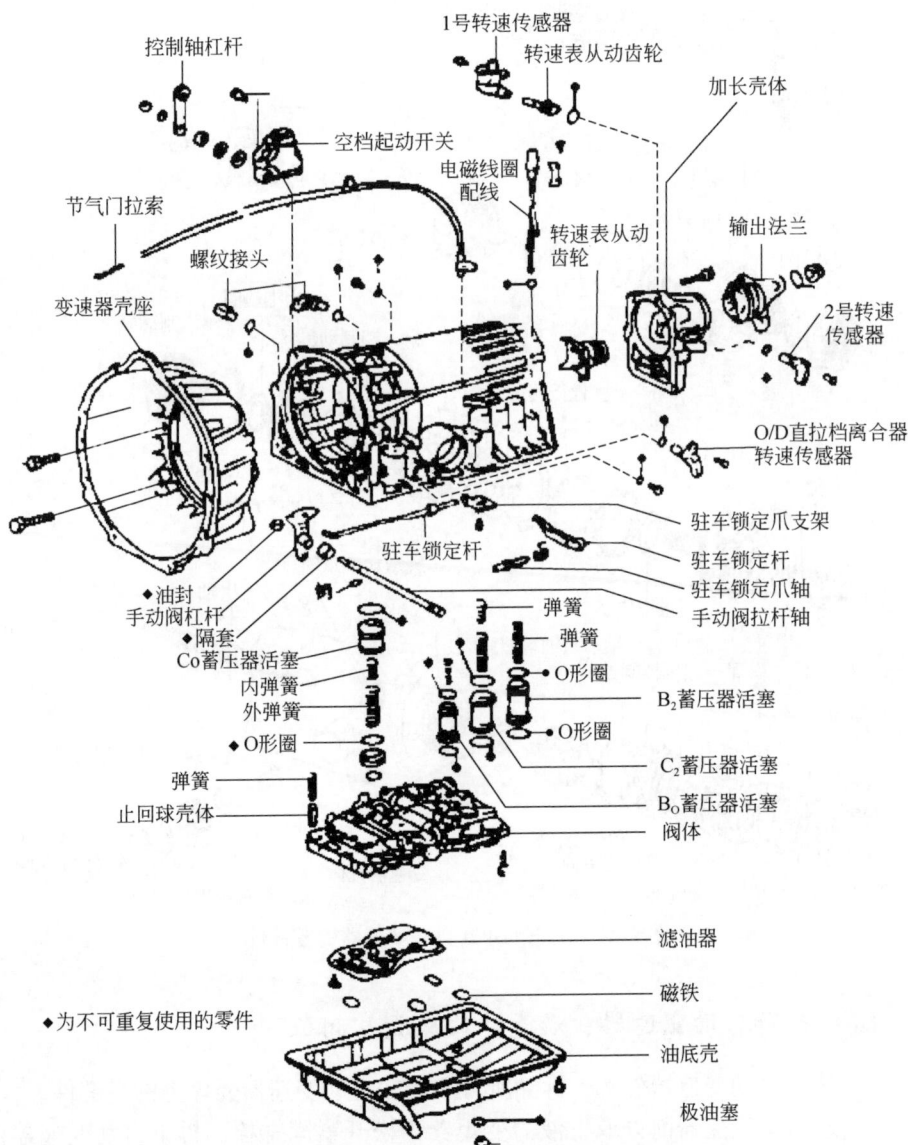

图 7-46 凌志 LS400 自动变速器的零部件

O/D行星齿轮
直接档离合器和单向离合器　　　　　　　O/D制动单元　轴承圈
弹性挡圈　　　　　　　　　　　　　　　　　　　　轴承

轴承　　　　　轴承圈

轴承圈
◆O形圈

油泵　　　　　　　　　　　　　　　　　第二档跟踪
惯性制动圈　　　前行星齿圈　轴承圈　弹性挡圈
轴承圈

前进档离合器　　轴承圈　　轴承圈
止推垫圈　　止推垫圈
O/D支架　　直接档离合器　　　　　　　　轴承　轴承

轴承　轴承圈
O/D行星齿轮　　　　　　　　　　　　　销

轴承　　E形圈　　止推垫圈
轴承圈　　　　第二档制动单元　　第二制动鼓

弹性挡圈　　活塞衬套
太阳内轮　　　　　　　　　　　　　弹性挡圈
前行星齿轮　　　　　　　　　　　　1号单向离合器
轴承圈

轴承　　止推垫圈　　　轴承和轴承圈总成
后行星齿圈　　输出轴
轴承和轴承圈总成
第一和倒档制动单元

制动鼓密封垫

弹簧　　弹性挡圈
后行星齿轮和2号　　　　　　　　第二档跟踪惯性制动器盖
单向离合器　　变速器壳体　第二档跟踪惯性制动器活塞
◆为不可重复使用的零件

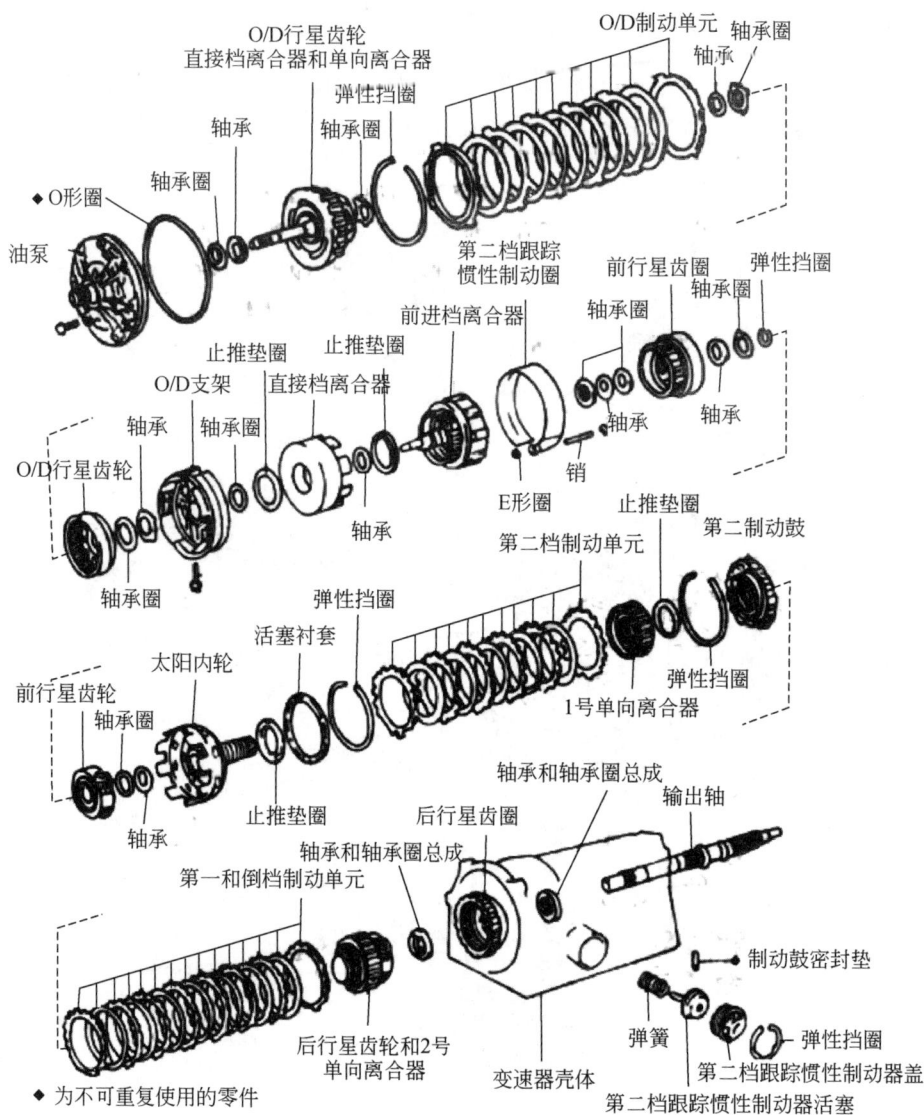

图 7-47　凌志 LS400 自动变速器的零部件

（1）拆解自动变速器、后壳体油底壳及阀板

1）清洁自动变速器外部，拆除所有安装在自动变速器壳体上的零部件。

2）从自动变速器前方取下液力变矩器，松开紧固螺栓，拆下自动变速器前端的液力变矩器壳，拆除输出轴凸缘和自动变速器后端壳，从输出轴上拆下车速传感器的感应转子。

3）拆下油底壳，取下油底壳连接螺栓后，用专用工具的刃部插入变速器与油底壳之间，切开所涂密封胶。

4）拆下连接在阀板上的所有线束插头。拆下电磁阀。拆下与节气门阀连接的节气门拉索，用旋具把液压油管撬起取下。松开进油滤网与阀板之间的固定螺栓，从阀板上拆下进油滤清器。

5）拆下阀板与自动变速器壳体之间的连接螺栓，取下阀板总成，取出自动变速器壳体油道中的止回阀、弹簧和蓄压器活塞，拆下手控阀拉杆和停车闭锁爪。

（2）拆解油泵总成

如图 7-48 所示，拆下油泵固定螺栓，用专用工具拉出油泵总成。

（3）拆解行星齿轮变速器

1）从自动变速器前方取出超速行星架、超速（直接）离合器组件及超速齿圈。

2）拆解超速制动器，用旋具拆下超速制动器卡环，取出超速制动器钢片和摩擦片。拆下超速制动器鼓的卡环，松开壳体上的固定螺栓，用拉具拉出超速制动器鼓。

3）拆解 2 挡强制制动带活塞，从外壳上拆下 2 挡制动带液压缸缸盖卡环，用手指按住液压缸缸盖，从液压缸进油孔吹入压缩空气，吹出液压缸缸盖和活塞。

4）取出中间轴，拆下高、倒挡离合器和前进挡离合器组件。如图 7-49 所示，拆出 2 挡跟踪惯性制动圈销轴，取出制动圈；拆出前行星排，取出前齿圈；将自动变速器立起，用木块垫住输出轴，拆下前行星架上的卡环；拆下前行星架和行星齿轮组件，取出前后太阳轮组件和低挡单向离合器；拆卸 2 挡制动带，拆下卡环，取出 2 挡制动器的所有摩擦片、钢片及活塞衬套。

5）拆卸输出轴、后行星排和低、倒挡制动器组件。拆下卡环，取出输出轴、后行星排，前进挡单向离合器，低、倒挡制动器和 2 挡制动鼓组件。

7.1.3 万向传动装置及传动轴拆解

桑塔纳轿车传动轴为空心传动轴，其两端采用了两种不同型号的球笼式等速万向节，万向节通过花键轴与前轮连接。万向传动装置及传动轴拆解过程如下。

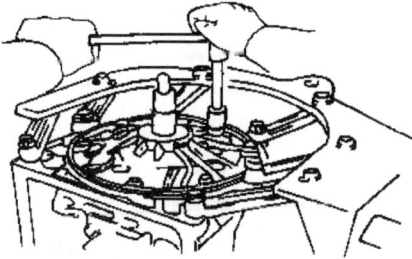

图 7-48　拆卸油泵

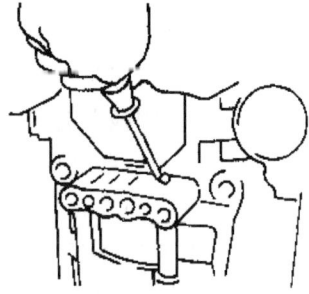

图 7-49　拆卸第二挡跟踪惯性制动圈

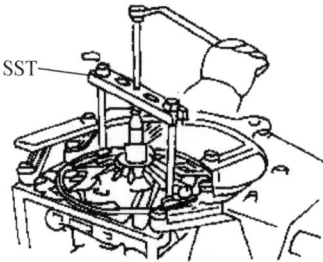

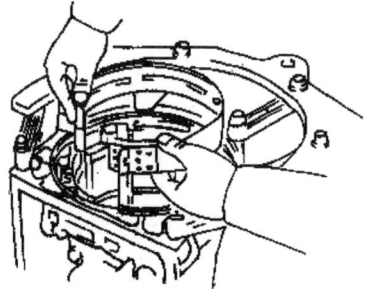

1）车轮着地时，取下车轮装饰罩，旋下轮毂与传动轴的紧固螺母，如图 7-50 所示。

2）卸下垫圈。旋松车轮紧固螺母，用双立柱式举升机举起汽车，拆下车轮。

3）旋下制动钳紧固螺栓，旋下制动盘。

4）取下制动软管支架，并用铁丝将制动钳固定在车身上，如图 7-51 上部箭头所示；拆下球形接头紧固螺栓，如图 7-51 下部箭头所示。

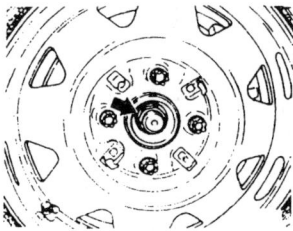

图 7-50　拆下轮毂与传动轴紧固螺母

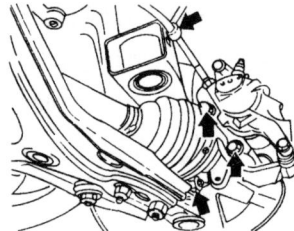

图 7-51　旋下制动钳紧固螺栓

5）用专用工具压下横拉杆接头，如图 7-52 所示。

6）旋下稳定杆的紧固螺栓，如图 7-53 所示。

7）向下掀压下臂，从车轮轴承壳内拉出传动轴。然后从变速器输出轴花键槽内拉出半轴和万向传动装置，传动轴结构如图 7-54 所示。

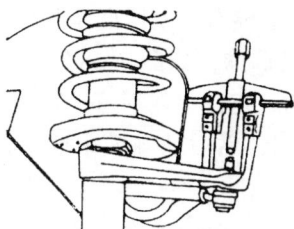

图 7-52　压出横拉杆接头

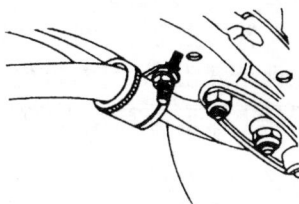

图 7-53　拆卸稳定杆

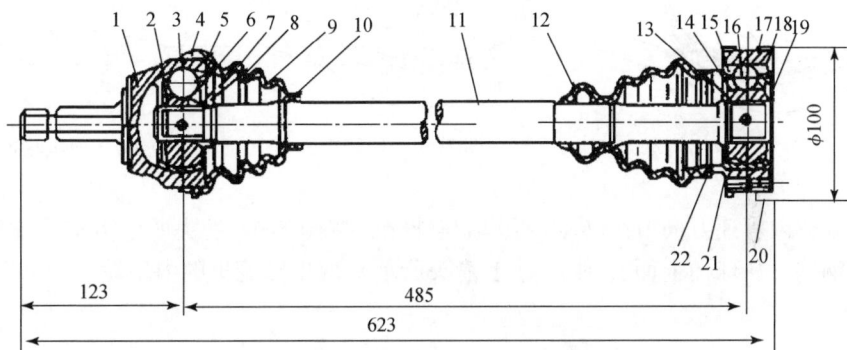

图 7-54　传动轴结构图

1-RF 外星轮；2、19-卡簧；3-钢球；4、10、22-夹箍；5-RF 节球笼；6-RF 内星轮；7-中间挡圈；8-碟形弹簧；9-橡胶护套；11-花键轴；12-橡胶护套；13-碟形弹簧；14-VL 节内星轮；15-VL 节球笼；16-钢球；17-VL 节外星轮；18-密封垫片；19-卡簧；20-塑料护罩；21-VL 节护盖

8）用钢锯将等速万向联轴器金属环锯开，拆卸防尘罩。

9）用一把轻金属锤子用力从传动轴上敲下万向节外圈，如图 7-55 所示。

10）拆卸弹簧锁环，如图 7-56 所示。压出万向节内圈，如图 7-57 所示。

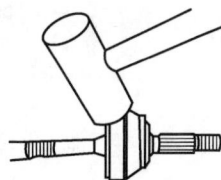

图 7-55　拆卸万向节外圈图

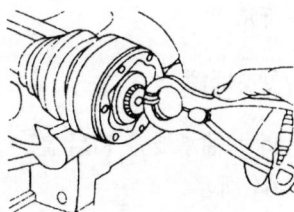

图 7-56　拆卸弹簧锁环

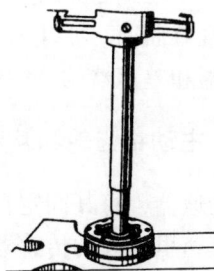

图 7-57　压出万向节内圈

分解外等速万向节。拆散之前用电蚀笔或油石在钢球球笼和外星轮上标出内星轮的位置。旋转内星轮与球笼，依次取出钢球，如图 7-58 所示。用力转动钢球笼直至剩余两个方孔，如图 7-59 箭头所指，与外星轮对齐，连外星轮一起拆下球笼。把内星轮上扇形齿旋入球笼的方孔内，然后从球笼中取下内星轮，如图7-60所示。

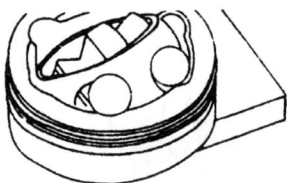

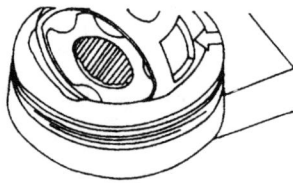

图 7-58　取出钢球　　　　　图 7-59　球笼拆卸　　　　　图 7-60　内星轮拆卸

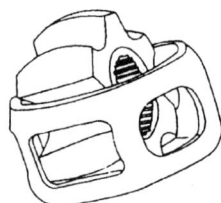

分解内等速万向节。转动内星轮与球笼，按图 7-61 箭头所示方向压出球笼里的钢球。从球槽上面（图 7-62 上箭头所示）取出球笼里的内星轮。

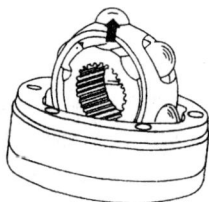

图 7-61　取出钢球　　　　图 7-62　取出内星轮

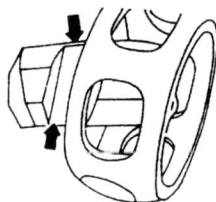

7.1.4　主减速器和差速器拆解

桑塔纳 2000 系列轿车变速器为两轴式，其输出轴上的锥齿轮即为主减速器的主动锥齿轮，桑塔纳 2000 系列轿车主减速器为单级式，主减速齿轮是一对锥齿轮，齿面为准双曲面。差速器为行星齿轮式，车速表驱动齿轮安装于差速器壳体上。主减速器和差速器的分解如图 7-63 所示。

7.1.4.1　主动锥齿轮和从动锥齿轮总成拆解

1）拆卸变速器，将其固定在支架上。拆下轴承支座和后盖。

2）取下车速里程表的传感器，如图 7-64 所示。

3）锁住传动轴（半轴），拆卸紧固螺栓，取下传动轴，如图 7-65 所示。

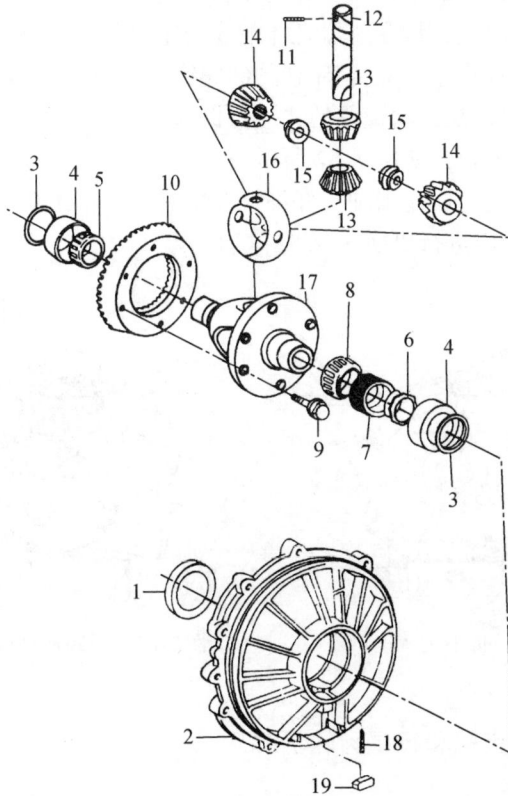

图 7-63　主减速器和差速器分解图

1-密封圈；2-主减速器盖；3-从动锥齿轮的调整垫片（S1 和 S2）；4-轴承外圈；
5-差速器轴承；6-锁紧套筒；7-车速表主动齿轮；8-差速器轴承；9-螺栓；10-从动
锥齿轮；11-夹紧销；12-行星齿轮轴；13-行星齿轮；14-半轴齿轮；15-螺纹管；
16-复合式止推垫片；17-差速器壳；18-磁铁固定销；19-磁铁

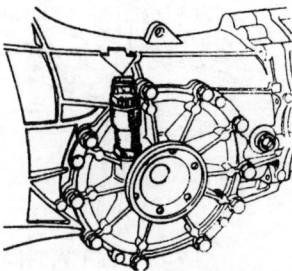

图 7-64　取下车速里程表传感器

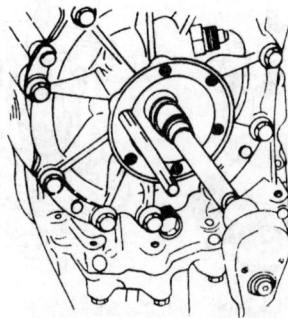

图 7-65　拆卸紧固螺栓

4）取下车速里程表的主动齿轮导向器和齿轮。

5）拆下主减速器盖，从变速器壳体上取下差速器。如图 7-66 所示。

6）用铝质的夹具将差速器壳固定在台虎钳上，拆下从动齿轮的紧固螺栓。从动锥齿轮的紧固螺栓是自动锁紧的，一经拆卸就必须更换。

7）取下从动锥齿轮，如图 7-67 所示。

8）拆下并分解变速器输出轴。仔细检查所有零件，尤其是同步器环和齿轮，对于损坏和磨损的，应进行更换。

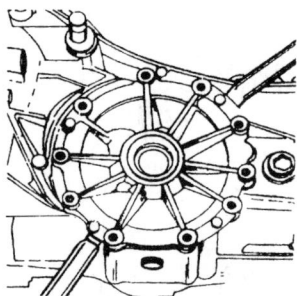

图 7-66　拆下主减速器盖　　　　图 7-67　拆卸从动锥齿轮

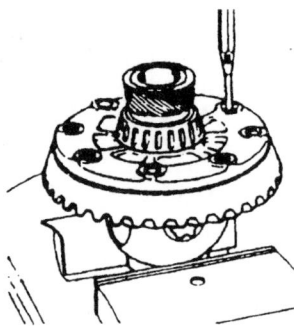

7.1.4.2　半轴齿轮和行星齿轮拆解

1）拆下差速器。

2）拆下差速器两边的轴承，同时取下车速表主动齿轮和锁紧套筒，如图 7-68所示。

3）拆下变速器侧面的密封圈，如图 7-69 所示。

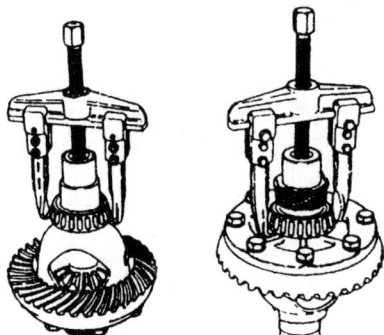

图 7-68　拆下差速器轴承　　　　图 7-69　拆下密封圈

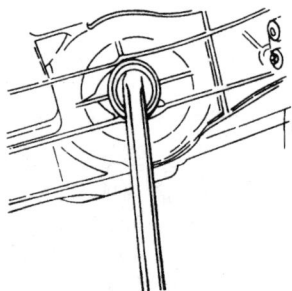

4）从主减速器盖上拆下差速器轴承的外圈和调整垫片，如图 7-70 所示。

5）从变速器壳体上拆下差速器轴承的外圈和调整垫片。

6）拆下行星齿轮轴的夹紧套筒，如图 7-71 所示。

7）取下行星齿轮轴，再取下行星齿轮和半轴齿轮。

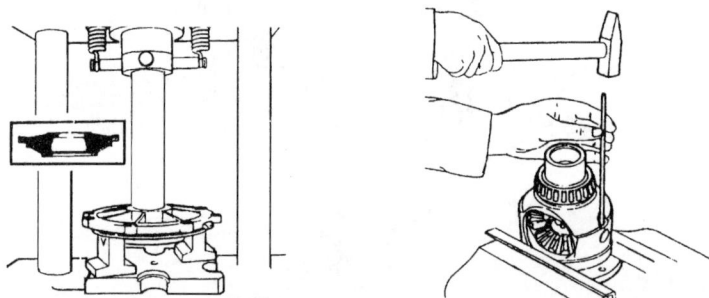

图 7-70　拆下差速器轴承外圈和调整垫片　图 7-71　拆下行星齿轮轴的夹紧套筒

7.2　汽车转向系统拆解工艺

汽车转向系统由转向操纵机构、转向器及转向传动装置等组成，在车速较大的轿车及载重量较大的大型货车中，光靠转向器提供的有限转动比往往满足不了转向轻便和灵敏的要求。因此，在某些车型中广泛应用了转向助力装置，即动力转向装置。桑塔纳 2000 型轿车的动力转向是在原机械式齿轮齿条转向器基础上增加了储油罐、液压泵、控制阀及动力缸。转向器和动力缸、控制阀组合成一体，故称为整体式动力转向器。其结构如图 7-72 和图 7-73 所示。

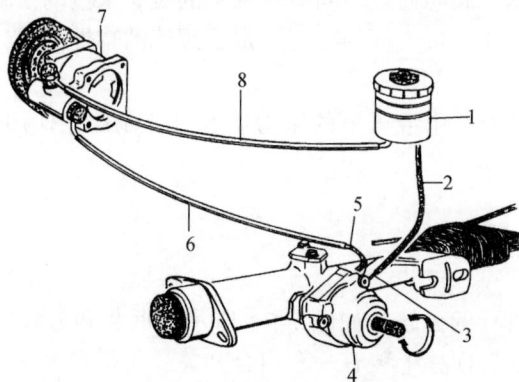

图 7-72　动力转向器及管路布置

1-储油罐；2-动力转向器出油软管；3-动力转向器出油硬管；4-动力转向器；5-动力
转向器进油硬管；6-动力转向器进油软管；7-叶片式油泵；8-进油软管

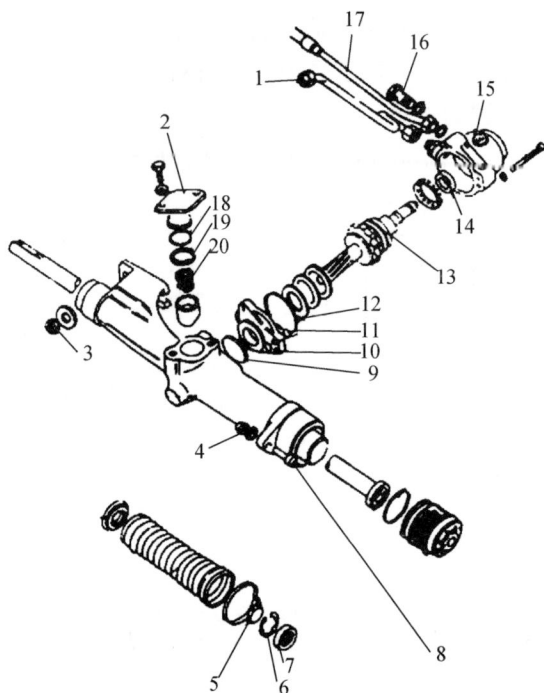

图 7-73 液压动力转向机构的分解与检修

1-油管；2-压盖；3-自锁螺母；4-自锁螺母；5-更换齿形环；6-挡圈；7-齿条密封罩；
8-圆柱内六角螺栓；9-圆绳环；10-中间盖；11、12、18-圆绳环；13-转向机构主动齿
轮；14-密封圈；15-阀门罩壳；16-管接头螺栓；17-回油管；19-补偿垫片；20-压簧

控制阀为常流转式，上部的阀体为滑阀结构，阀体与小齿轮设计加工为一体。阀芯上有控制槽，阀芯通过转向齿轮轴上的拨叉来拨动。转向齿轮轴用销钉与阀中弹性扭力杆相连，扭力杆的刚度决定了阀体的特性曲线，同时起到阀体的中心定位作用。

发动机驱动液压泵，由液压泵的压力油通过控制阀，作用于转向器的齿轮、齿条上来实现转向。

7.2.1 转向柱拆卸

方向盘与转向管柱的分解，如图 7-74 所示，拆装和分解方向盘与转向管柱时可参照此图进行。转向柱上装有一套组合开关，包括点火开关、前风窗刮水及清洗开关、转向灯开关及远近光变光开关，因此在拆卸前必须将蓄电池电源线断开，转向指示灯开关放在中间位置，并将车轮处在直线行驶位置，然后按下列拆卸步骤进行。

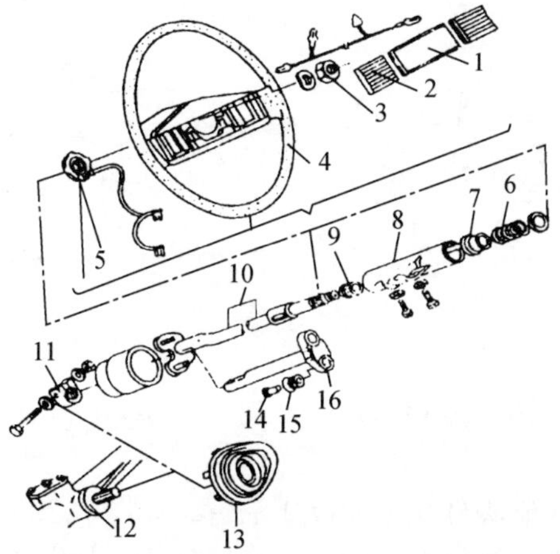

图 7-74　方向盘与转向管柱分解图

1-方向盘盖板；2-喇叭按钮盖板；3-方向盘与转向柱紧固螺母 M16；4-方向盘；5-接触环；6-压缩弹簧；7-连接圈；8-转向柱套管；9-轴承；10-转向柱上段；11-夹箍；12-动力转向器；13-转向柱防尘橡胶圈；14-转向减震尼龙销；15-转向减震橡胶圈；16-转向柱下段

1）向下按橡皮边缘，撬出盖板。

2）取下喇叭盖，拆卸喇叭按钮及有关接线。

3）拆下转向盘紧固螺母，用拉器将转向盘取下。

4）拆下组合开关上的三个平口螺栓，取下开关。

5）拆下阻风门控制把手手柄上的销子，然后旋下手柄、环形螺母，取下开关。

6）拆下转向柱套管的两个螺钉，拆下套管。

7）将转向柱上段往下压，使上段端部法兰上的两个驱动销脱离转向柱下端，取出转向柱上段。

8）取下转向柱橡胶圈，松开夹紧箍的紧固螺栓，拆下转向柱下端。

9）用水泵钳旋转卸下弹簧垫圈，卸下左边的内六角螺栓，旋出右边的开口螺栓，拆下转向盘锁套。

7.2.2　动力转向器拆卸

动力转向器的拆卸步骤如下。

1）吊起车辆，排放转向液压油。

2）拆下固定横拉杆的螺母，如图 7-75 所示。

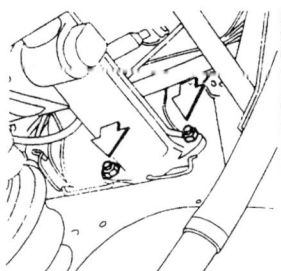

3）拆卸左前轮罩处的转向器固定螺栓，如图 7-76 所示。

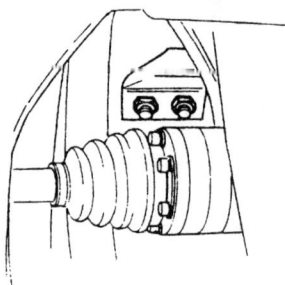

图 7-75　拆卸横拉杆固定螺母　　　图 7-76　拆卸左前轮罩处的转向器固定螺栓

4）松开在转向控制阀外壳上的高压油管，如图 7-77 所示。

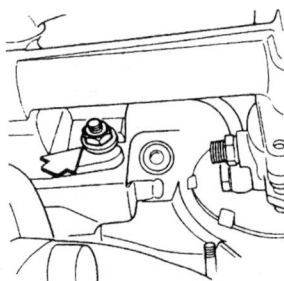

5）拆卸后横板上固定转向器的左边自锁螺母，如图 7-78 所示。

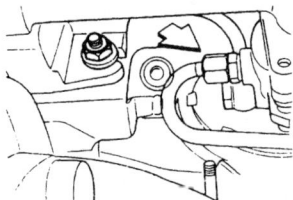

图 7-77　松开高压油管　　　图 7-78　拆卸后横板上固定转向器的左边自锁螺母

6）把车辆放下。拆卸紧固齿条与转向横拉杆的螺栓，如图 7-79 所示。

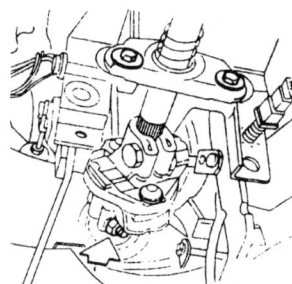

7）拆卸仪表板侧边下盖、通风管和踏板盖。

8）拆卸紧固转向小齿轮与下轴的螺栓，并使各轴分开，如图 7-80 所示。

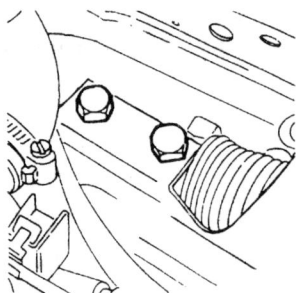

图 7-79　拆卸紧固齿条与转向横拉杆的螺栓　　图 7-80　拆卸紧固转向小齿轮与下轴的螺栓

9）拆卸防尘套。从汽车内部，拆卸固定转向控制阀外壳上回油软管的放油螺栓，如图7-81所示。

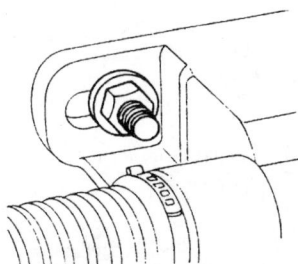

10）拆卸后横板上转向器的固定自锁螺母，如图7-82所示。

11）拆下转向器。

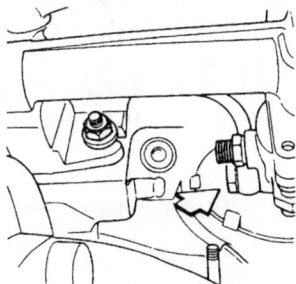

图 7-81　拆卸放油螺栓　　图 7-82　拆卸后横板上转向器的固定自锁螺母

7.2.3　转向油泵拆卸

1）吊起车辆。

2）拆卸油泵上回油软管的高压软管的泄放螺栓，排放液压油，如图7-83所示。

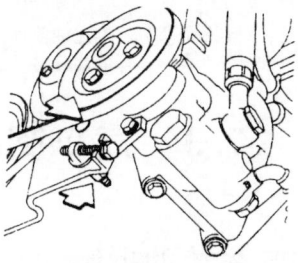

3）拆卸转向油泵前支架上的张紧螺栓，如图7-84所示。

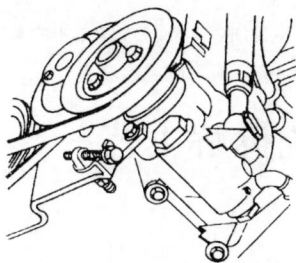

图 7-83　拆卸泄放螺栓　　图 7-84　拆卸转向油泵前支架上的张紧螺栓

4）拆卸转向油泵后支架上的固定螺栓，如图7-85所示。

5）松开转向油泵中心支架上的固定螺母和螺栓，如图7-86所示。

6）把转向油泵固定在台虎钳上，拆卸滑轮和中间支架。

松开储油罐安装支架螺栓和储油罐进油、回油软管夹箍，拆下储油罐，如图7-87所示。

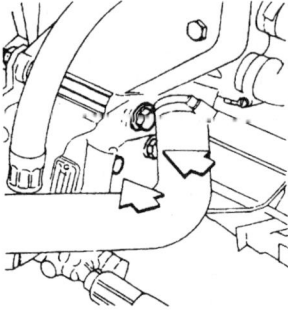

图 7-85　拆卸转向油泵后支架
上的固定螺栓

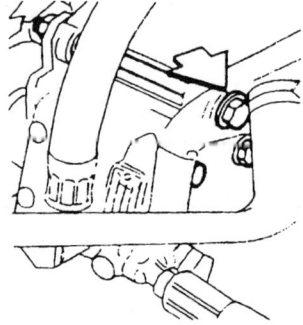

图 7-86　松开转向油泵中心支架上的
固定螺母和螺栓

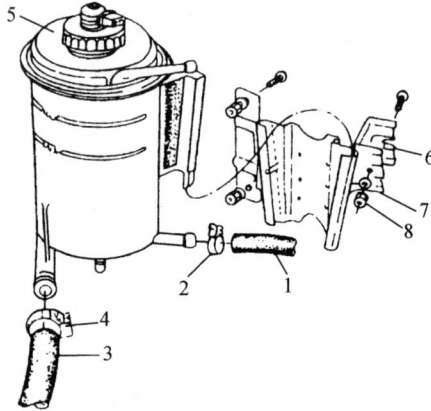

图 7-87　拆卸储油罐

1-回油软管；2.4-软管夹箍；3-进油软管；5-储油罐；6-储油罐支架；7-垫片；8-六角螺母

7.3　汽车制动系统拆解工艺

7.3.1　ABS 系统的拆卸

ABS 控制器各零部件之间的连接如图 7-88 所示。

7.3.1.1　ABS 控制器的拆卸

（1）ABS 控制器的拆卸

1）从 ABS 电子控制单元上拔下 25 端子线束插头。

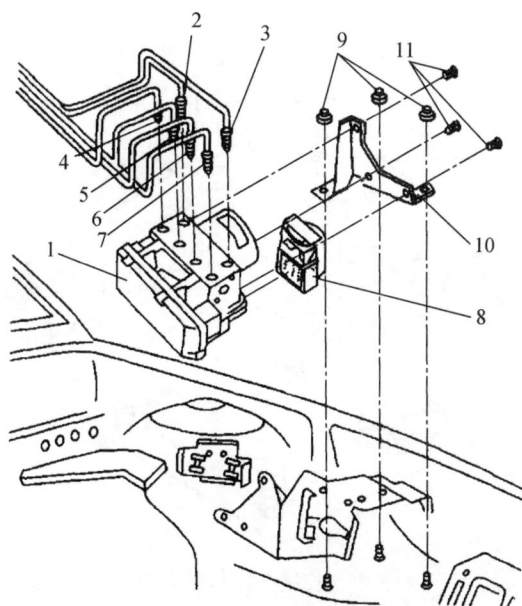

图 7-88　ABS 控制器各零部件之间的连接

1-ABS 控制器；2-与制动主缸后腔连接的制动油管与接头；3-与制动主缸前腔连接的制动油管与接头；4-与右前制动轮缸连接的制动油管与接头；5-与左后制动轮缸连接的制动油管与接头；6-与右后制动轮缸连接的制动油管与接头；7-与左前制动轮缸连接的制动油管与接头；8-ABS 控制器线束插头（25 个端子）；9-ABS 控制器支架紧固螺母；10-ABS 控制器支架；11-ABS 控制器安装螺栓

2）在 ABS 控制器下垫一块布。拆下连接制动主缸和控制器的油管 2 和 3，并做标记，拆下油管后立即用密封塞将接口堵住。把制动油管用绳索挂在高处，使油管接头处高于制动储液罐的油平面。

3）拆下控制器与各制动轮缸的制动油管，拆下油管后立即用密封塞将接口堵住。

4）把 ABS 控制器从支架上拆下来。

（2）ABS 控制器的分解

1）压下接头侧的锁止扣，拔下电子控制单元上液压泵电线插头。

2）用专用套筒扳手拆下 ABS 电子控制单元与压力调节器的连接螺栓，如图 7-89 所示。

3）将压力调节器与 ABS 电子控制单元分离。

7.3.1.2　前轮转速传感器的拆卸

前轮转速传感器和前轮轴承的分解如图 7-90 所示。

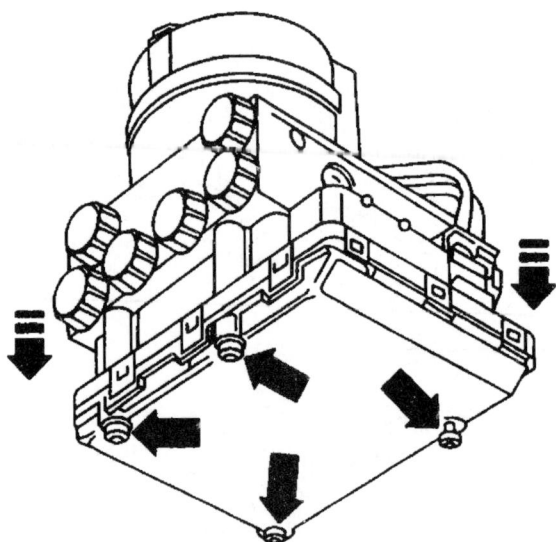

图 7-89　拆下 ABS 电子控制单元与压力调节器的连接螺栓

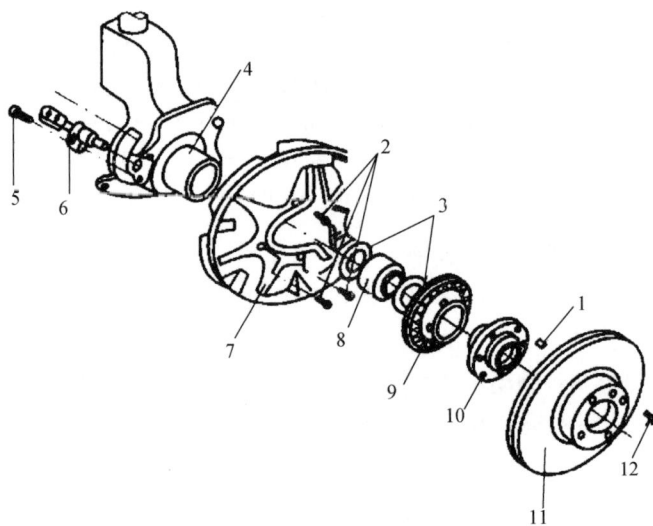

图 7-90　前轮转速传感器和前轮轴承分解图

1-固定齿圈螺钉套；2-前轮轴承弹性挡圈；3-防尘板紧固螺栓；4-前轮轴承壳；5-转
速传感器紧固螺栓；6-转速传感器；7-防尘板；8-前轮轴承；9-齿圈；10-轮毂；
11-制动盘；12-十字槽螺栓

前轮转速传感器的拆卸步骤如下。

1）拆卸前轮毂及齿圈。如图 7-91 所示。在前轮毂的中心放一块专用压块，再用拉具的两个活动臂先钩住前轮轴承壳的两边，转动顶尖，使拉具顶住专用压块，将前轮毂连同齿圈一起顶出，并拆下齿圈的十字槽，固定螺栓。

2）拆卸前轮转速传感器，如图 7-92 所示。先拔下传感器导线插头，再拧下内六角紧固螺栓，取下前轮转速传感器。

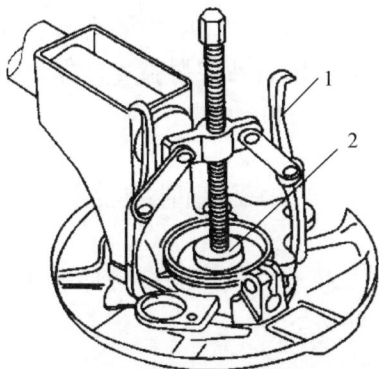

图 7-91　拆卸前轮毂及齿圈　　　　图 7-92　拆卸前轮转速传感器

1-拉具；2-专用压块

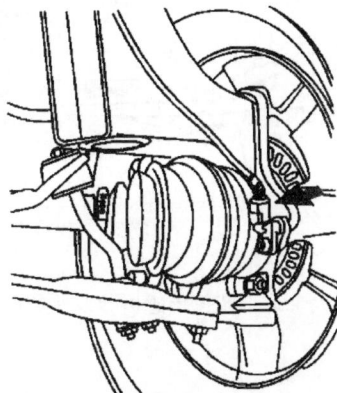

7.3.1.3　后轮转速传感器的拆卸步骤

后轮转速传感器和后轮轴承的分解如图 7-93 所示。

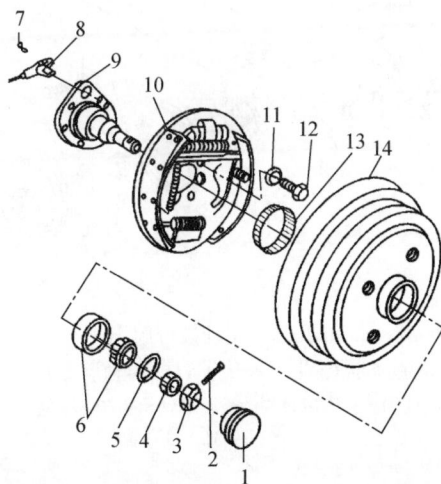

图 7-93　后轮转速传感器和后轮轴承分解图

1-轮毂盖；2-开口销；3-螺母防松罩；4-六角螺母；5-止推垫圈；6-锥轴承；7-内
六角螺栓；8-转速传感器；9-车轮支承短轴；10-后轮制动器总成；11-弹性垫圈；
12-六角螺栓；13-齿圈；14-制动鼓的连接插头

后轮转速传感器的拆卸

1）先翻起汽车后坐垫，拔下后轮转速传感器。

2）拧下传感器的内六角紧固螺栓，然后拆下后轮转速传感器。

3）按图7-94中箭头所示方向取下后梁上的转速传感器导线保护罩，拉出导线和导线插头。

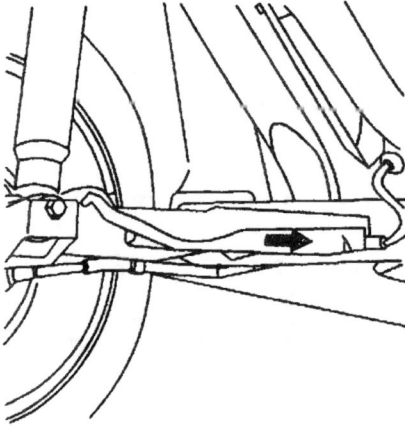

图7-94 取下转速传感器导线保护罩

7.3.2 鼓式制动器拆卸

鼓式制动器的结构如图7-95和图7-96所示。

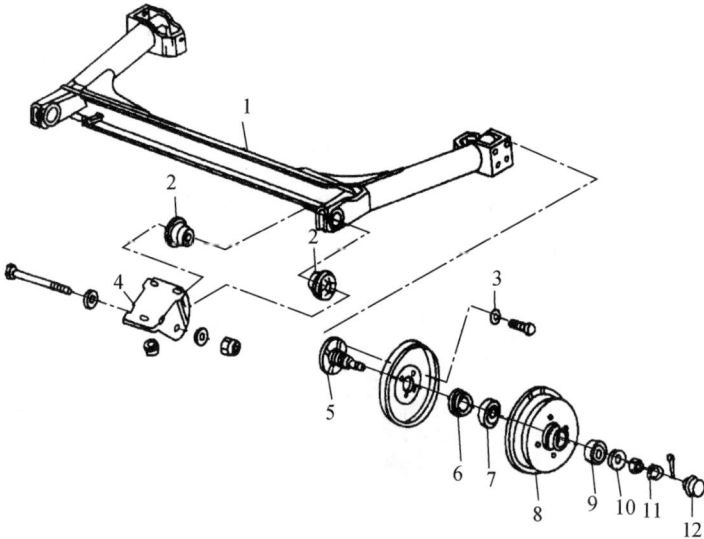

图7-95 制动鼓分解图

1-后桥架；2-金属橡胶支承关节；3-盘形弹簧垫；4-轴承支架；5-后桥短轴；6-后轮油封；7-T-50滚珠轴承；8-后轮制动鼓；9-轴承；10-垫圈；11-冠状螺母保险环；12-后轮轴承防尘帽

鼓式制动器拆解步骤如下。

1）将后轮制动蹄归位。每只后轮上拆下一只螺栓，用一字旋具通过螺栓孔将楔形块向上压。

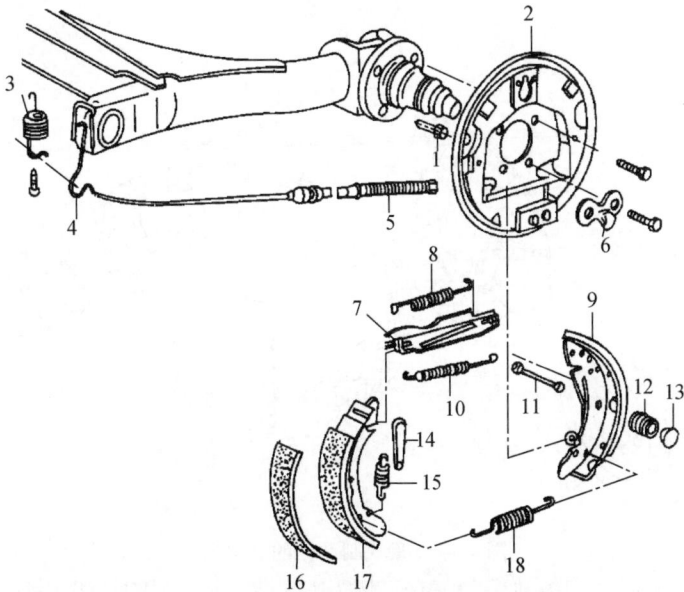

图 7-96　制动蹄分解图

1-后制动检测孔橡胶塞；2-后制动底板；3-驻车制动拉索拉紧簧；4-驻车制动拉索固
定夹；5-驻车制动拉杆；6-制动拉索引导件；7-制动推杆；8-后轮前制动蹄回位弹
簧；9-后轮后制动蹄；10-后轮前制动蹄中回位弹簧；11-制动蹄定位销；12-制动蹄
定位销压簧；13-制动蹄定位销压簧垫圈；14-制动蹄调整楔形件；15-制动蹄楔形件
下回位弹簧；16-后制动备用摩擦片；17-后轮前制动蹄；18-制动蹄下回位弹簧

2）拆下轮毂盖，松开后车轮轴承上的六角螺母。

3）用锂鱼钳拆下制动蹄，保持弹簧及弹簧座圈。

4）借助旋具、撬杆或用手从下面的支架上提起制动蹄，取出下回位弹簧。

5）用钳子拆下制动杆上的驻车制动钢丝。

6）用钳子取下楔形块弹簧和上回位弹簧。

7）拆下制动蹄。

8）将带推杆的制动蹄夹紧在台虎钳上，取下回位弹簧，取下制动蹄。

7.3.3　盘式制动器拆卸

盘式制动器结构如图 7-97 所示。

拆卸前盘式制动器之前，把制动油液储液罐中制动油液全部抽出，制动油液
有毒，而且有较强的腐蚀性，须用专门容器存放。前盘式制动器的拆卸操作步骤
如下。

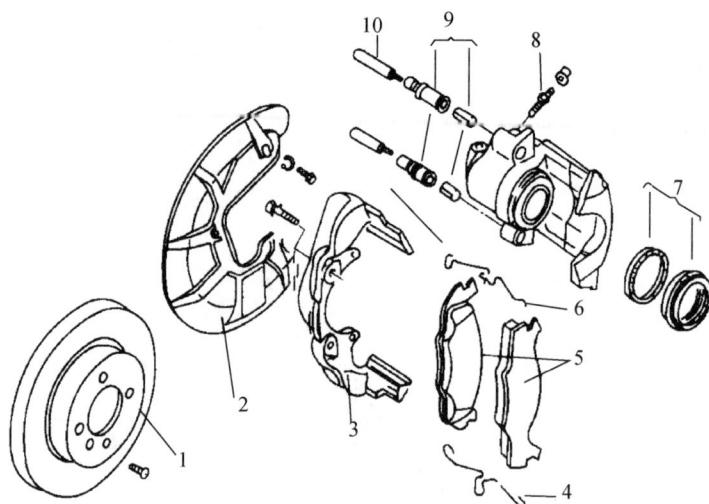

图 7-97　盘式制动器的分解图

1-前制动盘；2-制动器底板；3-前制动器摩擦片架；4、6-固定摩擦片卡簧；

5-制动摩擦片；7-前制动轮缸密封圈；8-前制动轮缸放油阀；9-前制动轮缸

固定螺栓护套；10-导向销

1）拆下前轮。

2）拆卸下制动摩擦片的上、下定位弹簧。

3）拧松并拆卸上、下固定螺栓。

4）取出制动壳体。

5）在支架上拆下制动摩擦片。

6）从制动钳壳体内取出制动钳活塞。

7.4　车桥拆解工艺

7.4.1　前桥独立悬架拆卸

在发动机前置前驱的轿车上，广泛应用着滑柱式独立悬架，也叫麦弗逊式独立悬架。这种悬架大致由撑杆总成、控制臂和稳定杆组成。图 7-98 为奥迪 100 型轿车前悬架分解图。

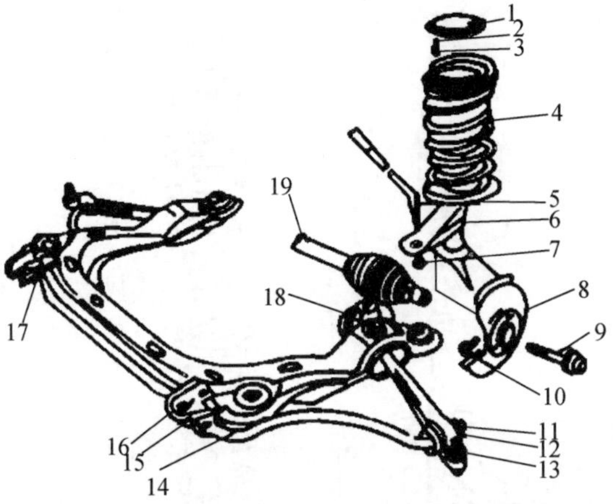

图 7-98 奥迪 100 型轿车前悬架分解图

1-盖板；2、7、10-自锁螺母；3-垫圈；4-悬架弹簧；5-转向拉杆；6-转向
节总成；8、9、16、18-螺栓；11、15-螺母；12-垫片；13-球头销；14-支
架；17-橡胶垫；19-传动轴

7.4.1.1 撑杆总成从车上拆卸

1）松开半轴螺栓 9，举起车身并支撑住，拆下车轮。

2）在不拆开制动油管或管线的情况下卸下制动钳安装螺栓，拆下制动软管支架，将制动钳悬挂在一旁。

3）拆下稳定杆螺母 11，把稳定杆的头部从控制臂上拆下，取下橡胶套。

4）拆下转向节上的自锁螺母 10，抽出螺栓 8，把上控制臂外端从转向节上拆下。

5）拆下传动轴螺栓，将控制臂向下推，从轮毂轴承盖中抽出传动轴 19。

6）拆下自锁螺母 7，卸下转向拉杆 5。

7）拆下自锁螺母 2，垫圈 3，把撑杆总成从车上拆下。

7.4.1.2 撑杆总成拆卸

撑杆总成拆卸如图 7-99 所示，具体步骤如下。

1）把撑杆总成放在工作台上，给螺旋弹簧装上专用的弹簧压缩器，压缩弹簧至足以拆下活塞杆上的自锁螺母 16 及弹簧支柱座的自锁螺母 1。

2）待拆下自锁螺母 16 及自锁螺母 1 后，拆下弹簧支柱座 15。

3）拆下撑杆总成上面的零件：轴承垫板 14、轴向轴承 13、弹簧座圈 12。

4）放松弹簧压紧器，拆下螺旋弹簧 8。

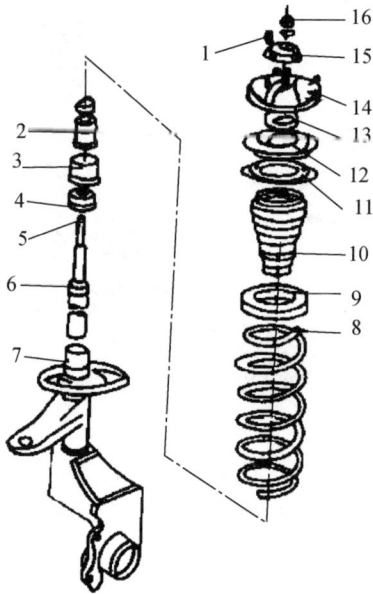

图 7-99　撑杆总成分解图

1、16-自锁螺母；2-限位挡块；3-密封盖；4-螺母；5-活塞杆；6-减震器；
7-车轮轴承罩；8-螺旋弹簧；9-密封圈；10-保护套；11-保护环；12-弹簧座
圈；13-轴向轴承；14-轴承垫板；15-弹簧支柱座

5）拆下保护套 10、密封圈 9、限位挡块 2 及密封盖 3。

6）用专用工具拆下螺母 4，从车轮轴承罩上抽出减震器总成。

7.4.1.3　控制臂拆卸

控制臂拆卸步骤如下。

1）拆下自锁螺母 10 和螺栓 8。

2）拆下螺母 11 及垫片 12，把稳定杆从控制臂孔中拆下。

3）向下压控制臂，把球头销 13 从车轮轴承罩上拆下来。

4）从副车架上拆下螺栓 9，取下控制臂。

7.4.1.4　稳定杆拆卸

1）拆下控制臂上的螺母 11 及垫圈 12。

2）拆下"U"形夹子上的螺母 15、螺栓 16，拆下"U"形夹及橡胶垫 17。

3）拆下另一侧的"U"形夹子上的螺栓及螺母，拆下稳定杆。

7.4.2 后桥与后悬架拆卸

后桥与后悬架位于汽车后部，起着支撑汽车后部质量的作用。其结构与前桥和前悬架大致相似。螺旋弹簧非独立悬架多用于发动机前置前驱轿车的后悬架上，主要由车桥、螺旋弹簧、各种推力杆、减震器等组成。图 7-100 为轿车后桥分解图。

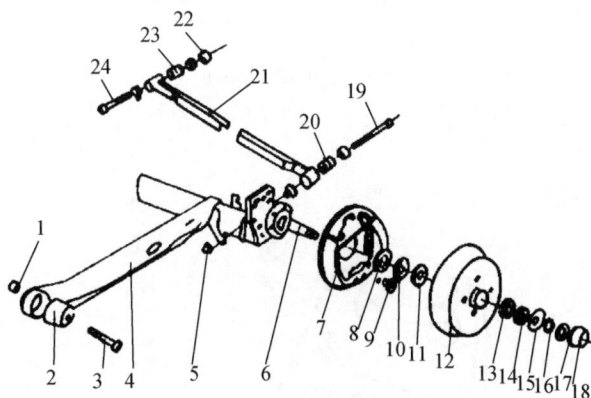

图 7-100　轿车后桥分解图

1、5、22-锁螺母；2、20、23-橡胶衬套；3、9、19、24-螺栓；4-纵臂；6-短轴；7-制动底板总成；8-油封；10、11-内轴承总成；12-制动鼓；13、14-后轮外轴承总成；15-垫圈；16-锁紧螺母；17-开口销；18-润滑脂盖；21-横向推力杆

7.4.2.1　后轮毂及制动鼓的拆卸

后轮毂及制动鼓的拆卸过程如下。

1）将车支起，拆下装饰罩，拆下轮胎螺栓，卸下轮胎。

2）拆下润滑脂盖 18，拔下开口销 17。

3）用轴头扳手拆下锁紧螺母 16 及垫圈 15，拆下后轮外轴承总成 14 和制动鼓 12。

4）用拉器拉下后轮内轴承，拆下油封。

5）拆下固定螺栓 9，卸下制动管路、制动底板及短轴。

7.4.2.2　横向推力杆及支撑杆拆卸

横向推力杆及支撑杆拆卸步骤如下。

1）拆下自锁螺母 5，拔出螺栓 19，拆下横向推力杆车桥的一头。

2）拆下自锁螺母 22，拔出螺栓 24，就可以从车上拆下横向推力杆 21 及支撑杆的一端。

3）拆下支撑杆另一端的固定螺母及螺栓，拆下支撑杆。

4）用压床压出横向推力杆两端孔内的橡胶衬套 20、23。

7.4.2.3　螺旋弹簧及减震器拆卸

螺旋弹簧及减震器的结构见图 7-101 所示。这种形式的悬架弹簧与减震器是套在一起的，因此，拆卸时要注意支好车辆。首先拆下螺母 11 及螺栓 1；然后拆下螺母 11，卸下减震器与弹簧总成。

1）用螺旋弹簧压缩器把螺旋弹簧压缩到能拆下减震器杆上的固定螺母 10。

2）放松螺旋弹簧压缩器，拆下弹簧上座 9、弹簧上座支撑橡胶 8、螺旋弹簧 5 及螺旋弹簧下座 4。

3）拆下防尘罩 6，卸下减震器。

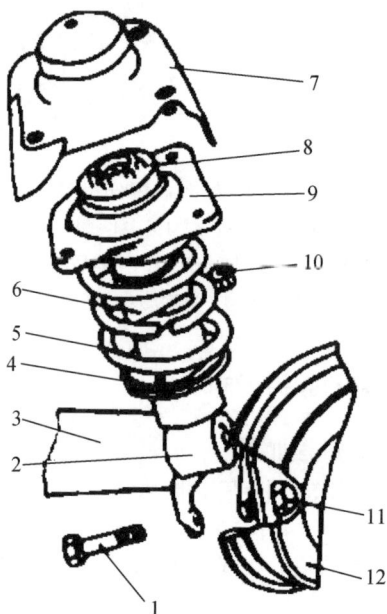

图 7-101　奥迪 100 型轿车减震器与螺旋弹簧

1-螺栓；2-减震器；3-后梁；4-弹簧下座；5-螺旋弹簧；6-防尘罩；7-联结件；8-弹簧上座支撑橡胶；9-弹簧上座；10、11-螺母；12-制动鼓

第8章 报废汽车电气系统拆解工艺

8.1 报废汽车充电系统拆解与检测

汽车充电系统是汽车电气系统的重要组成部分，是汽车电气系统所需电能的来源。汽车充电系统主要有两大部件：蓄电池与发电机。

8.1.1 蓄电池检测与拆解

8.1.1.1 蓄电池结构与原理

目前汽车上广泛使用的蓄电池为铅酸蓄电池，其外形结构如图8-1所示，主要部件有极板、隔板、外壳、正负极柱和电解液等部分，如图8-2所示。极板是蓄电池的基本部件，分正极板和负极板两种，正、负极板由绝缘隔板隔开。正极板上活性物质为棕红色二氧化铅；负极板上活性物质是青灰色海绵状纯铅。隔板由多孔性材料制成，以便电解液能自由渗透，隔板材料化学性能稳定，具有良好的耐酸性和抗氧化性。蓄电池外壳为一个整体式容器，极板、隔板和电解液均装在这个容器内，蓄电池外壳具有良好的耐酸性、耐热性和耐寒性，且具有足够的机械强度，能抵御使用过程中的振动和冲击。铅酸蓄电池的电解液，是由纯硫酸和蒸馏水配制而成，密度一般在 $1.24 \sim 1.31 \mathrm{g/cm}^3$，电解液纯度是影响蓄电池电气性能和使用寿命的重要因素，一般工业硫酸和普通水，因其铁、铜等有害杂质含量高，绝对不能在铅酸蓄电池中使用（魏帮顶，2013）。

8.1.1.2 蓄电池检测

本节以中小型汽车常用的12V铅酸蓄电池为例，阐述蓄电池检测的内容及步骤。

（1）蓄电池开路电压检测

蓄电池开路电压指在蓄电池外部不连接用电设备，两极柱处于开路时的端电

(a)免维护铅酸蓄电池　　　　　　(b)少维护铅酸蓄电池

图 8-1　铅酸蓄电池外形

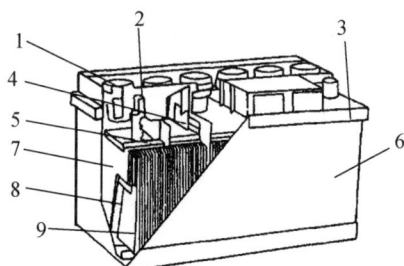

图 8-2　铅酸蓄电池的基本构造

1-排气栓；2-负极柱；3-电池盖；4-穿壁连接；5-汇流条；

6-整体槽；7-负极板；8-隔板；9-正极板

压。在实际操作中一般使用万用表检测蓄电池开路电压。其步骤为：检测前蓄电池充足电，万用表使用直流电压挡位，开路电压正常值应为 12 ~ 13V，若电压小于 10V，则表明蓄电池有问题。

注意刚充完电的蓄电池不宜做电压检测，需要放置一段时间，一般在蓄电池温度降到室温以后，还需等待 1 小时，方可进行开路电压检测。

（2）电解液液位检查

图 8-3　电解液液位检查

铅酸蓄电池电解液液位有严格要求，电解液液面应高出极板 10 ~ 15mm。在检查电解液液位时，不同的铅酸蓄电池检测方法也不同。

对于少维护铅酸蓄电池，电解液液位测量方法如图 8-3 所示，用一根两端开口的洁净玻璃管，从加液口垂直伸入蓄电池，管底碰到极板后，用手堵住玻璃管的上端口，把玻璃管拉出蓄电池，观察玻璃管下端液柱的长度，要求在

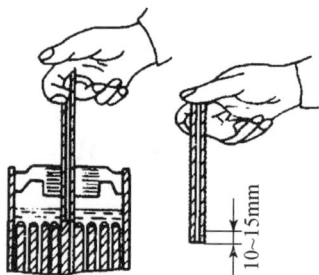

10~15mm。检查完毕，把抽出的电解液倒入蓄电池内。

有些蓄电池外壳上有液位线，电解液液面应位于上、下两液位线之间，如果电解液液位低于下液位线，则应当补充蒸馏水，否则会缩短蓄电池的寿命；电解液液位高于上液位线，则表明蓄电池电解液过多，电解液可能会溢出。

带有加液口的少维护蓄电池才能进行电解液液位检查，对于免维护蓄电池而言，在正常使用条件下，无须检查电解液液位。

（3）蓄电池容量检测

蓄电池容量是指蓄电池在规定条件下（包括放电温度、放电电流、放电终止电压）放出的电量。蓄电池容量是标志蓄电池对外放电能力、衡量蓄电池质量的重要标准，目前蓄电池容量一般都采用安时（A·h）计量单位。国家标准《起动用铅酸蓄电池 第1部分 技术条件和试验方法》（GB/T 5008.1—2013）以及《起动用铅酸蓄电池 第2部分：产品品种规格和端子尺寸、标记》（GB/T 5008.2—2013）规定以20h放电率额定容量作为起动型蓄电池的额定容量。20h放电率额定容量指完全充电的蓄电池，在电解液平均温度为25℃条件下，以20h放电率的放电电流连续放至12V蓄单池端电压降到10.5V时，所输出的电量。检测蓄电池充足电后的实际容量，并与额定容量比较，即可判断蓄电池是否应报废。一般而言，电池容量小于额定容量的60%时，即可认为该蓄电池报废。

铅酸蓄电池容量测试的方法较多，比较常用的是负载电压法、恒电流放电法和电解液密度检查法。

Ⅰ. 负载电压法

负载电压法中使用高率放电计一般有两种，一种是3V高率放电计，另外一种是12V高率放电计，如图8-4所示。

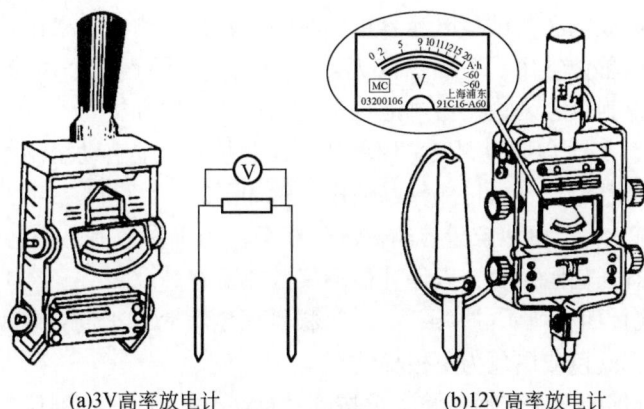

(a)3V高率放电计　　　　(b)12V高率放电计

图8-4　高率放电计

对于连接条外露式蓄电池，可以使用 3V 高率放电计进行检验。3V 高率放电计主要由一块量程为 3V 的电压表和一个定值电阻构成，可以较准确地测量蓄电池的单格电压，判断起动性能，确定放电程度。

在使用高率放电计测定蓄电池实际容量时，蓄电池应先充足电。检测前检查仪表，若指针不在"0"位，可调整放电计盖上的零位调整器，使指针归"0"位。然后将放电计的电压表表面与放电叉成垂直位置，以便视读，将两放电叉叉尖紧压在单格电池的正、负极柱上，保持 5s，迅速读数后随即移开放电计。电压表读数即为大负荷放电时蓄电池所能保持的端电压，该电压与蓄电池实际容量的关系见表 8-1。

表 8-1　3V 高率放电计指示电压与实际容量关系表

实际容量/%	100	75	50	25	0
高率放电计指示电压/V	1.7 ~ 1.8	1.6 ~ 1.7	1.5 ~ 1.6	1.4 ~ 1.5	<1.3 ~ 1.4

对于单格极桩不外露的穿壁式塑料槽外壳蓄电池，可用 12V 高率放电计进行放电检测，其测量方法与 3V 高率放电计相同。12V 蓄电池容量的判断见表 8-2。

表 8-2　12V 高率放电计测试结果判断表

容量/(A·h)	≤60	>60
测试时间/s	20	20
测量电压/V	<9 故障	<9.5 故障
	9 ~ 11 较好	9.5 ~ 11.5 较好
	>11 良好	>11.5 良好

Ⅱ. 恒电流放电法

采用恒电流放电法测试蓄电池容量，时间比较长，测试结果比较准确，在蓄电池生产和测试单位常用。下面以江苏威士通电源有限责任公司的 WST-1 型蓄电池容量检测仪为例，来说明蓄电池容量检测仪的使用方法。

WST-1 型蓄电池容量检测仪采用单片机控制技术，能自动控制蓄电池的充放电全过程。该型蓄电池容量检测仪的使用步骤如下。

1）试验前，将蓄电池容量检测仪放置在平稳的工作台上，检测仪周围 20cm 的范围内不得有任何阻挡物，以保证检测仪散热良好。

2）将联线按面板所示的"＋"、"－"极性固定牢固，正负导线颜色不同，红色为正极导线，蓝色或黑色为负极导线。

3）将检测仪的电源接通，将开关按到"ON"位，此时检测仪各个显示窗应有数字显示。

4）将蓄电池连到检测仪上，注意蓄电池的极性，此时蓄电池处于放电状态。

5）分别按下复位键，使蓄电池由放电状态转向充电状态，此时显示窗交替显示电压值和电流值，如果蜂鸣器连续鸣叫，则表示蓄电池的极性接反或者是连接线与蓄电池未连接好。

6）当充电电流等于或小于 0.4A 时，检测仪自动将蓄电池由充电状态转向放电状态，此时显示窗交替显示电压值和电池容量值，当蓄电池放电电压等于或小于 10.5V 时，检测仪自动将该路蓄电池由放电状态转向充电状态，此时显示窗显示值不变，显示该蓄电池的容量值。

7）检测结束，切断电源，将蓄电池与检测仪的连接线取下。

Ⅲ. 电解液密度检查法

电解液密度检查法只适合能够检测电解液密度的铅酸蓄电池，铅酸蓄电池外壳上必须要有加液孔。检测时需要用到密度计，吸式密度计的结构如图 8-5 所示。其使用方法如下。

将密度计的吸嘴伸入蓄电池的加液孔，把电解液吸入密度计的玻璃管内，观察玻璃管内密度计在电解液中的沉浮情况，电解液的密度可以从刻度上读出，如图 8-6 所示。

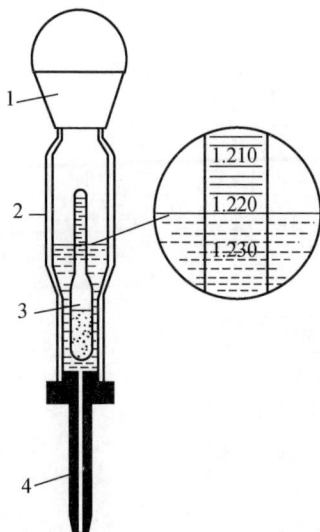

图 8-5　吸式密度计的结构　　　图 8-6　吸式密度计使用方法

1-橡皮球；2-吸液玻璃管；3-密度计；4-吸嘴

读数之后，需要把玻璃管中的电解液挤回到蓄电池壳体中。参考表 8-3，根据电解液密度，可推算出铅酸蓄电池的真实容量。

表 8-3　电解液相对密度与蓄电池实际容量关系表

实际容量/%	100	75	50	25	0
电解液相对密度/(g/cm^3)	1.27	1.23	1.19	1.15	1.11

对于带有孔形比重计的免维护蓄电池，则叫通过孔形比重计的颜色来大致判断其实际储电量。若孔形比重计呈绿色，表明蓄电池储电量超过额定容量的65%，可以正常使用；如果孔形比重计呈现黑色，则说明蓄电池存电不足，需要充电；当孔形比重计显示亮白色，表明该蓄电池已损坏，应该报废。

8.1.1.3　蓄电池拆解及处理流程

废旧蓄电池进入回收流程后，需要拆解蓄电池。目前使用最广泛的铅酸蓄电池拆解及处理流程如图 8-7 所示。拆解后废旧蓄电池可以分解为废酸电解液、膏状铅金属、金属颗粒和塑料颗粒。

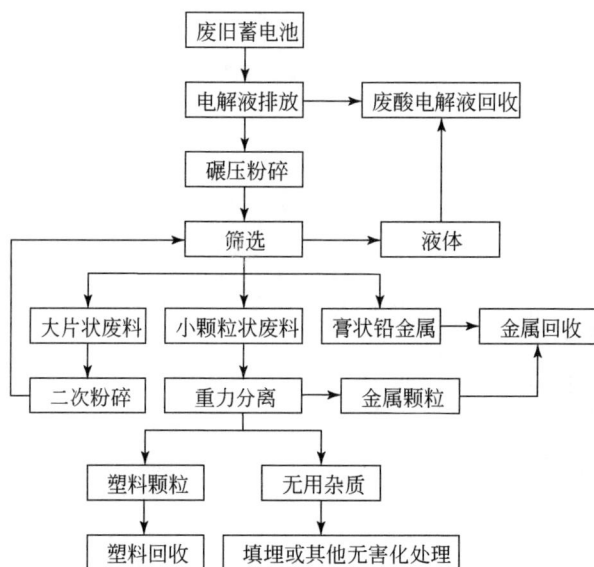

图 8-7　废旧蓄电池拆解处理流程

8.1.2　交流发电机及电压调节器拆解与检测

交流发电机装在发动机总成上，由汽车发动机通过皮带驱动，是汽车上的主要电源。本节以 JFZ1813Z 型硅整流交流发电机为例讲解交流发电机及电压调节器的结构、拆解步骤与检测方法。

8.1.2.1 交流发电机结构

汽车用交流发电机一般由转子、定子、整流器、电压调节器和端盖等部分组成（毛峰，2015），其总体结构如图8-8所示。

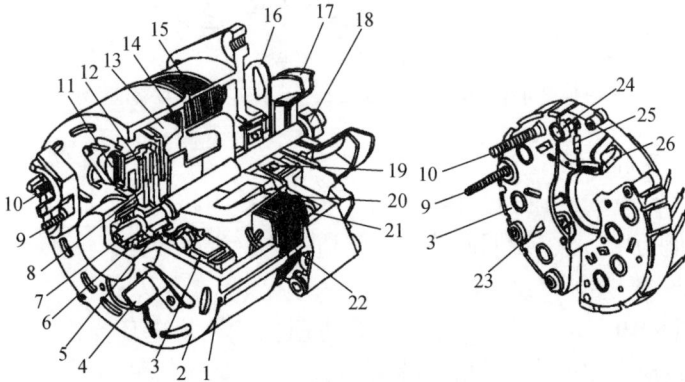

图 8-8 汽车用交流发电机

1-连接螺栓；2-后端盖；3-整流板；4-防干扰电容器；5-集电环；6、19-轴承；7-转子轴；8-电刷；9-"D+"端子；10-"B+"端子；11-IC调节器；12-电刷架；13-磁极；14-定子绕组；15-定子铁芯；16-风扇叶轮；17-"V"形皮带轮；18-紧固螺栓；20-磁场绕组；21-前端盖；22-定子槽楔子；23-电容器连接插片；24-输出整流二极管；25-磁场二极管；26-电刷架压紧弹簧

8.1.2.2 硅整流交流发电机拆解

硅整流交流发电机拆解步骤如下。

1）拧下电刷组件的两个固定螺钉，取下电刷组件。

2）拧下后轴承盖的三个固定螺钉，取下后轴承防尘盖，再拧下后轴承处的紧固螺母。

3）拧下前后端盖的连接螺栓，轻敲前后端盖，使前后端盖分离；注意分离前后端盖时，不要硬敲乱撬，要使用专用拉拔工具。

4）从后端盖上拆下定子绕组端头，使定子总成与后端盖分离。

5）拆下整流器总成。

6）拆下皮带轮固定螺母，从转子上取下皮带轮、半圆键、风扇和前端盖。

8.1.2.3 硅整流交流发电机检测

（1）转子检测

转子的功用是产生磁场，转子由转子轴、磁场绕组、极爪和集电环等组成，如图 8-9 所示。

图 8-9　转子结构

1-集电环；2-转子轴；3-极爪；4-磁轭；5-磁场绕组

Ⅰ. 转子绕组检测

1）如图 8-10（a）所示，用万用表电阻挡检测两集电环间电阻，应与标准相符。若阻值为"∞"，说明断路；若阻值过小，说明短路，一般 12V 发电机转子绕组电阻约为 $3.5 \sim 6\Omega$。

2）如图 8-10（b）所示，用万用表电阻挡检测集电环与铁芯（或转子轴）之间的电阻，应为"∞"，否则为搭铁。

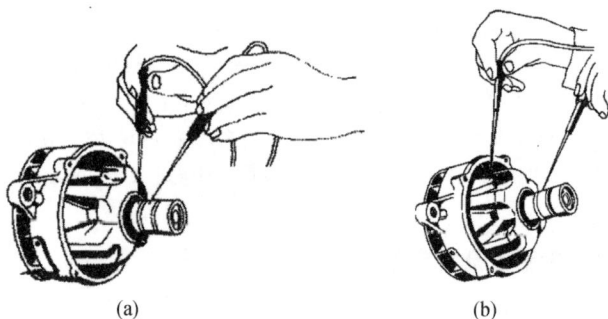

(a)　　　　　　　　　　　　　(b)

图 8-10　转子绕组检测

Ⅱ. 集电环检测

1）集电环表面应平整光滑，若有轻微烧蚀，用"00"号砂布打磨；烧蚀严重，应在车床上精车加工。

用直尺测量集电环厚度，集电环厚度不小于 1.5mm。

2）用千分尺测量集电环圆柱度，应与规定相符，集电环圆柱度不超过 0.025mm。

Ⅲ. 转子轴检测

如图 8-11 所示，用百分表测量转子轴摆差，转子轴径向摆差不超过 0.10mm。

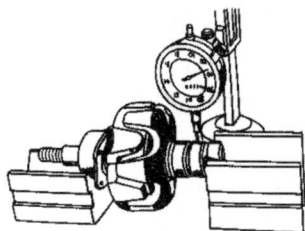

图 8-11　转子轴检测

（2）定子检测

定子的功用是产生交流电，其结构如图8-12所示，由定子铁芯和定子绕组两部分组成。

Ⅰ. 定子绕组断路检测

如图8-13所示，用万用表电阻挡检测定子绕组三个接线端，两两相测，阻值应小于1Ω，若阻值为"∞"，说明断路。

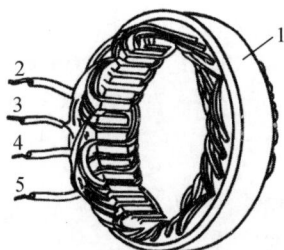

图 8-12　定子结构

1-定子铁芯；2~5-定子绕组引线端

图 8-13　定子绕组检测

Ⅱ. 定子绕组搭铁检测

用万用表电阻挡检测定子绕组接线端与定子铁芯间的电阻，应为"∞"，否则说明有搭铁故障。

（3）整流器检测

整流器的功用是将三相绕组产生的交流电变为直流电，其整流二极管的特点是工作电流大、反向电压高。JFZ1813Z硅整流交流发电机上的整流器设有11只二极管，其中包括3只正二极管、3只负二极管、3只磁场二极管和2只中性点二极管。整流器上的各元器件的安装位置如图8-14所示。

1）二极管检测。将万用表的两测试棒接于二极管的两极测其电阻，再反接测一次，若电阻值一大（$10k\Omega$）一小（$8\sim10\Omega$），差异很大，说明二极管良好。若两次测量阻值均为"∞"，则为断路；若两次测得阻值均为0，则为短路。

2）整体式整流器检测。整体式整流器检测可以分为两个部分：①检测负极管，将万用表置于电阻挡（R×1挡），正极表笔接搭铁端（图8-14中负整流板即为搭铁部位），与电源负极相连的表笔分别接P_1、P_2、P_3、P_4点，万用表均应导通，若不通，说明该负极管断路。调换两表笔的检测位置，应不导通，若导通，

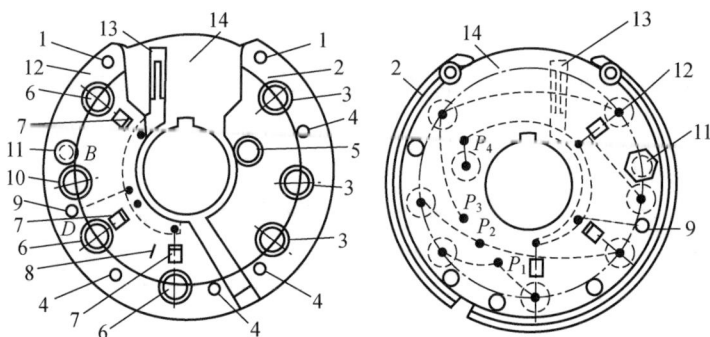

图 8-14　JFZ1913 型发电机整流元件安装位置

1-IC 调节器安装孔（2 个）；2-负整流板；3-负二极管；4-整流器总成安装孔（4 个）；5-中性点二极管（负二极管）；6-正二极管；7-磁场二极管；8-防干扰电容器连接；9-"D+" 端子；10-中性点二极管（负二极管）；11-"B+"端子；12-正整流板；13-电刷架压紧弹簧；14-硬树脂绝缘板

说明该负极管短路。②检测正极管，将万用表置于电阻挡（R×1 挡），负极表笔接整流器端子"B"；另一只表笔分别接 P_1、P_2、P_3、P_4 点进行检测，万用表均应导通，若不通，说明该正极管断路；再调换两表笔检测部位进行检测，万用表应显示不导通，若导通，说明该正极管短路。

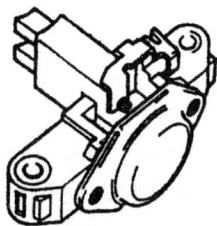

图 8-15　交流发电机电刷

（4）电刷组件检测

1）外观检查。三相交流发电机的电刷如图 8-15 所示。检查电刷表面应无油污，无破损、变形，且应在电刷架中活动自如。

2）电刷长度检查。用游标卡尺或钢尺测量电刷露出电刷架的长度，应与规定相符。电刷磨损后不得超过原高度的 1/2；新的电刷的长度为 12mm；磨损极限为 5mm；公差范围为 ±1mm。

3）弹簧压力测量。用弹簧秤检测电刷弹簧压力应符合规定。当电刷从电刷架中露出长度 2mm 时，电刷弹簧力一般为 2～3N。

（5）电压调节器检测

JFZ1813Z 硅整流交流发电机配用的调节器为集成式电压调节器（简称 IC 调节器），具有结构紧凑，工作可靠、体积小、质量轻等优点。IC 调节器与电刷组件制成一个整体结构，并采用外装式结构，如图 8-16 所示。调节器的好坏可用蓄电池或直流电源与直流试灯来检查。接12V电压时试灯应亮；接16～18V电压时，试灯应不亮。否则表明调节器已坏。

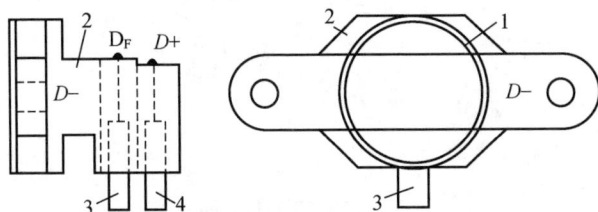

图8-16　IC调节器与电刷组件
1-IC调节器；2-电刷架；3-负电刷；4-正电刷

（6）交流发电机整体检测

交流发电机整体检测的主要内容有：检查发电机各接线柱绝缘情况；检查轴承轴向和径向间隙，间隙均应不大于0.20mm；滚珠、滚道无斑点，轴承无转动异响；检查前后端盖、皮带轮等应无裂损，绝缘垫应完好；让交流发电机在模拟发电工况下运转，根据交流发电机的运行情况，检测交流发电机输出的电压值。正常情况下，交流发电机在不同转速下运转应平稳无异响，输出电压应能稳定在14V左右。

8.2　报废汽车起动系统拆解与检测

起动机用来起动汽车发动机，以下以QD1229型汽车起动机为例，讲解起动机的结构、拆解与检测。

8.2.1　起动机结构

QD1229型起动机为串励直流式，主要由直流电动机、传动机构和控制装置三部分组成（胡明义，2007），其结构与分解如图8-17和图8-18所示。

（1）直流电动机

直流电动机主要由定子总成、电枢（转子总成）、整流子和前后端盖等组成。

1）定子总成。定子总成由励磁绕组、磁极（定子铁芯）和起动机壳体组成。定子铁芯和励磁绕组通过螺钉固定在圆筒形的起动机壳体上，四个励磁绕组两两串联后再并联连接，如图8-19所示。

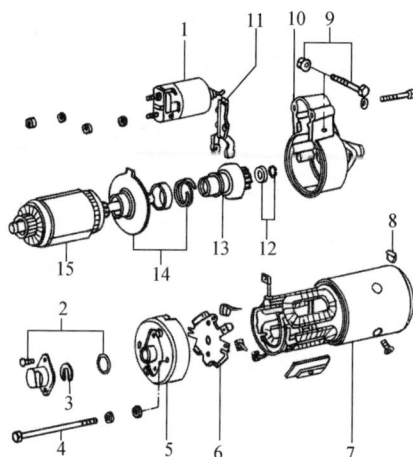

图 8-17　起动机结构

1-电磁开关；2-轴承盖和"O"形密封圈；3-锁片；4-螺栓；5-电刷端盖；6-电刷架；
7-电动机壳体；8-橡胶密封圈；9-移动叉支点螺栓和螺母；10-驱动端盖；11-移动叉；
12-止推垫圈与卡环；13-单向离合器；14-中间轴承；15-电枢

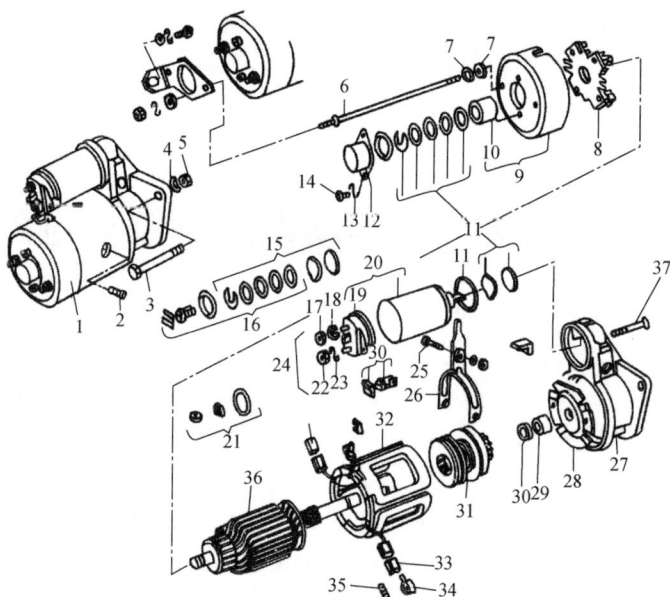

图 8-18　起动机分解图

1-起动机总成；2-励磁绕组固定螺栓；3-起动机固定螺栓；4-弹性垫圈；5-螺母；6-端盖连接螺栓；
7-垫圈；8-电刷架；9-电刷端盖；10-衬套；11-垫片组件；12-衬套座；13-弹性垫圈；14-螺钉；
15-垫片组件；16-活动接柱的垫片组件；17-螺母；18-弹簧垫圈；19-电磁开关端盖；20-电磁开关
总成；21-垫块及密封圈；22-螺母；23-弹性垫圈；24-电磁开关活动接柱组件；25-拨叉销；26-拨
叉；27-驱动端端盖；28-中间支承盘；29-电枢轴驱动齿轮衬套；30-止推垫圈；31-驱动齿轮与单向
离合器；32-励磁绕组；33-电刷；34-电刷弹簧；35-弹簧；36-电枢；37-螺栓

2）转子总成。转子总成结构主要由电枢轴、电枢绕组、铁芯和整流子等组成，如图 8-20 所示。整流子结构如图 8-21 所示。

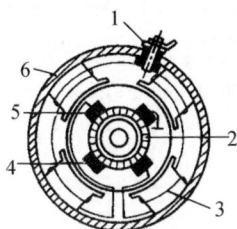

图 8-19　定子总成

1-接线柱；2-整流子；3-磁极与励磁绕组；
4-负电刷；5-正电刷；6-壳体

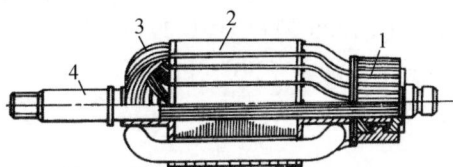

图 8-20　转子总成

1-整流子；2-铁芯；3-电枢绕组；4-电枢轴

3）电刷组件。电刷组件由电刷、电刷架和电刷弹簧等组成。电刷架固定在电刷端盖上，电刷安装在电刷架内。直接固定在负电刷架中的电刷称为负电刷；用绝缘板将电刷架绝缘固定在电刷架盖上的电刷架称为正电刷架，安装在正电刷架内的电刷称为正电刷。电刷弹簧压在电刷上，其作用是保证电刷与整流子接触良好。

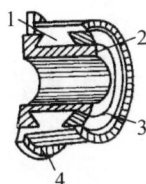

图 8-21　整流子结构

1-整流片；2-轴套；
3-压环；4-焊接凸缘

（2）传动机构

传动机构主要由单向离合器和驱动齿轮组成。起动机上普遍使用的单向离合器为滚柱式单向离合器，其结构如图 8-22（a）所示。发动机起动时，动力首先由起动机传递给曲轴飞轮，带动发动机运转，单向离合器接合，此时单向离合器状态如图 8-22（b）所示。当发动机起动后，转速迅速超过起动机，此时单向离合器的状态如图 8-22（c）所示，单向离合器分离。

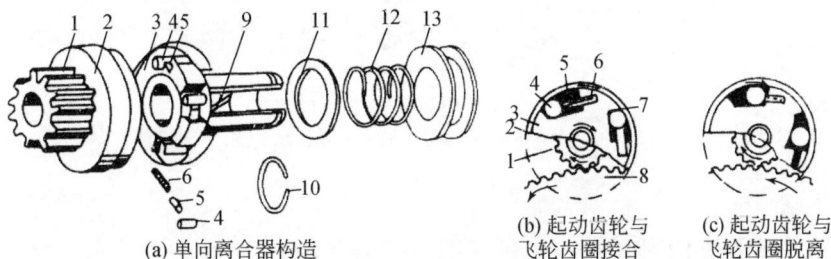

(a) 单向离合器构造

(b) 起动齿轮与飞轮齿圈接合

(c) 起动齿轮与飞轮齿圈脱离

图 8-22　起动机传动机构

1-起动齿轮；2-外座圈；3-十字头（内座圈）；4-滚柱；5-柱塞；6、12-弹簧；7-楔形槽；8-飞轮齿圈；
9-内有螺旋槽的花键套筒；10-卡簧；11-挡圈；13-滑套（拨叉用）

（3）控制装置

起动机控制装置的作用是控制电动机电路的通断及驱动齿轮与飞轮齿圈的啮合与分离，桑塔纳轿车采用的是电磁式控制开关，控制机构的结构原理如图8-23所示。QD1225型和QD1229型起动机电磁开关盖板上各接线端子的位置如图8-24所示，端子"50"和端子"15a"均为插片式端子，端子"15a"为备用端子，未插任何导线。

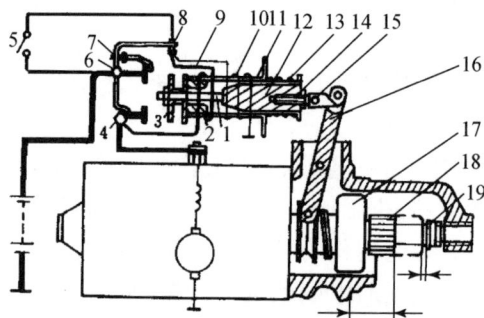

图 8-23　起动机控制装置

1-推杆；2-固定铁芯；3-开关触点；4-起动机"C"端子；5-点火起动端子；6-"30"端子；7-"15a"端子；8-"50"端子；9-吸拉线圈；10-保持线圈；11-铜套；12-活动铁芯；13-回位弹簧；14-调节螺钉；15-挂钩；16-移动叉；17-单向离合器；18-驱动齿轮；19-止推垫圈

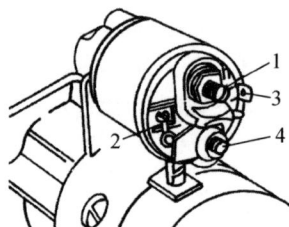

图 8-24　电磁开关端子位置

1-"30"端子；2-"15a"端子；3-"50"端子；4-"C"端子

8.2.2　起动机拆解

起动机拆解步骤如下。

1）用扳手旋下电磁开关的接线柱"30"及"50"的螺母，取下导线，如图

8-25 所示。

2）旋下起动机贯穿螺钉和衬套螺钉，取下衬套座和端盖，取出垫片组件和衬套，如图 8-26 所示。

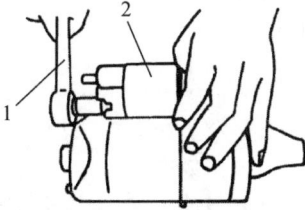

图 8-25　起动机导线的拆卸
1-扳手；2-电磁开关

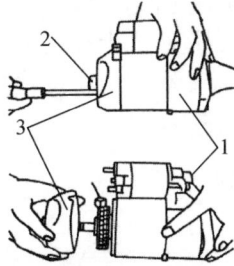

图 8-26　起动机衬套及端盖的拆卸
1-起动机；2-衬套座；3-端盖

3）用尖嘴钳将电刷弹簧抬起，拆下电刷架及电刷，如图 8-27 所示。

4）取下励磁绕组后，用扳手旋下螺栓，从驱动端端盖上取下电磁开关总成，如图 8-28 所示。

5）在取出转子后，从端盖上取下传动叉，然后取出驱动齿轮与单向离合器，再取出驱动齿轮端衬套。

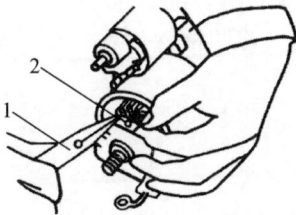

图 8-27　起动机电刷的拆卸
1-尖嘴钳；2-电刷弹簧

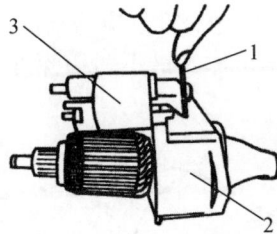

图 8-28　起动机电磁开关的拆卸
1-扳手；2-驱动端盖；3-电磁开关

8.2.3　起动机零件检测

（1）电枢轴检测

用百分表检查起动机电枢轴是否弯曲，如图 8-29 所示。若偏差超过 0.1mm，应进行校正。电枢轴上的花键齿槽严重磨损或损坏，应予以报废。电枢轴轴颈与衬套的配合间隙，不得超过 0.15mm。

（2）整流子检测

1）检查整流子有无脏污和表面烧蚀。

2）检查整流子的径向圆跳动量，如图8-30所示。将整流子放在"V"形铁上，用百分表测量圆周上径向圆跳动量，最大允许径向圆跳动量为0.05mm。若径向圆跳动量大于规定值，可在车床上校正。

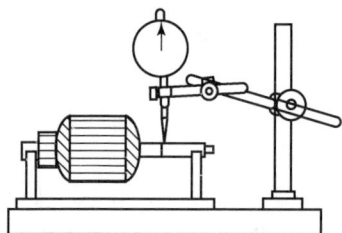

图8-29　电枢轴弯曲度的检查　　　图8-30　检查整流子径向圆跳动量

3）用游标卡尺测量整流子的直径，如图8-31所示。其标准值为30.0mm，最小直径为29.0mm。

检查底部凹槽深度。应清洁无异物，边缘光滑。测量如图8-32所示。标准凹槽深度为0.6mm，最小凹槽深度为0.2mm。若凹槽深度小于最小值，可用手锯条修正。

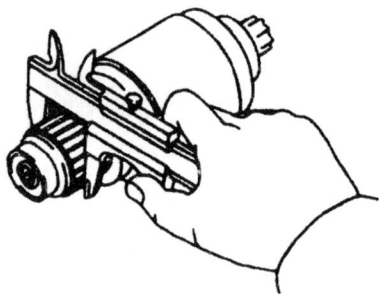

图8-31　检查整流子直径　　　　　图8-32　检查整流子底部凹槽深度

（3）电枢绕组检测

检查整流子是否断路，如图8-33所示。用万用表欧姆挡检查整流子片之间的导通性，整流子片之间应导通。否则该电枢应予以报废。

检查整流子是否搭铁，如图 8-34 所示。用万用表欧姆挡检查整流子与电枢绕组铁芯之间的导通性，检查结果应为不导通。若结果为导通，则该电枢应予以报废。

图 8-33　检查整流子是否断路　　图 8-34　检查整流子是否搭铁

（4）励磁绕组检测

检查励磁绕组是否断路，如图 8-35 所示。用万用表欧姆挡检查引线和励磁绕组电刷引线之间的导通性，正常情况下应导通。

检查励磁绕组是否搭铁，如图 8-36 所示。用万用表欧姆挡检查励磁绕组末端与磁极框架之间的导通性，正常情况下应不导通。

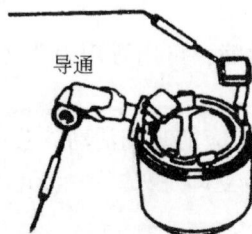

图 8-35　检查励磁绕组是否断路　　图 8-36　检查励磁绕组是否搭铁

（5）电刷弹簧检测

检测电刷弹簧，如图 8-37 所示，读取电刷弹簧从电刷分离瞬间的拉力计读数。标准弹簧安装载荷为 17~23N，最小安装载荷为 12N。若安装载荷小于规定值，则电刷弹簧应予以报废。

（6）电刷架检测

如图 8-38 所示，用万用表欧姆挡检查电刷架正极与负极之间的导通性，应不导通。

图 8-37 检查电刷弹簧载荷

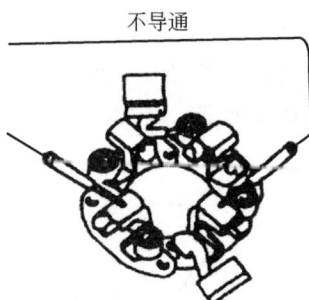

图 8-38 检查电刷架绝缘情况

(7) 单向离合器和驱动齿轮检测

检查单向离合器和驱动齿轮是否严重损伤或磨损。如有损坏，则应报废单向离合器与驱动齿轮。

检查起动机单向离合器是否打滑或卡滞，如图 8-39 所示。将离合器驱动齿轮夹在台虎钳上，在花键套筒中套入花键轴，将扳手接在花键轴上，测得力矩应大于规定值（24~26N·m），否则说明离合器打滑。反向转动离合器应不卡滞，否则单向离合器总成应予以报废。

(8) 电磁开关检测

检查电磁开关内部线圈短路、短路或搭铁故障，可用万用表测线圈电阻后与标准值比较进行判断。

按照图 8-40 所示连接好线路，接通开关 K 后应能听到活动铁芯动作的声音，同时试灯 L 应被点亮；开关 K 断开后，试灯 L 应立即熄灭。

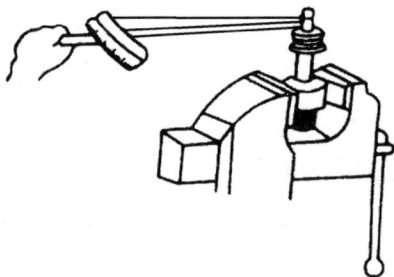

图 8-39 检查起动机离合器工作是否正常

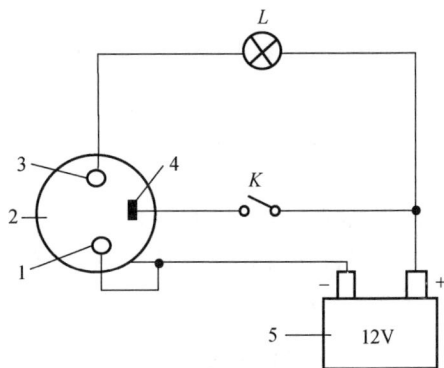

图 8-40 电磁开关的检查电路

1-磁场线圈接线柱；2-起动机开关；3-蓄电池接线柱；

4-点火开关接线柱；5-蓄电池

8.2.4 起动机整体性能检测

(1) 空载性能试验

空载性能试验每项试验应在 3 ~ 5s 内完成，以防线圈烧坏。检测使用的蓄电池必须充满电。

如图 8-41 所示，用导线将起动机与蓄电池和电流表（量程为 0 ~ 100A 以上的直流电流表）连接。蓄电池正极与电流表正极连接，电流表负极与起动机"30"端子连接，蓄电池负极与起动机外壳连接。

如图 8-42 所示，用带夹电缆将"30"端子与"50"端子连接起来，此时驱动齿轮应向外伸出，起动机应平稳运转。当蓄电池电压大于或等于 11.5V 时，消耗电流应不超过 50A，用转速表测量电枢轴的转速应不低于 5000r/min。

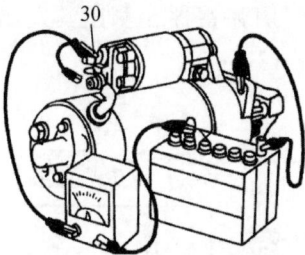

图 8-41 起动机的空载试验 图 8-42 接通"50"端子进行试验

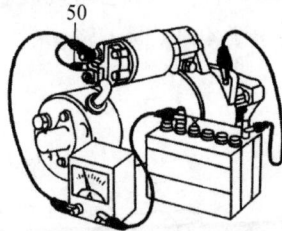

如电流大于 50A 或转速低于 5000r/min，说明起动机装配过紧或电枢绕组和磁场绕组有短路或搭铁故障。若电流和转速都低于标准值，说明电路接触不良，如电刷与换向器接触不良或电刷弹簧弹力不足等。

(2) 电磁开关试验

1) 吸拉动作试验。将起动机固定到台虎钳上，拆下起动机端子"C"上的磁场绕组电缆引线端子，用带夹电缆将起动机"C"端子和电磁开关壳体与蓄电池负极连接，如图 8-43 所示。用带夹电缆将起动机"50"端子与蓄电池正极连接，此时驱动齿轮应向外移动。若驱动齿轮不动，说明电磁开关有故障。

2) 保持动作试验。在吸拉动作基础上，当驱动齿轮保持在伸出位置时，拆下电磁开关"C"端子上的电缆夹，如图 8-44 所示，此时驱动齿轮应保持在伸出位置不动。若驱动齿轮回位，说明保持线圈短路。

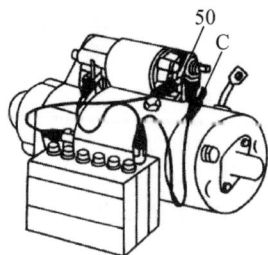

图 8-43　吸拉动作试验线路　　　　图 8-44　保持动作试验方法

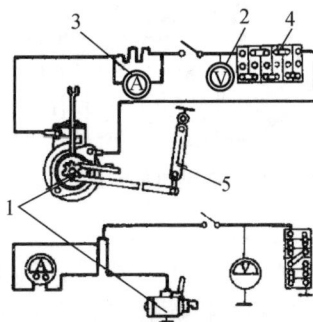

3）回位动作试验。在保持动作的基础上，再拆下起动机壳体上的电缆夹，如图 8-45 所示，此时驱动齿轮应迅速回位。若驱动齿轮不能回位，说明回位弹簧失效。

（3）全制动试验

如图 8-46 所示，将起动机放在测矩台上，用弹簧秤 5 测出其发出的力矩，当制动电流小于 480A 时，输出最大力矩不小于 13N·m。

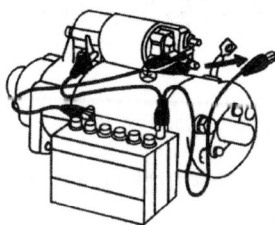

图 8-45　回位动作试验方法　　　图 8-46　起动机的全制动试验
1-起动机；2-电压表；3-电流表；
4-蓄电池；5-弹簧秤

8.3　报废汽车照明系统与信号系统拆解与检测

汽车照明系统分为外部照明和内部照明系统。外部照明系统主要有前照灯、雾灯、倒车灯、牌照灯等。内部照明系统主要有阅读灯、顶灯等。汽车信号系统主要有喇叭、制动灯和转向灯等。本节以桑塔纳轿车为例，讲解报废汽车照明与信号系统的拆解与检测（张春华等，2011）。

8.3.1　汽车照明与信号系统结构

汽车照明系统的结构基本相同，都是由电源、保险丝、开关和灯等部分组成。

8.3.1.1　前照灯和雾灯

桑塔纳 2000 型轿车前照灯和雾灯结构，如图 8-47 所示。前照灯为远、近光双丝灯泡，双丝灯泡既可使用卤素灯泡，也可使用白炽灯泡。雾灯有前雾灯和后雾灯，前雾灯左右各一个，规格为 12V/55W，后雾灯只有一个，安装在左后方，规格为 12V/21W。

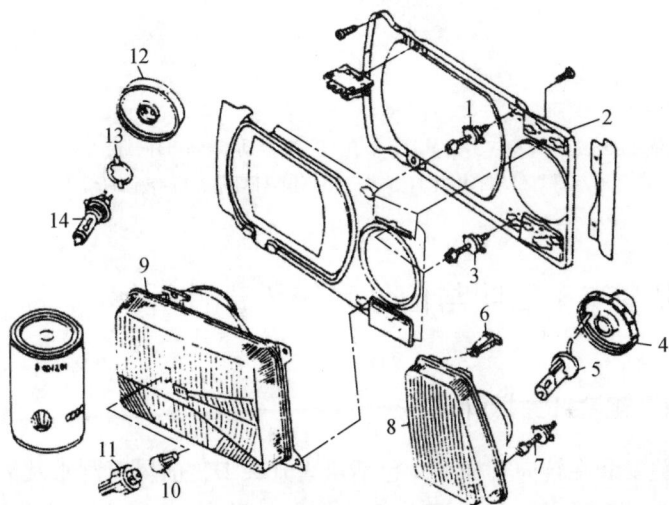

图 8-47　前照灯与雾灯结构

1-光束水平方向调整螺钉；2-灯架；3-光束垂直方向调整螺钉；4-雾灯座；5-雾灯
灯泡；6-连接器；7-雾灯调整螺钉；8-雾灯罩；9-前照灯灯座；10-示宽灯灯泡；
11-示宽灯灯座；12-护盖；13-夹紧弹簧；14-前照灯灯泡

8.3.1.2　组合后尾灯

桑塔纳轿车尾灯与转向灯、制动灯等组装在一起，统称为组合后尾灯，其结构如图 8-48 所示。尾灯规格为 12V/5W，倒车灯和制动灯分左右两只，其规格为 12V/21W。

8.3.1.3　转向信号灯与报警灯

桑塔纳轿车转向信号灯与报警灯系统由转向信号灯、闪光继电器、转向组合手柄开关、报警灯开关等组成。

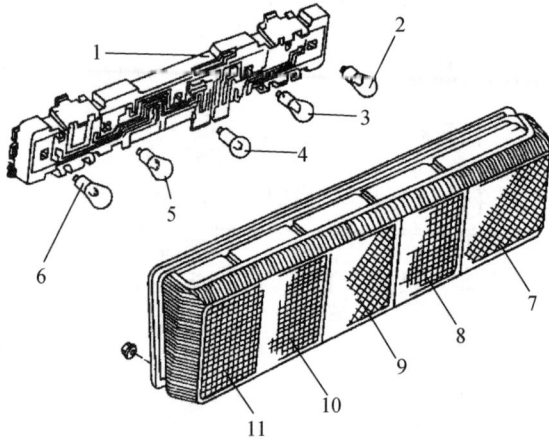

图 8-48　组合后灯

1-灯泡座架；2-倒车灯；3-后雾灯；4-尾灯；5-制动灯；6-转向灯；7-倒车灯灯罩；
8-后雾灯灯罩；9-尾灯灯罩；10-制动灯灯罩；11-转向灯灯罩

8.3.2　报废汽车照明与信号系统零部件拆解

8.3.2.1　组合开关拆解

组合开关安装在转向管柱上，包括点火开关 D、前风窗刮水及清洗开关、转向灯开关及变光开关等。组合开关的拆解，如图 8-49 所示；转向管柱的拆解，如图 8-50 所示。

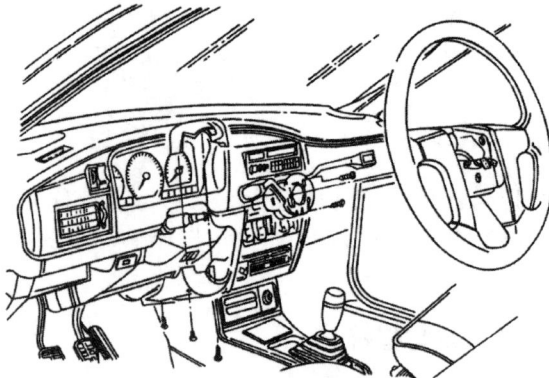

图 8-49　组合开关拆解图

(a)

(b)

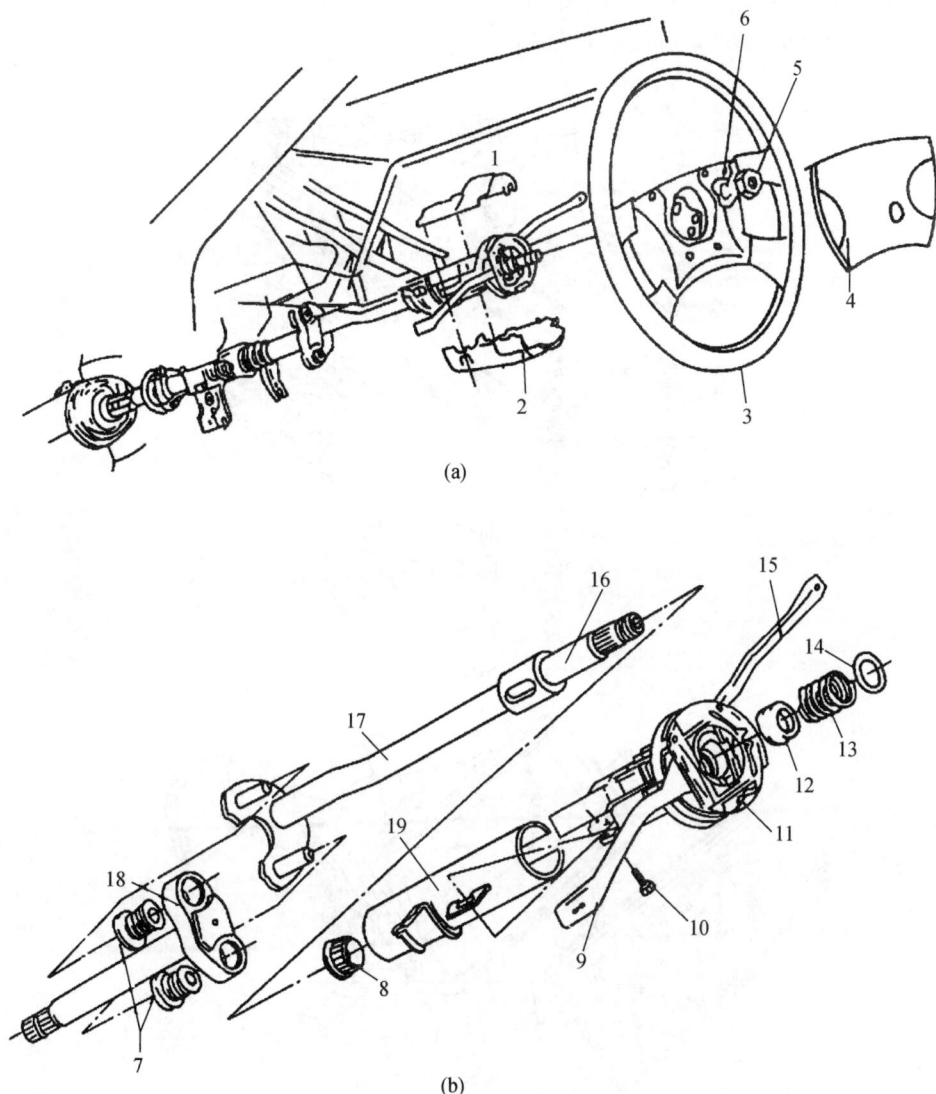

图 8-50 转向管柱的拆解

1-上装饰罩；2-下装饰罩；3-转向盘；4-盖板；5-六角螺母 M16；6-弹簧垫片；7-衬套；8-支承环；9-转向灯开关；10-圆头螺栓；11-喇叭簧片；12-接触环；13-压紧弹簧；14-垫片；15-刮水下清洗开关；16-转向管柱上端；17-转向管柱中部；18-转向管柱下端；19-套管

8.3.2.2 前照灯、转向灯拆解

前照灯、转向灯的拆解，如图 8-51 所示，前照灯安装后应进行调节，在拆

卸前照灯时应防止灰尘进入。拆卸转向灯时不需要拆卸前照灯，只要卸下转向灯即可。前照灯分解步骤，如图 8-52 所示。

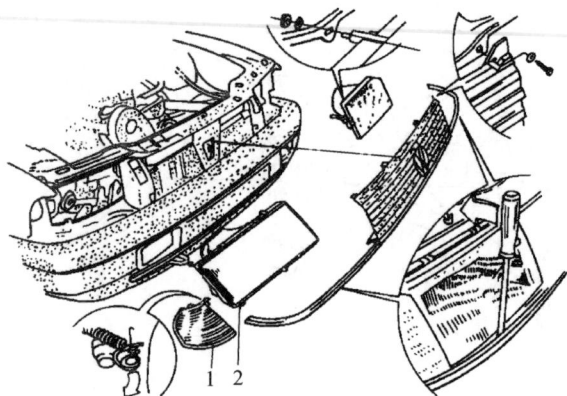

图 8-51　前照灯拆解图

1-转向灯；2-前照灯

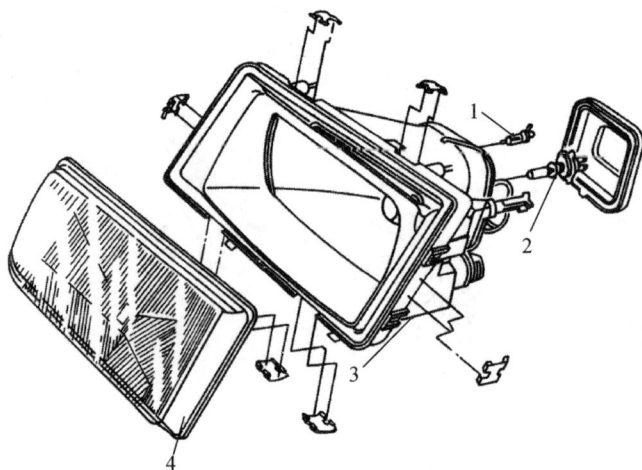

图 8-52　前照灯分解

1-小灯灯泡；2-前照灯灯泡；3-前照灯壳体；4-前照灯灯罩

8.3.2.3　雾灯拆解

雾灯的拆解步骤，如图 8-53 所示。

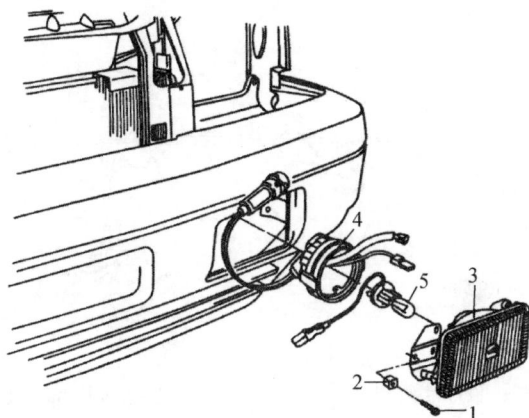

图 8-53　雾灯拆解图

1-固定螺钉；2-固定螺母；3-雾灯灯罩；4-灯座；5-雾灯灯泡

8.3.2.4　尾灯和牌照灯拆解

尾灯、牌照灯的拆解，如图 8-54 所示。

8.3.2.5　行李箱灯拆解

行李箱灯的拆解，如图 8-55 所示。

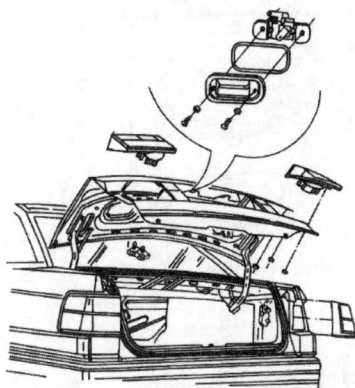

图 8-54　尾灯和牌照灯拆解图

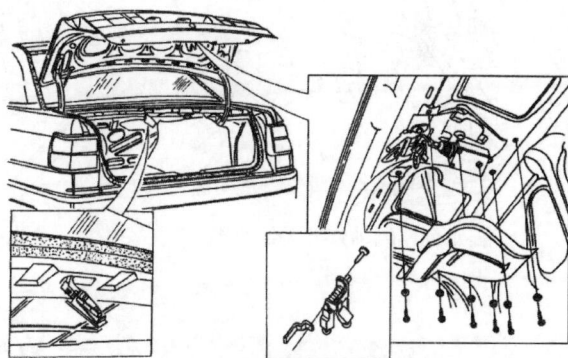

图 8-55　行李箱灯拆解图

8.3.2.6　车内照明灯拆解

车内照明灯的拆解，如图 8-56 所示；照明灯开关的拆解，如图 8-57 所示。

拆解时，要用力压住。

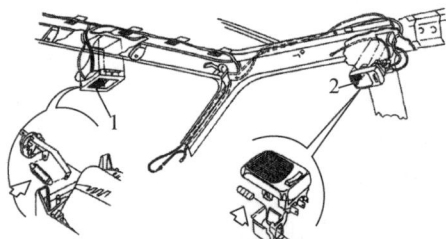

图 8-56　车内照明灯拆解图

1-内照明灯；2-右左侧顶灯

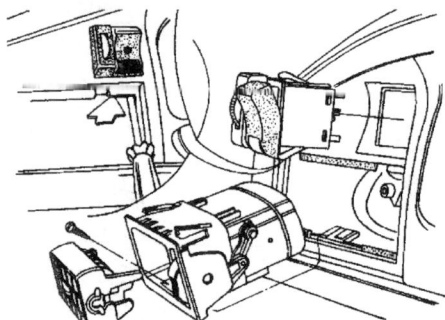

图 8-57　前照灯开关拆解图

8.3.2.7　制动灯开关拆解

制动灯开关的拆解，如图 8-58 所示。

8.3.2.8　雾灯开关拆解

雾灯开关拆解，如图 8-59 所示。

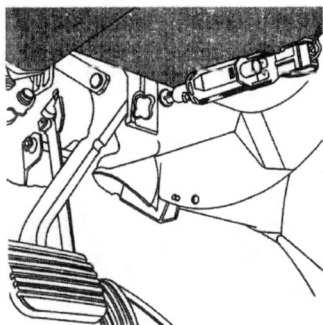

图 8-58　制动灯开关拆解图

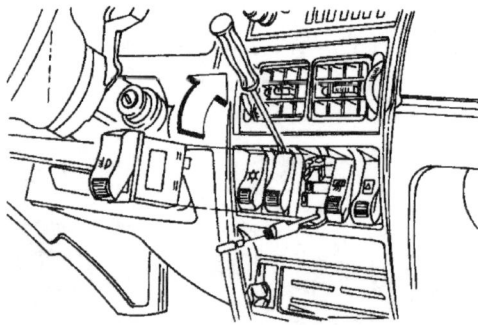

图 8-59　雾灯开关拆解图

8.4　报废汽车仪表及辅助电器拆解

8.4.1　仪表台结构与拆解

桑塔纳 2000 型轿车仪表台的结构较为复杂，其上面主要布置有车速里程表、转速表、冷却液温度表、燃油表、时钟、动态油压报警、防冻液液位报警、高温报警、燃油不足报警、手制动作用、充电、后窗除霜开关、远光指示、紧急闪光灯、ABS 指示灯等二十几种仪表或显示装置。仪表台上还布置收放机、点烟器、杂物箱以及空调出风口等。桑塔纳 2000 型轿车仪表台的布置如图 8-60 所示，其中仪表盘如图 8-61 所示。

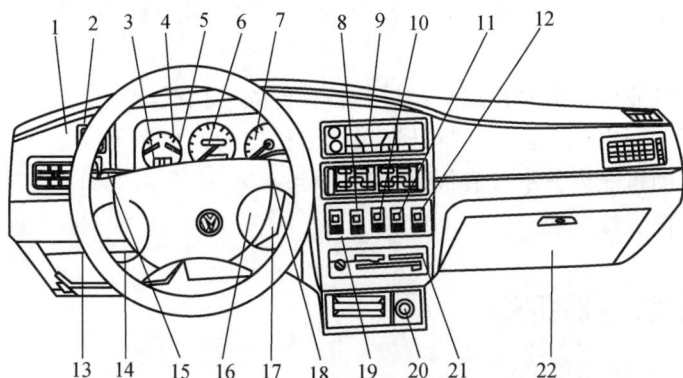

图 8-60　桑塔纳 2000 型轿车仪表台布置图

1-出风口；2-灯光开关和仪表板照明亮度调节器；3-时钟；4-冷却液温度表和燃油量表；5-信号灯/警告灯；6-车速里程表；7-转速表；8-后窗除霜开关；9-收放机；10-雾灯开关/紧急闪光灯开关；11-防盗系统指示灯/后窗除霜开关；12-紧急闪光灯开关/ ABS 指示灯；13-保险丝盖板；14-阻风门拉手；15-转向信号灯及变光拨杆开关；16-喇叭按钮；17-点火开关及方向盘锁；18-风挡括水器及洗涤剂喷射装置拨杆开关；19-空调开关；20-点烟器；21-空调控制面板；22-杂物箱

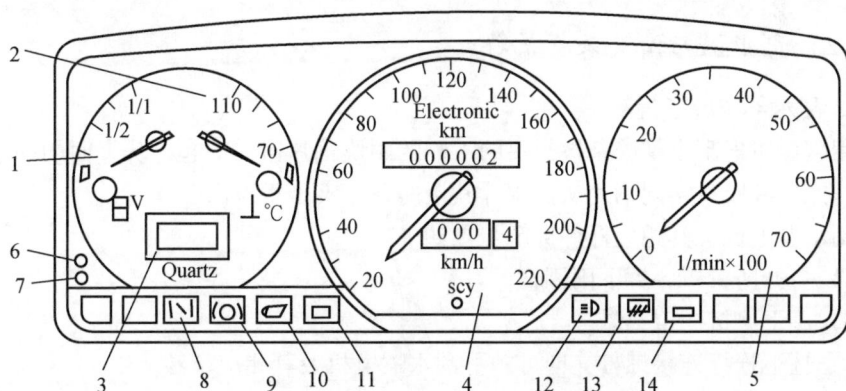

图 8-61　桑塔纳 2000 型轿车仪表盘

1-燃油表；2-冷却液温度表；3-电子液晶钟；4-电子车速里程表；5-电子发动机转速表；6-电子钟分钟调节钮；7-电子钟时钟调节钮；8-阻风门拉起指示灯；9-手制动拉起和制动液面警告灯；10-机油压力警告灯；11-充电指示灯；12-远光指示灯；13-后窗除霜加热指示灯；14-冷却液液面警告灯

桑塔纳 2000 型轿车仪表台的拆解步骤如下。

1）用"一"字螺丝刀撬下仪表板的装饰条，用"十"或"一"字螺丝刀拆下外饰板上的螺钉，取下外饰板。

2）拆下副仪表板、杂物箱及左右衬里。

3）用专用工具拆下转向盘，断开喇叭线路接插件。

4）拆下组合仪表盘座框螺钉，使仪表盘外倾，分开线路接插件，取下仪表盘总成。

5）拆下收放机，分开接线口，拆开各种开关的接线口。

6）拆开侧面出风口连接，拆开通风调节机构的饰板和固定螺钉。

7）从发动机舱内拧下仪表板的固定螺母。

8）拆下仪表板总成。

8.4.2 辅助电器拆解

8.4.2.1 刮水器及清洗装置拆解

（1）刮水器及清洗装置结构

桑塔纳轿车的刮水器及清洗装置，由熔断器、带间歇挡的前风窗刮水器开关、前风窗刮水器继电器、电动机、刮水器支座、连杆总成、定位杆及刮水器橡皮条、喷水泵、储液罐、喷嘴等组成，如图 8-62 和图 8-63 所示。

（2）刮水器与清洗装置拆解

a. 刮水器橡胶条拆解

用鲤鱼钳把刮水橡胶条被封住的一侧的两块钢片钳在一起，从上面的夹子里取出，并把橡胶条连同钢片从刮水片其余的几个夹子里拉出。

刮水器电机及其相应杆件拆解步骤如下。

1）打开防护罩，拆下雨刷臂。

2）旋下电机固定螺母。

3）选下连杆连接螺母，即可卸下刮水器电机及其相应杆件。

b. 清洗装置拆解

1）打开发动机舱盖，拆下隔音棉，可以看到喷嘴及连接软管，从发动机舱盖正面用手轻压喷嘴，即可拆下喷嘴。拆下软管固定卡，即可拿下连接软管。

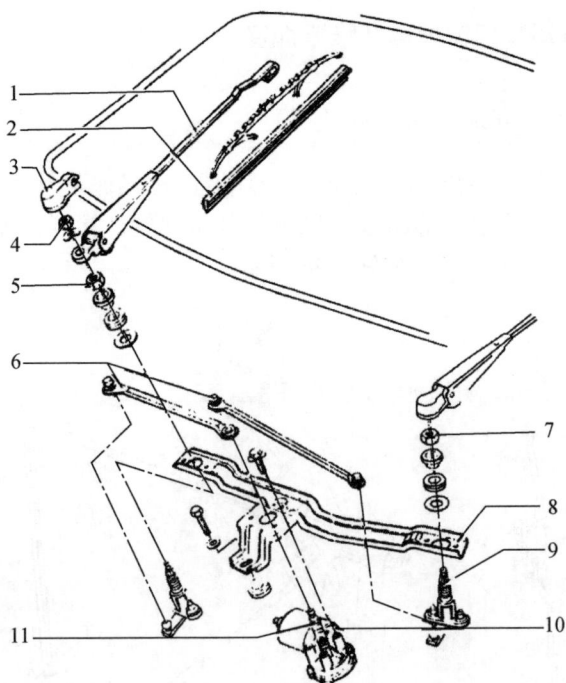

图 8-62　刮水器结构

1-雨刷臂；2-雨刷橡胶片；3-防护罩；4、5、7-螺母；6-摆杆；8-支座；9-轴颈；10-电动机；11-曲柄

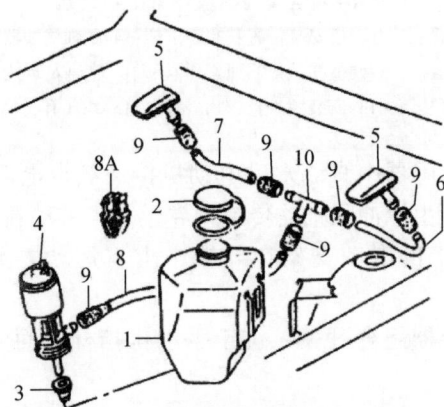

图 8-63　清洗装置结构

1-储液罐；2-加液口盖；3-密封垫；4-喷水泵；5-喷嘴；6、7、8-塑料管；
8A-软管夹子；9-橡胶管；10-三通接头

2）拆下储液罐固定螺栓，拆下连接软管，可以从汽车底部拿出储液罐。喷水泵一般都附装在储液罐上，拔下接插件，拆下连接螺丝，即可拿下喷水泵。

8.4.2.2　电动车门窗玻璃升降器拆解

（1）电动车门窗玻璃升降器结构

桑塔纳 2000 型轿车的电动门窗玻璃升降器由过热保险丝、开关、自动继电器、延时继电器、直流电机等组成，机械部分由蜗轮、蜗杆、绕线轮、钢丝绳、导轨、滑动支架等零件组成，如图 8-64 所示。

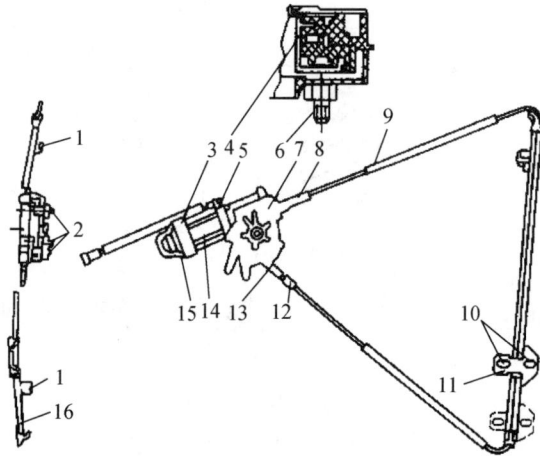

图 8-64　电动门窗玻璃升降器结构

1-支架安装位置；2-电动机安装位置；3-固定架；4-联轴缓冲器；5-电动机；
6-卷丝筒；7-盖板；8-调整弹簧；9-绳索结构；10-玻璃安装位置；11-滑动
支架；12-弹簧套筒；13-安装缓冲器；14-铭牌；15-均压孔；16-支架结构

当电动门窗玻璃升降器中直流永磁电动机接通额定电流后，转轴输出转矩，经蜗轮蜗杆减速后，再由缓冲联轴器传递到卷丝筒，带动卷丝筒旋转，使钢丝绳拉动安装在玻璃托架上的滑动支架在导轨中上下运动，实现门窗玻璃升降的目的。

电动门窗玻璃升降器组合开关，位于手动排挡杆前面的平台上，如图 8-65 所示。

点火开关置于"ON"时，可使用按键式组合开关方便地控制四扇车门窗玻璃的升降，也可以使用安装在车门上的按键开关进行单独操作。

组合开关上的 4 个按键分别控制各自相应的车门窗玻璃升降，中间黄色开关为后窗玻璃升降总开关，可以切断后窗车门上的门窗玻璃升降器开关。

驾驶员侧门窗玻璃升降的操作与其他车门有所不同，只需要点一下下降键，车门窗玻璃即可一降到底，如需中途停下，点一下上升键就可以。

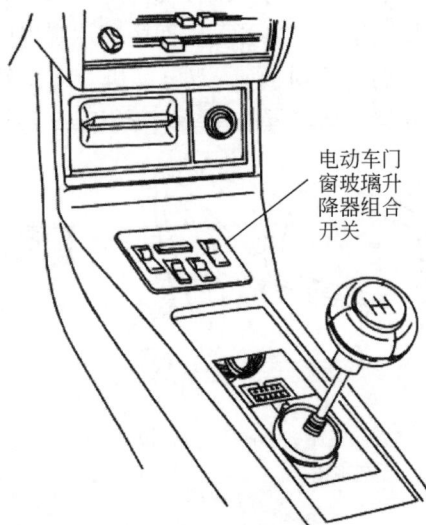

图 8-65　电动门窗玻璃升降器组合开关

当点火开关关闭时，延时继电器会工作 1min，在此期间车门窗玻璃仍可起开关作用，然后自动切断地线。

（2）电动车门窗升降器拆解

1）拆下门内饰板，拆下扬声器，并拔下导线接插头。

2）拆下门窗升降导轨的连接螺栓，拔下升降电机上相应的连接导线插头。

3）用手或其他软工具把玻璃提升到高位，拆下玻璃托架，通过下口拿出门窗升降导轨和电机。

4）放下玻璃，小心通过下口把玻璃取出。

8.4.2.3　电动后视镜的结构与检测

（1）电动后视镜和控制开关结构

桑塔纳 2000 型轿车后视镜采用电动控制。电动后视镜壳体内有两个永磁电动机，通过控制两个电动机的开关，可以获得二顺二反四种电流，即可使镜面产生上、下、左、右四种运动，以获得不同方位的位置调整。

控制开关安装在左前门内侧把手上方。当点火开关置于"ON"时，将控制开关球型钮旋转，以选择所需要调整的后视镜。在控制开关面板上印有 L、R 字样，L 表示左侧后视镜，R 表示右侧后视镜，中间则是停止操作。选择好需要调整的后视镜后，只要上、下、左、右摇动开关的球型钮，就可以调整后视镜反射面的空间角度。调整工作完毕，可将开关转回中间位置以防误碰。

电动后视镜由镜面玻璃（反射面）、双电动机、连接件、传动机构与壳体等组成。控制开关由旋转开关、摇动开关及线束等组成，其外形如图 8-66 所示。

图 8-66　电动后视镜

1-左后视镜总成；2-电线接头；3-控制开关

（2）电动后视镜检测

后视镜是车身两侧最外突的部件，最容易被外力损坏。电动后视镜检测主要有两个内容：一是外观检测，若电动后视镜外壳破损或镜面开裂，应立即报废；二是控制电机测试，操纵控制开关，检查镜面调整电机是否能正常工作，若不能工作，则报废处理。

8.5　报废汽车空调系统拆解

8.5.1　汽车空调基本结构与布置

桑塔纳 2000 系列轿车空调系统布置如图 8-67 所示（田长有和刘文林，2012），其制冷剂为 R134a。

汽车空调系统的基本结构如图 8-68 所示。由蒸发器 1 出来的低温、低压制冷剂 HCF134a 气体，经低压软管 2、低压阀 9 进入压缩机 3。压缩机内将气态制冷剂吸入并压缩，变成高温、高压的制冷剂气体，由高压阀出来经过高压软管 4 进入冷凝器 5，并把热量排出车外，被冷却为中温、高压的液态 R134a 后，从冷凝器底部流向储液干燥器 6，经过滤干燥后由高压软管 4 送至膨胀阀 8。经膨胀阀的高压液态制冷剂减压后，成为低温、低压的雾状物进入蒸发器，通过蒸发器芯管吸收周围空气中的热量而变为气体，冷却后的冷空气，经风扇强制送回车内，完成了降温目的。低温、低压的气态制冷剂，经低压软管回到压缩机，开始新一轮工作循环。

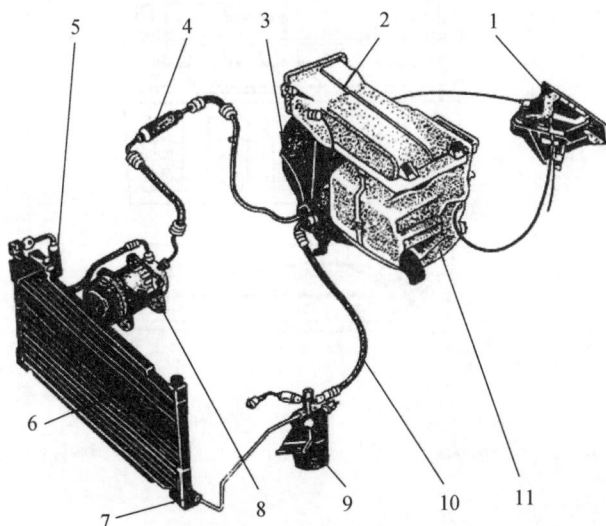

图 8-67 空调系统布置

1-控制装置；2-进气罩；3-蒸发箱；4-S 管；5-D 管；6-冷凝器；
7-C 管；8-空调压缩机；9-储液干燥管；10-L 管；11-加热器

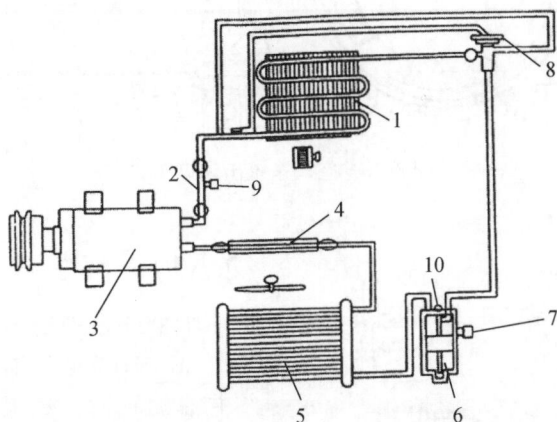

图 8-68 空调系统基本结构

1-蒸发器；2-低压软管；3-压缩机；4-高压软管；5-冷凝器；6-储液干燥器；
7-高压阀；8-膨胀阀；9-低压阀；10-压力开关

空调系统操纵杆及空调系统出风口的布置如图8-69和图8-70所示。

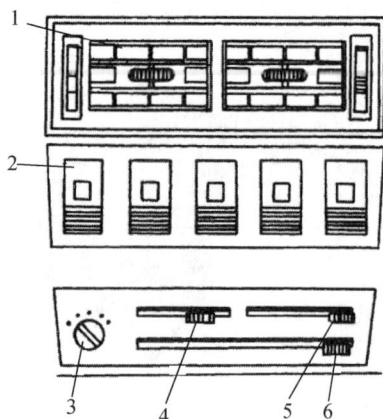

图 8-69　空调系统操纵杆

1-中央出风口；2-空调控制开关；3-自然风鼓风机开关；4、5-气流分布拨杆；6-温度选择拨杆

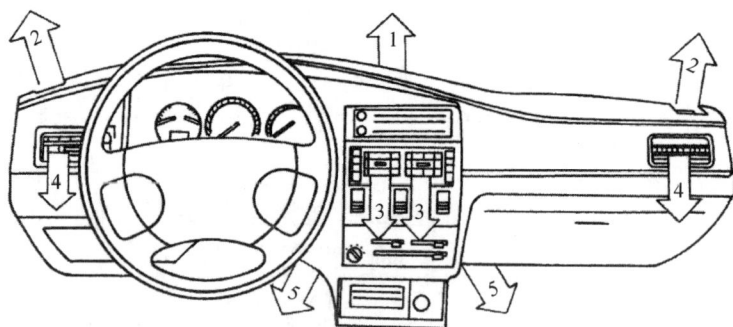

图 8-70　空调系统出风口布置

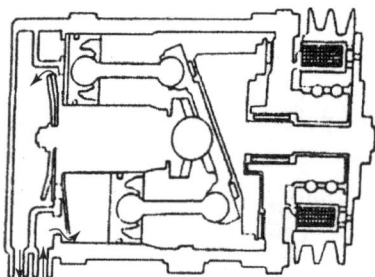

图 8-71　摇摆斜盘式压缩机

8.5.1.1　压缩机

桑塔纳2000系列轿车空调系统采用摇摆斜盘式 SE-5H14 型压缩机，如图8-71所示。当主轴旋转时，摇板轴向往复摇摆，从而带动压缩机的活塞作轴向往复运动。压缩机采用电磁离合器，当接通电源时，电磁离合器线圈中的电流在离合器片与固定框之间产生一定的磁场，离合器的磁铁吸向转子，电磁离合器带轮从发动机上得

到的动力传给压缩机轴，带动压缩机工作。当切断电源时，磁场消失，离合器分离，带轮空转。

8.5.1.2 冷凝器

冷凝器把来自压缩机的高温制冷剂气体冷凝成高压液体，并把吸收的热量释放到车外环境去。桑塔纳2000系列轿车空调冷凝器为管带式冷凝器，其结构如图8-72所示。

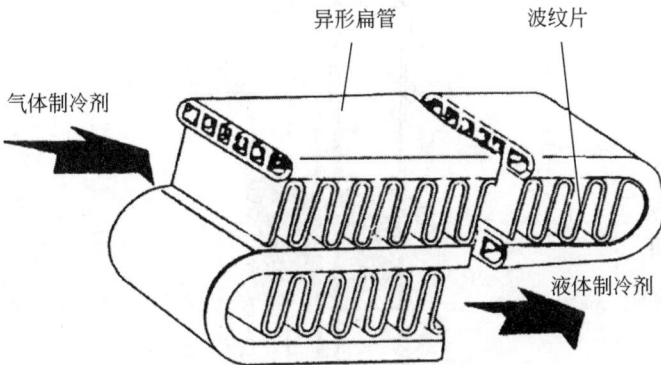

图8-72 管带式冷凝器结构图

8.5.1.3 蒸发器

蒸发器安装在副驾驶员一侧杂物箱下方，采用风冷全铝板带式结构，其功能如下，经节流阀流入的制冷剂液体蒸发成气体，吸收车内热空气的热量，从而达到降温的目的。蒸发器上插有感温开关的毛细管。

8.5.1.4 储液干燥器

储液干燥器安装在发动机左前方纵梁上，它由过滤器、干燥剂、窥视玻璃孔、组合开关及引出管等组成，如图8-73所示。它的主要功能有储存制冷剂、吸收制冷剂中的水分及过滤异物、高低压保护等。

8.5.1.5 膨胀阀

膨胀阀把高温、高压的液态制冷剂节流降压，转化为低压、低温的雾状物，送入蒸发器，并控制蒸发器的供液量，防止过多的液体引起阻滞现象。

桑塔纳2000系列轿车采用"H"形膨胀阀，主要由阀体、感温元件、调节杆、弹簧、球阀等组成，如图8-74所示。

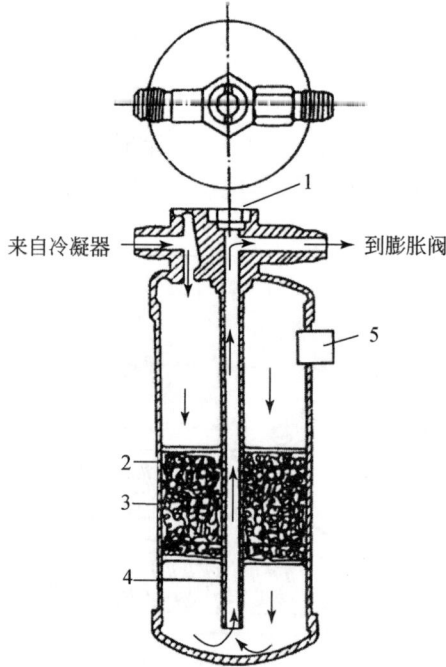

图 8-73　储液干燥器结构

1-窥视玻璃；2-过滤器；3-干燥剂；4-引出管；5-组合开关

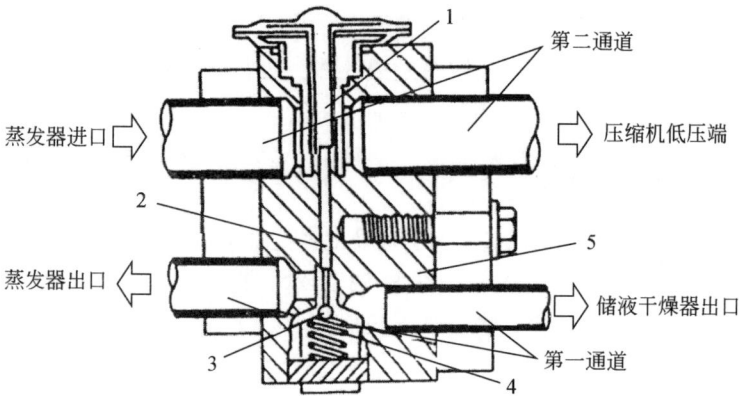

图 8-74　"H"形膨胀阀结构示意图

1-感温元件；2-调节杆；3-球阀；4-弹簧；5-阀体

8.5.2 空调系统拆解

汽车空调系统拆解时，需要根据先前接收车辆时的静态、动态检查结果，判断部件回收利用的方式，从而确定在拆解中使用何种方法。下面以桑塔纳 2000 系列轿车空调为例讲解汽车空调系统拆解流程，该流程基于无损拆卸原则进行操作。

8.5.2.1 拆解注意事项

1）之前预处理虽对制冷剂进行了回收处理，但空调系统中仍存有一定量的冷冻机油，在拆解时需要注意对冷冻机油的回收。

2）空调系统多数部件为铝制品，在外力下容易变形受损，故在拆解与存放时需特别注意，应避免拆解、存放过程对零部件的损失。

8.5.2.2 压缩机拆解

1）拆下压缩机上高、低压管的连接螺栓，并对出现的裸露管口做封闭处理，防止异物侵入。

2）拆卸电磁离合器导线插头，松脱压缩机皮带。

3）拆卸压缩机固定螺栓，取下压缩机。

压缩机和电磁离合器的结构和主要部件装配关系如图 8-75 和图 8-76 所示，相应拆解可参照进行。

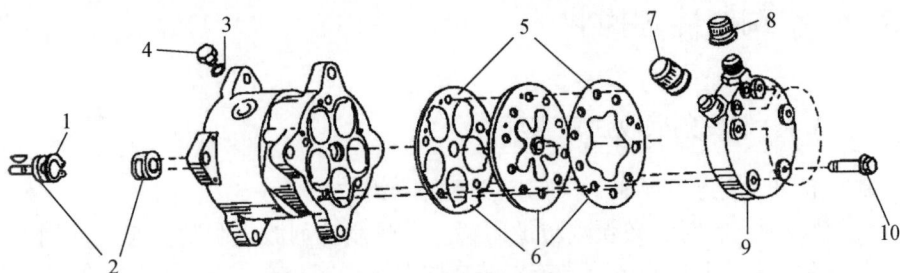

图 8-75　压缩机主要结构

1-孔用弹性挡圈；2-毡圈密封组件；3-加油塞 O 形密封圈；4-加油塞；
5-阀板组件和气缸垫；6-阀板；7-气口护帽；8-排气口护帽；9-缸盖；10-缸盖螺栓

8.5.2.3 冷凝器拆解

冷凝器的拆解步骤如下。

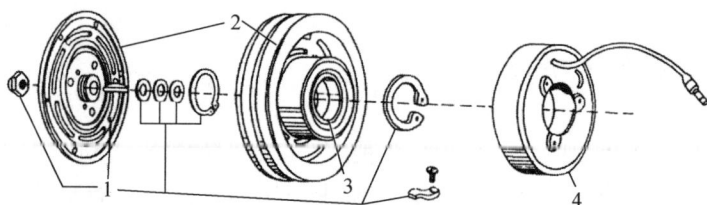

图 8-76　电磁离合器主要结构

1-附件（螺母、键、垫片、挡圈、挡圈导线压板）；2-吸盘组件和带轮；3-轴承；4-线圈

1）拆下散热器。

2）拆下冷凝器进口管和出口管。

3）拧下固定螺栓，拆下冷凝器。

8.5.2.4　蒸发器拆解

蒸发器的拆解步骤如下。

1）拆下新鲜空气风箱盖。

2）拆下蒸发器外壳。

3）拆下低压管固定件及压缩机管路，并封住管子端部。

4）拆下高压管固定件及储液罐，并封住管子端部。

5）拆下仪表板右侧下部挡板及网罩。

6）拆下蒸发器口的感应管。

7）拆下蒸发盘，取出蒸发器。

8.5.3　空调制冷剂回收

8.5.3.1　制冷剂回收注意事项

制冷剂回收注意事项如下（邵定文和邢春霞，2009）

1）制冷剂回收时，必须戴防护眼镜。一旦制冷剂溅入眼睛，应立即用干净的冷水冲洗，并马上送到医院治疗。若皮肤上溅到制冷剂，要立即用大量冷水冲洗，并涂上清洁的凡士林。

2）制冷剂的回收应在通风良好的地方进行。

3）回收用的软管要尽量短，回收前要通过抽真空或用尽量少的制冷剂将软管中的空气排尽。

4）回收的制冷剂应装在清洁的专用回收罐中。

5）不要将回收的制冷剂与新制冷剂混装在一个罐中。

6）制冷剂回收罐不可装满，瓶内液体制冷剂应不超过其容积的 80%。

7）装 CFC-12 与 HFC-134a 的回收罐上应分别贴有"CFC-12"与"HFC-134a"的标识，以防止将它们混淆。

8）不要的回收罐阀口应用堵帽封好，以避免灰尘的污染。

9）不要自行维修回收罐阀口或回收罐。

8.5.3.2　制冷剂纯度检测

制冷剂纯度检测主要是检测汽车空调系统中制冷剂的种类和成分比例，为后续回收再利用做准备。制冷剂纯度检测的主要仪器是制冷剂鉴别仪，图 8-77 所示为某型制冷剂鉴别仪，该仪器的主要使用方法如下。

（1）操作前检查

1）检查仪器外面的圆柱形容器中的白色过滤器内过滤芯上是否有红点。任何红点的出现都说明过滤器需要更换，以避免仪器失效。

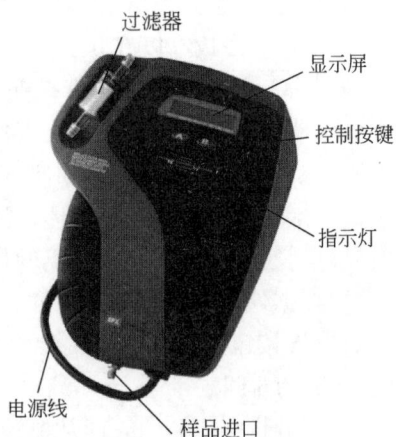

图 8-77　制冷剂鉴别仪

2）根据需要选择一根 R12 或 R134a 采样管。检查采样管是否有裂纹，磨损痕迹，脏堵或污染。绝对不可以使用任何有磨损的管子。把采样管安装到仪器的样品入口处。

3）检查仪器头部的进空气口，再检查仪器中部边缘的样品出口，以确保它们没有堵塞。

4）检查空调系统或制冷剂罐上的样品出口处，确保出口为气态出口，不会有液态油流出。

5）将仪器的电源接头连接到车载电源或市电电源上。

（2）操作步骤

1）给仪器通电，并让仪器预热 2min。

2）在预热过程中，需要将当地的海拔高度输入到仪器的内存中。仪器可以在海拔高度变化为 152m（500ft①）的范围内自动调节，所以初次使用时必须输

---

① ft 为英尺，1 英尺 = 0.3048m。

入当地的海拔高度。正常的气压变化不会影响仪器的运行。一般情况下只需输入一次海拔高度，只有当仪器在另一个海拔高度的地方使用时才需要重新输入海拔高度。如果没有输入海拔高度，仪器在预热过程中会显示"USAGE ELEVATION 〈〈〈NOT SET〉〉〉"。按照如下步骤设置海拔高度：在预热过程中，按住 B 按钮直到显示屏出现"USAGE ELEVATION，400FEET"（这是仪器的出厂设置，相当于海拔 122m）。

使用 A 和 B 按钮来调节海拔高度的设置，直到显示的读数高于但最接近当地的海拔值。每按一下 A 按钮读数增加 30m（400ft），每按一下 B 按钮读数减少 30m（100ft）。海拔高度在 0～2730m（0～9000ft）都是可调的。当选择好正确的海拔高度后，不要再按 A 和 B 按钮，保持仪器处于待机状态约 20s，设置会自动保存到仪器的内存中。注意：错误的海拔高度输入将导致仪器的检测错误。

3）仪器将会通过进空气口吸入环境空气约 1min。环境空气的功能是校正测试元件并排除残余的制冷剂气体。注意：为了完全校正，环境空气必须是清洁不含有制冷剂气体，碳氢和含有氧的化合物，如一氧化碳或二氧化碳。

4）根据仪器的提示，把采样管的入口端接到车辆空调系统或制冷剂罐的出口上。按 A 按钮。制冷剂样品会立即开始流向仪器。仪器对样品的分析过程需要大约 1min 的时间。

5）当分析完成后，立即从制冷剂罐上拆下采样管。注意：仪器不配有自动切断开关，所以只要管路是连接的，制冷剂气体就将不断地流出。为了避免过多的制冷剂流出，在分析过程中要注意观察仪器，并根据仪器的提示及时拆下采样管。

6）分析的结果将在仪器的显示屏上以下列符号显示出来。

PASS：说明样品的纯度达到 98% 或更高。制冷剂的种类和空气的污染程度也会同时在显示屏上显示出来。

FAIL：说明样品被测定为 R12 和 R134a 的混合物，无论是 R12 还是 R134a 的纯度都没有达到 98%，或者混合物太多。同时还将显示 R12，R134a 和空气的百分含量。

FAIL CONTAMINATED：说明测定的样品有未知制冷剂，如 R22 或碳氢类在混合物中的含量占 4% 或更多。在这种模式下，不能显示制冷剂或空气混合物的含量。

NO REFRIGERANT-CHK HOSE CONN：说明测定的样品中空气含量达到 90% 或更高。通常情况下是因为 R134a 采样管的接头没有打开，采样管没有与样品来源接通，或样品来源中没有制冷剂存在。

7）分析结果将保留在仪器的显示屏上，直到使用者按下 A 按钮。按下 A 按钮后要根据显示屏的提示进行操作。

8）如果需要对另一个样品进行检测，直接从步骤 5 开始操作。如果不需要再进行检测，拆下仪器的电源线，检测完毕。

（3）操作结束后的清理步骤

1）从仪器样品入口处拆下采样管。观察管子是否有磨损、裂纹、油堵或污染，并及时更换。擦净管子的外表面，将管子卷起放入盒子中。

2）检查样品过滤器是否有红点出现。如果发现有任何红点，根据保养程序中的步骤更换样品过滤器。

3）从仪器上拆下电源线，擦净，卷起收到存储盒中。

4）用湿布清理仪器的外表面。不要使用溶剂或水直接清理仪器。将清理干净的仪器放入存储盒中。

8.5.3.3 制冷剂回收方法

利用回收设备回收汽车空调制冷系统制冷剂一般采用液体回收和蒸气回收两种方法，见表 8-4。

表 8-4 制冷剂的回收方法及工作原理

类型	方法	工作原理
液体回收	加压回收法	制冷剂被制冷压缩机排出的高压蒸气加压，利用被回收设备与回收容器间的压差，把制冷剂回收到回收容器内；也可以把氮气输到被回收设备中，利用加压氮气将制冷剂压入回收容器
	降温回收法	利用制冷机或其他冷源降低回收容器的温度，使其压力降低，被回收的制冷剂液体在压差的推动下，流入回收容器
蒸气回收	压缩冷凝法	制冷压缩机抽吸被回收设备中的制冷剂蒸气，蒸气进入压缩机被压缩成高温高压气体，经油分离器分离出油后进入冷凝器，制冷剂蒸气经冷凝后凝结成液体，流入回收容器
	蒸气回热法	制冷剂蒸气被抽到回热器中，用来冷却压缩机排出的经油分离器分油后的高温高压蒸气，并使其冷凝为液体，再流入回收容器

汽车空调属于小型制冷系统，制冷剂的充注量一般较小，适合采用蒸气回收方法。汽车空调系统在压缩机的高压和低压侧上均装有维修阀，将制冷系统低压侧与回收设备吸气入口连接，回收罐与回收设备的液体出口连接，回收设备中的压缩机将制冷系统中的制冷剂蒸气吸入回收设备中，经过压缩冷凝变成液态制冷剂，储存在回收设备自带的储存罐中或者输送到回收设备外的回收罐，如图 8-78 所示。

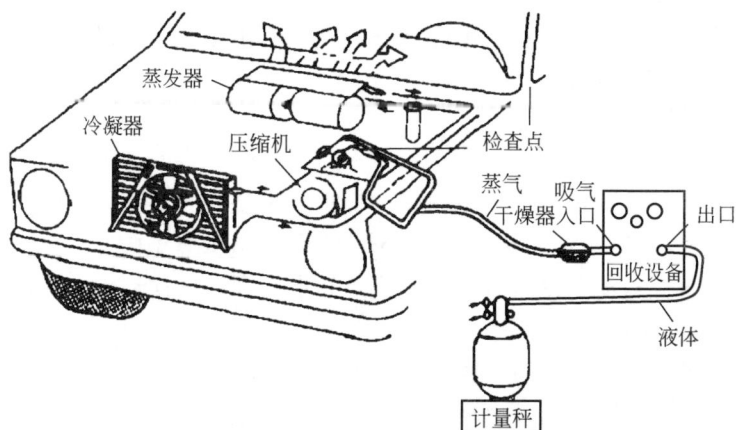

图 8-78　汽车空调蒸气回收

为了缩短制冷剂的回收时间，需要提前让制冷剂气化，为此，提高空调系统压缩机、冷凝器、储气罐等积存液体制冷剂部件的气体介质温度是有效的措施。例如，发动机能起动，可采用暖机操作，关闭空调、用发动机的热量，提高空调系统的温度。

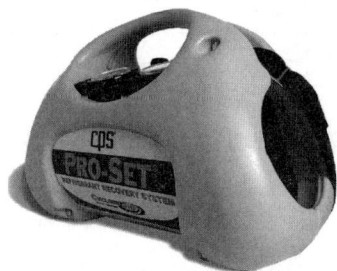

图 8-79　CR700S 单回收机

用于制冷剂回收的回收设备通常有两种类型：一种具有单一回收功能，另一种兼具回收、净化和和充注功能。

单一回收功能的回收设备只能把制冷剂从汽车空调系统中抽出，并把润滑油分离出来，而不能进行制冷剂净化或再利用。例如，CR700S 单回收机如图 8-79 所示，技术参数见表8-5。

表 8-5　CR700S 单回收机技术参数

品牌	CPS
产地	美国
压缩机	1HP 无油活塞压缩机
回收速度	气态最大速度：0.63kg/min
	液态最大速度：2.53kg/min
	液态（推拉法回收）：6.06kg/min
回收制冷剂种类	R12、R22、R134a 等
重量	15.3kg

续表

品牌	CPS
低压保护	自动
高压保护	自动（38bar/550psig）
过载保护	8amp
环境温度	0~49℃
外箱尺寸	20cm×37cm×30.5cm
电压	220V、50/60Hz
功率	850W
适用范围	家用、商用空调制冷、汽车、巴士、集装箱运输车、火车空调等

　　回收、净化和充注型回收设备可以从制冷系统中抽取出制冷剂，与润滑油分离后，滤除杂质、水分和空气，将其净化到满足 SAE 相关标准（对应于 CFC-12 的是 J1991；对应于 HFC-134a 的是 J2210），然后可以充注到原有系统或其他同种制冷剂的其他制冷系统中。

　　以美国 ROBINAIR AC500 PRO-R12 型制冷剂回收/净化/充注机为例，介绍回收过程。其设备流程简图如图 8-80 所示。

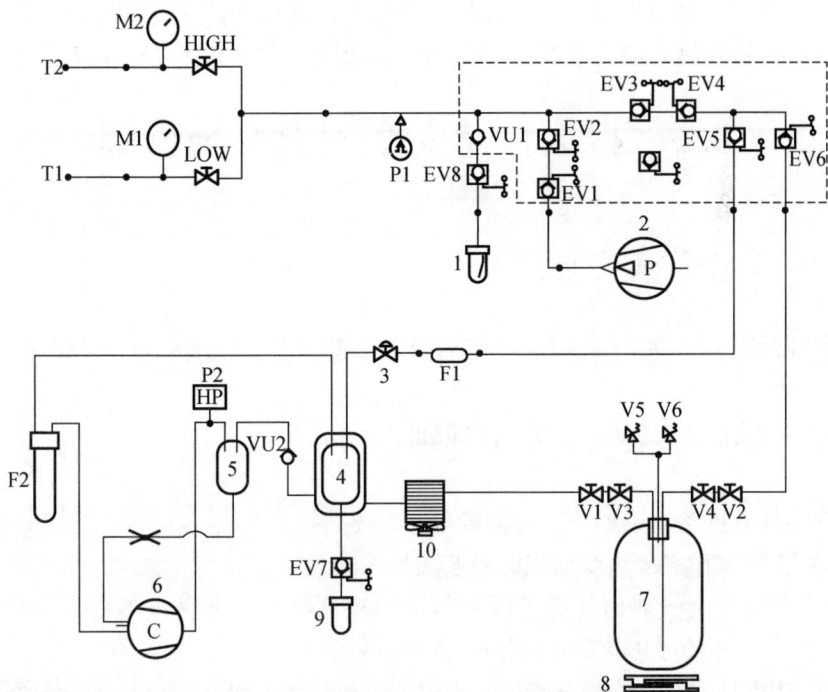

图 8-80　制冷剂回收/净化/充注机设备流程图

将两根充注管 T1 (低压) 和 T2 (高压) 接到汽车空调系统的维修口上, 打开手动高压阀 HIGH 与手动低压阀 LOW, 系统压力将立即到达 M2 高压歧管表、M1 低压歧管表和高、低压阀门。打开高、低压阀门, 低温、低压的气液混合制冷剂继续到达电磁阀 EV2、EV3 和压力传感器 P1。P1 传感器对空调系统的压力进行检测。

按回收功能开始回收, 此时电磁阀 EV3、EV4 和 EV5 打开, 压缩机 6 开始运转。制冷剂通过机械过滤器 F1 和膨胀阀 3 达到系统热交换器 (系统油分离器) 4。此时制冷剂将继续气化并吸收热量。机械过滤器 F1 和膨胀阀 3 到达系统热交换器 (系统油分离器) 4。此时制冷剂将继续气化并吸收热量。机械过滤器 F1 用于除去制冷剂中的灰尘等颗粒物, 而膨胀阀则将制冷剂减压到最合适于压缩机入口的工作压力 (表压约 $1.8 \times 10^5 \text{Pa}$) 然后进入换热器 (油分离器) 将制冷剂中的冷冻油分离出来。此时吸收了压缩机出口高温、高压制冷剂放出的热量。制冷剂通过系统油分离器 4, 再通过干燥过滤器 F2 去除水分和酸质后进入压缩机 6。经压缩机压缩后, 变成高温、高压的气态制冷剂又进入压缩机油分离器 5 将制冷剂带走的压缩机油分离出来。这部分压缩机油可再流回压缩机。制冷剂流经压缩机油分离器同时到达高压保护开关 P2, 经过单向阀 VU2 再次进入系统热交换器 (系统油分离器) 4。在此高温、高压的气态制冷剂将热量交换给刚通过膨胀阀 3 进入热交换器 (油分离器) 的低温气液混合物, 从而加快了这部分制冷剂气化; 同时也使自身放热, 加之冷凝器 10 冷却变为液态, 最终进入工作罐 7。

8.6 报废汽车安全气囊系统拆解

8.6.1 安全气囊安装位置

当前汽车上, 安全气囊系统主要部件的安装位置, 如图 8-81 所示。

8.6.2 拆解安全气囊安全规则

安全气囊拆解规则如下 (方海峰等, 2008)。

1) 拆解工作必须由受培训的专业人员来进行。

2) 拆解安全气囊时, 必须断开蓄电池搭铁线。断开蓄电池后需等待 3min (等控制单元内部的电容完全放电), 才可拆解。

3) 为保证安全, 在对气囊进行拆解前, 应用手或身体部位与车身充分接触, 以消除静电。

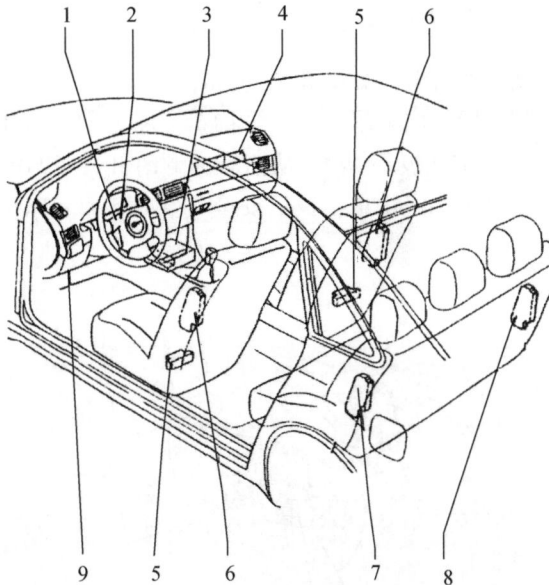

图 8-81 安全气囊部件安装位置示意图

1-汽车方向盘；2-驾驶员侧安全气囊；3-安全气囊控制单元；4-副驾驶员侧安全
气囊；5-横向加速度传感器；6-侧面安全气囊；7-后座左侧面安全气囊；8-后座
右侧面安全气囊；9-自诊断插头

4）在拆解过程中，切勿将身体正面朝向气囊总成；车内不得有其他人作业。

5）严禁在气囊上进行诸如电阻测量一类的电气检查，防止气囊意外爆炸。

6）在拆解过程中，应注意不要震动 SRS 装置（如用冲击扳手或锤子等），否则气囊可能意外爆炸，导致车辆损坏或人身伤害。

7）将拆解的安全气囊放置于指定区域。存放安全气囊时，起缓冲作用的面应朝上。

8）安全气囊上不能沾油脂、清洁剂等，不能置于温度超过 100℃ 以上的环境中。

8.6.3　安全气囊拆解步骤

安全气囊系统的组成部件分布在汽车的不同位置，各型汽车所采用部件的结构和数量有所不同，但其基本结构组成大致相同。下面以奥迪 A6 车型为例，说明其拆解过程。

（1）驾驶员安全气囊拆解

驾驶员侧安全气囊的拆解，如图8-82所示。

松开转向柱调节装置。向上尽量拉出方向盘。将方向盘置于垂直位置；如图8-82所示箭头方向转动T30扳手90°（从前看为顺时针），以松开定位爪7。将方向盘回转半圈，松开另一个定位爪；拔下安全气囊插头3和4。缓冲面朝上放置安全气囊。

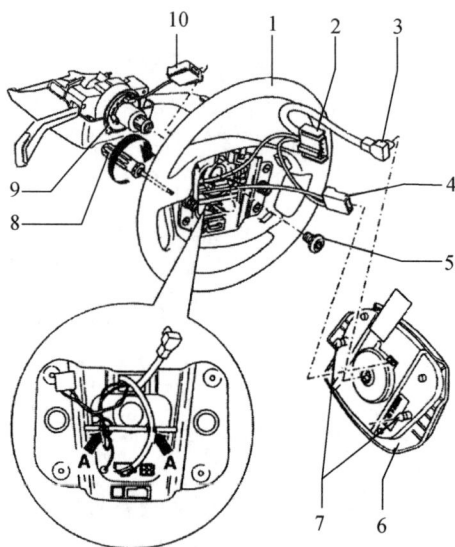

图8-82 驾驶员侧安全气囊拆解图

1-方向盘（将松开的线固定到箭头，A-所示的位置）；2-螺旋弹簧插头；3-安装气囊插头；4-除静电插头；5-内多角螺栓；6-安全气囊；7-定位爪；8-T30扳手；9-带滑环的回位弹簧；10-方向盘加热插头

（2）副驾驶员安全气囊拆解

副驾驶员安全气囊分解，如图8-83所示。拆解副驾驶员安全气囊，拆下杂物箱，拔下插头6。拆下安全气囊，要将缓冲面朝上放置安全气囊。

（3）安全气囊控制单元拆解

拆下中央副仪表板前部。拆下左后和右后脚坑出风口导流板的插入件。如图8-84所示，松开插头2的定位卡夹，从控制单元1上拔下插头2，拧下螺栓3（3个），折下控制单元。

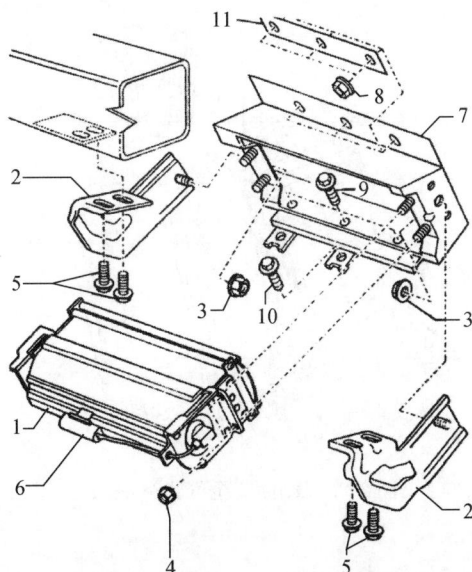

图 8-83 副驾驶员安全气囊分解图

1-副驾驶员安全气囊；2-支架；3-螺母（2个）；4-螺母（4个）；5-螺栓（4个）；6-插头；
7-安全气囊支架；8-螺母（3个）；9-螺栓（3个）；10-螺栓（1个）；11-垫板

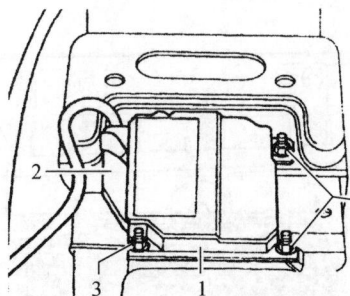

图 8-84 拆解安全气囊控制单元

1-控制单元；2-插头；3-螺栓

（4）侧面安全气囊拆解

侧面安全气囊的分解，如图 8-85 所示。拆下驾驶员/副驾驶员靠背装饰件，松开侧面安全气囊1周围的面罩，松开插头3的定位，从侧面插头1上拔下插头3，拧下两个螺栓2。小心地松开侧面安全气囊的定位爪5，拆下侧面安全气囊1，缓冲面向上放置安全气囊。

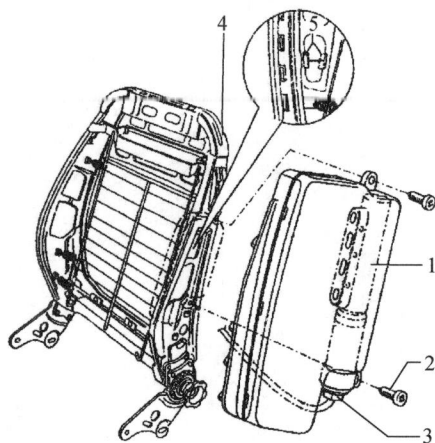

图 8-85　侧面安全气囊分解图

（5）后座侧面安全气囊拆解

拆下后座椅，如图 8-86 所示。拧下螺栓 2（2 个），取下侧面安全气囊 1。

图 8-86　拆解后座侧面安全气囊的拆装
1-侧面安全气囊；2-螺栓

第 9 章　报废汽车零部件修复与再制造

9.1　报废汽车零部件修复方法

科学技术的发展为汽车零件的修复提供了多种方法，这些修复方法各自具有一定的特点和适用范围，一般根据拟修复零件的缺陷特征进行分类。

磨损零件的修复方法基本分为两类，一是对已磨损的零件进行机械加工，使其恢复正确的几何形状和配合特性，并获得新的几何尺寸，二是利用堆焊、喷涂电镀和化学镀方法对零件的磨损部位进行增补，或采用胀大（缩小）镦粗等压力加工方法增大（或缩小）磨损部位的尺寸，然后再进行机械加工，恢复其名义尺寸、几何形状及规定的表面粗糙度（储江伟，2013）。

变形零件的修复可采用压力校正或火焰校正法；零件上的裂缝、破损等损伤缺陷采用焊接、钎焊或钳工机械加工方法。

零件修复方法的分类如图 9-1 所示。

机械加工修复法是零件修复中最基本、最重要和最常用的修复方法。汽车上许多重要零件都采用机械加工方法修复，其主要包括修理尺寸法、附加零件修理法、局部更换修理法和转向翻转修理法（赵文轸和刘琦云，2000）。

9.1.1　修理尺寸法

修理尺寸法是修复配合副零件磨损的常用方法，是将待修配合副中的一个零件利用机械加工的方法恢复其正确几何形状并获得新的尺寸（修理尺寸），然后选配具有相应尺寸的另一个配合件与之相配，恢复其配合性质的一种修理方法。

（1）轴和孔的修理尺寸的确定

修理尺寸的大小与级别多少取决于汽车零部件修理间隔期中零件的磨损量、加工余量和安全系数，如气缸和曲轴的修理级差一般为 0.25mm。

轴和孔的基本尺寸、磨损后的尺寸及修理尺寸法修复后的尺寸如图 9-2 所示。

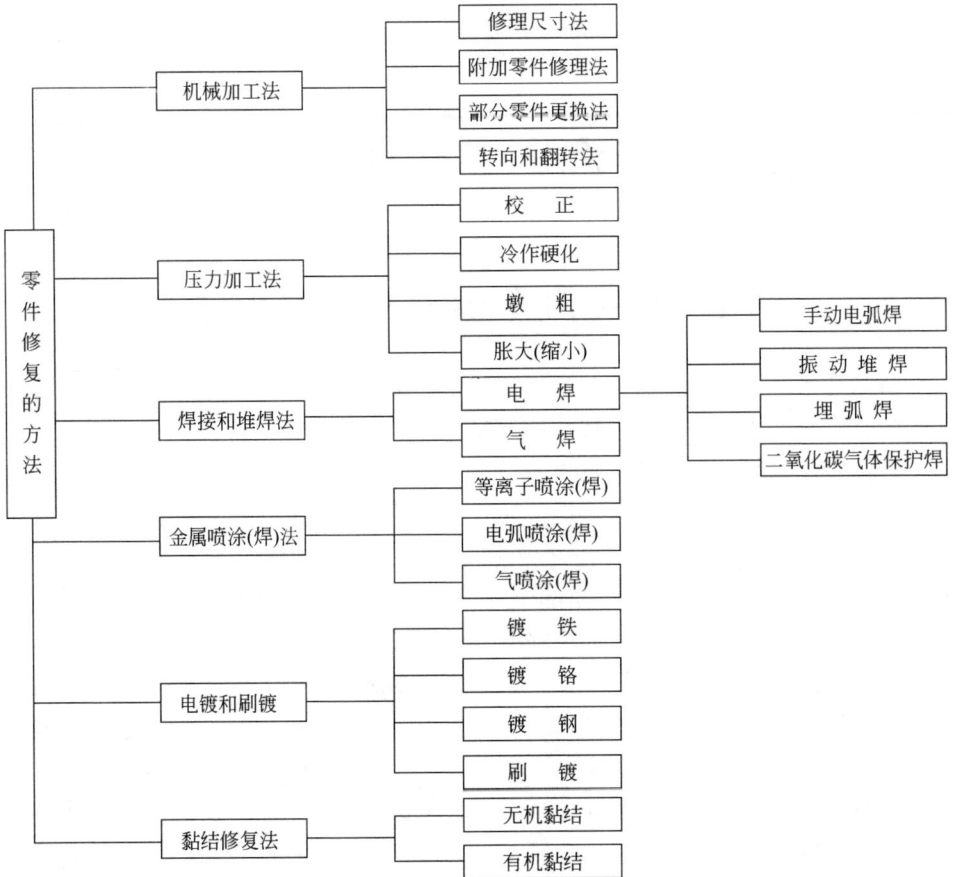

图 9-1 零件修复方法分类

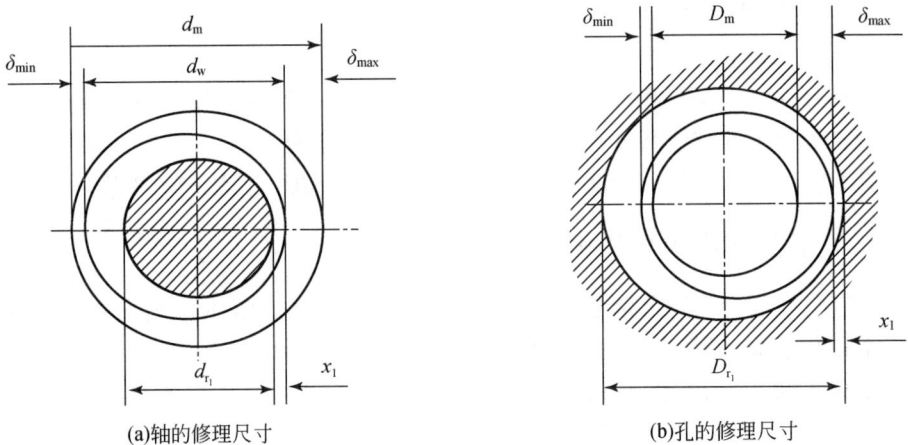

(a)轴的修理尺寸

(b)孔的修理尺寸

图 9-2 轴和孔的修理尺寸

轴和孔的修理尺寸计算如下。

轴在不改变轴心位置的情况下进行机械加工：

$$d_{r_1} = d_m - 2(\delta_{max} + x_1) \tag{9-1}$$

$$d_{r_n} = d_m - nr \tag{9-2}$$

式中，d_m 为轴的基本尺寸；d_{r_1} 为轴的第一级修理尺寸；d_{r_n} 为轴的第 n 级修理尺寸。

轴的最小直径依据零件刚度、强度条件、结构上的要求及零件表面热处理等要求的最低允许厚度值来确定。

孔在不改变中心位置的情况下进行机械加工：

$$D_{r_1} = D_m + 2(\delta_{max} + x_1) = D_m + r \tag{9-3}$$

$$D_{r_n} = D_m + nr \tag{9-4}$$

式中，D_m 为孔的基本尺寸；r 为修理极差；D_{r_1} 为孔的第一级修理尺寸；D_{r_n} 为孔的第 n 级修理尺寸。

（2）修理尺寸法的应用

修理尺寸法可适用于汽车上许多主要零件，如曲轴、凸轮轴、气缸、转向节主销孔等。由于受到零件强度及结构的限制，采用修理尺寸法到最后一级时，零件应采用其他方法修理。

9.1.2 附加零件修理法

附加零件修理法（也称镶套修理法），是通过机械加工方法将磨损部分切去，恢复零件磨损部位的几何形状，采用过盈配合方式加工一个套，将其镶在被切取的部位以代替零件磨损或损伤的部分，使零件恢复到基本尺寸的一种修复方法，如图9-3所示。

汽车上许多零件都可以用这种方法修理，如气缸套、气门座圈、气门导管、飞轮齿圈、变速器轴承孔、后桥和轮毂壳体中滚动轴承的配合孔及壳体零件上的磨损螺纹孔和各类性的端轴轴颈等（许平，2005）。

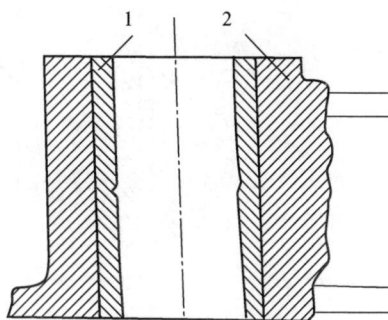

图 9-3 镶衬套

1-镶入衬套；2-壳体

9.1.3 局部更换修理法

具有多个工作面的汽车零件，由于各工作表面在使用中磨损不一致，当某些部位损坏时，其他部位尚可使用，为防止浪费，可采用局部更换法。

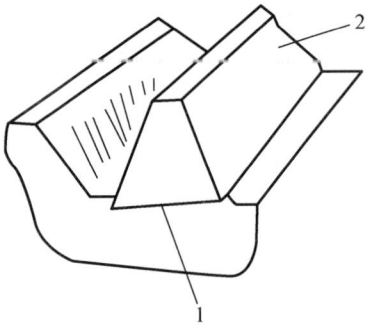

图9-4　局部更换法修复齿轮
1-焊缝；2-镶齿

局部更换法就是将零件需要修理（磨损或损坏）部分切除，重制这部分零件，再以焊接或螺纹连接方式将新换上的部分与零件整体连在一起，经最后加工恢复零件原有性能的方法。这种修理方法常用于修复半轴、变速器第一轴或第二轴齿轮、变速器盖及轮毂等。

例如，当个别轮齿严重损坏时，可采用镶齿法进行修复，如图9-4所示。镶齿是在原轮齿根部开一个燕尾槽，镶入牙齿毛坯，而后加工出齿形。为使镶齿牢固，应在齿的两侧加以点焊。

零件的局部更换法可以获得较高的修理质量，节约贵重金属，但修复工艺比较复杂。

9.1.4　转向和翻转修理法

转向和翻转修理法是将零件的磨损或损坏部分翻转一定角度，利用零件未磨损部位恢复零件的工作能力的一种修复方法。转向和翻转修理法常用来修复磨损的键槽、螺栓孔和飞轮齿圈等，如图9-5所示。

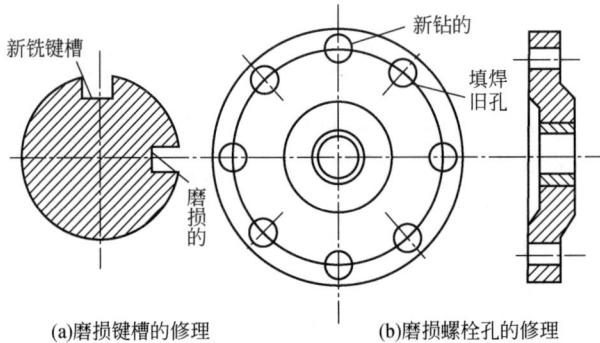

(a)磨损键槽的修理　　　　　　　(b)磨损螺栓孔的修理

图9-5　零件的转向修理法

9.1.5　焊接和堆焊修复法

焊接是汽车零部件修复广泛使用的一种方法，可以修复磨损量较大的零件，能增加零件的尺寸，焊层厚度易控制，设备简单，修复成本低，是一种应用较广的零件修复方法，普遍用于修复零件磨损、破裂、断裂等缺陷。

焊接修复法修复零件是借助于电弧或气体火焰产生的热量，将基体金属及焊丝金属熔化和熔合，使焊丝金属填补在零件上，以填补零件的磨损和恢复零件的完整的一种方法。焊接根据使用的热源不同分为气焊和电焊。电焊根据熔剂层的不同又可分为手工电弧焊、振动堆焊。堆焊又可分为二氧化碳气体保护焊、埋弧焊、电脉冲堆焊、等离子堆焊。下面介绍几种典型的焊接方法。

9.1.5.1 振动堆焊修复法

振动堆焊是焊丝以一定的频率和振幅振动的脉冲电弧焊，是机械零件修复中广泛应用的一种自动堆焊方法。其实质是在焊丝送进的同时，按一定频率振动。造成焊丝与工件周期地起弧和断弧，电弧使焊丝在较低电压（12～20V）下熔化，并稳定、均匀地堆焊到工件表面。其主要特点是堆焊层厚，结合强度高，工件受热变形小，常用于修复一些轴类零件。

（1）振动堆焊设备

振动堆焊设备包括堆焊机床、电源、电气控制柜及冷却液供给装置、蒸汽发生器等附属设备。国产振动堆焊设备有 ADZ-300 型和 NU-300-1 型。

（2）振动堆焊原理及过程

振动堆焊原理如图9-6所示。将需堆焊的零件夹持在车床卡盘内，工件接负极，电流从直流发电机1的正极经焊嘴2、焊丝3、工件4及电感器5回到发电机负极。

焊丝由焊丝盘6经送丝轮7进入焊嘴，送丝由焊丝驱动电动机8驱动，焊嘴受交流电磁铁9和弹簧10的作用以50～100Hz的频率使焊嘴振动，在振动中焊丝尖端与堆焊表面不断地起弧（断开）和断弧（接通），电弧丝熔化并焊在工件表面上，为防止焊丝和焊嘴熔化粘连，焊嘴应少量冷却；当堆焊圆柱形工件时，可一边施焊一边旋转，同时焊嘴作横向移动，焊道呈螺旋状缠在零件上。堆焊过程的每个循环基本可分为三阶段，即短路期、电弧期和空程期。

（3）曲轴的振动堆焊工艺

当曲轴的轴颈磨损超过极限，不能以其最小一级修理尺寸进行修理时，可采用堆焊方法增补磨损表面后再磨削到名义尺寸以延长曲轴寿命。

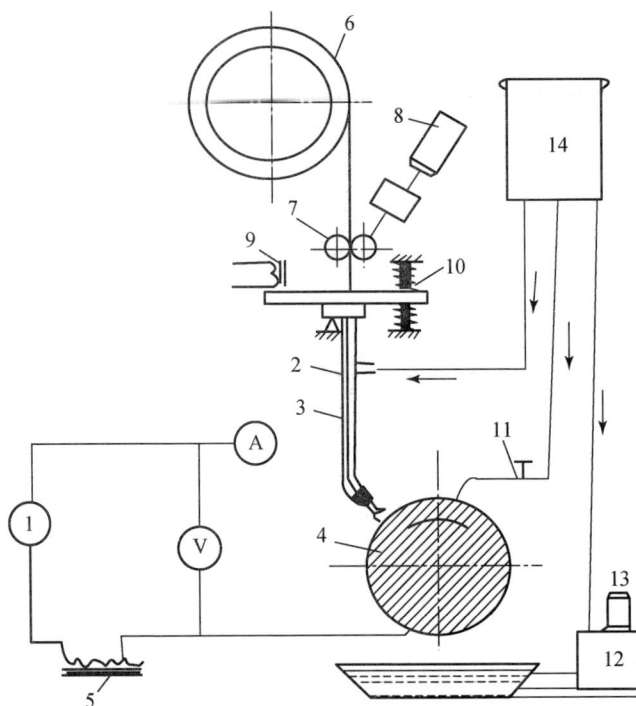

图 9-6　振动堆焊原理图

1-发电机；2-焊嘴；3-焊丝；4-工件；5-电感器；6-焊丝盘；7-送丝轮；8-焊丝驱动电机；9-电磁铁；10-弹簧；11-阀；12-冷却液；13-电机；14-冷却液箱

a. 焊前准备

清洗。曲轴在堆焊前必须用煤油等进行清洗，然后用砂布打磨各道轴颈除去全部油污和锈迹。

检查。用磁力探伤或其他方法检查曲轴，若有环形裂纹或长度超过20mm的纵向裂纹时，应用凿子或用气割枪吹掉，经电弧焊补、锉光后再进行堆焊；检查曲轴是否弯曲、扭曲，如变形超限，应校正后再堆焊。

磨削。曲轴轴颈表面金属在使用过程中会因疲劳而产生一些细小裂纹，同时因受到有害气体酸类作用，使金属变质。在此类金属表面堆焊易产生裂纹和气孔。因此，堆焊前必须进行磨削。此外对于喷涂过的金属层，必须将原喷涂层磨掉后才能堆焊。

堵油孔。油孔和油道里的油脂是造成油孔附近焊层气孔多的主要原因，因此，在堵油孔前应仔细清洗油孔和油道，然后用铜棒、炭精棒或石墨膏堵塞油孔。

预热。曲轴或者直径大于60mm的其他工件，焊前必须预热，以防止产生跨焊道的纵向裂纹，并减少焊层里的气孔，改善堆焊时焊层与基体金属结合，一般的预热温度为 150~350℃。预热时应垂直吊放，以防止变形。

b. 曲轴的堆焊

曲轴堆焊时应先选好合理的工艺参数，然后再进行堆焊。为防止轴颈圆角处应力集中，在距曲柄 2~2.5mm 处不应堆焊；且在堆焊靠近圆角处开始或仅剩两圈焊道时不浇冷却液；为防止开始堆焊的地方出现堆焊不完全等缺陷，曲轴堆焊时最好从曲柄臂的前侧方向起焊且在圆角处停止堆焊，堆焊时先堆焊连杆轴颈，后堆焊主轴颈，且从中间向两边堆焊，可有效地防止工件变形。

c. 焊后处理

为减少曲轴变形和消除残余应力，曲轴堆焊后最好在 100~200℃ 的保温箱内保温一段时间，然后钻通各轴颈油孔，并检查有无缺陷，必要时进厂焊接修复。

（4）堆焊层的性质

1）硬度及耐磨性。振动堆焊层的硬度不均匀，这是由于后一焊滴对前一焊滴，或后一圈焊波对前一圈焊波均存在回火现象。大量振动堆焊修复的曲轴装车使用后表明，这种软硬相间的组织并不影响其耐磨性，与新曲轴性能相差不多。

2）结合强度。堆焊层与基体的结合强度高达 5MPa，这是由于堆焊层与基体的结合是冶金结合，比喷涂修复层的结合强度高得多，使用中很少发现有脱落、掉块现象。

3）疲劳强度。由于振动堆焊层与基体金属间有很大的内应力，因此，堆焊修复后疲劳强度降低较多，一般可高达 40%，因此受大冲击负荷的柴油机曲轴、合金钢及铸铁曲轴不应采用振动堆焊修复。

9.1.5.2 其他堆焊修复法

蒸汽保护下振动堆焊、二氧化碳气体保护焊及埋弧焊的原理与振动堆焊相同，仅在于保护焊层的性能，减少焊层的气孔、裂纹和夹渣，堆焊过程是在气体或焊剂保护下的一种振动堆焊，如图 9-7 所示。

9.1.5.3 气焊

（1）气焊的特点及应用范围

气焊火焰热量较电焊分散，工件受热变形大，

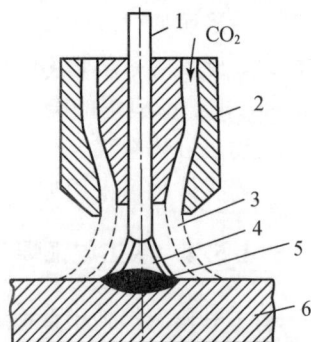

图 9-7 二氧化碳保护下的电弧区示意图

1-焊丝；2-焊嘴；3-二氧化碳气流；4-电弧；5-对焊金属；6-工件

生产效率低，且焊接质量不如电弧焊。但是火焰对熔池压力及输入量可控制。溶池冷却速度、焊缝形状和尺寸、焊透程度容易控制，能使焊缝金属与基材相近似。同时由于设备简单，不受电源限制，方便灵活，而用途广泛。气焊主要适用于碳钢、合金薄板件的焊接，还可用于有色金属和铸铁的焊补。

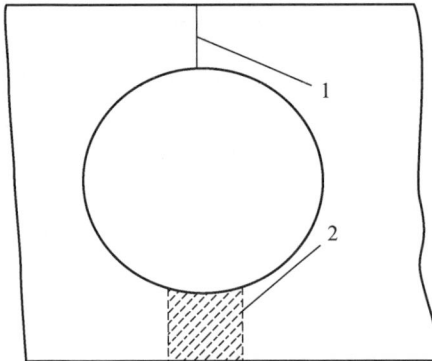

（2）气焊焊接方法

Ⅰ.加热减应焊

加热减应焊又称对称加热法，即焊补时选定减应区进行加热，以减少焊补时的应力和变形。例如，焊补有孔的零件，加热区如图9-8所示。如果直接焊接裂纹处而不采用加热减应，则焊后焊缝很可能被拉断，即使不拉断，零件也会产生较大的变形。如果在减应区加热，焊缝与减应区在受热时一起膨胀，冷却时又一起收缩，就会大大减小焊补

图9-8　加热减应区选定示意图
1-裂纹；2-加热减应区

应力。加热区的温度不得低于400℃，但不能超过750℃，以免引起相变。

Ⅱ.焊接工艺

1）焊前准备。当焊接部分厚度在6mm以上时，要开90°~120°的"V"形坡口，如所焊部位厚度在15mm以上时，要开"X"形坡口。

2）焊接要点。施焊火焰应用弱碳化焰或中性火焰，加热区应用氧化焰，施焊方向应指向减应区。施焊时，先熔母材，再掺入焊丝，否则熔化不良；并随时用焊丝清除杂质，以防气孔和夹渣。施焊时应一次焊完，避免反复加热而造成应力过大。施焊焊条应选QHT1和QHT2。

Ⅲ.加热减应焊的应用

发动机缸体裂纹、气门座孔内裂纹、曲轴箱内裂纹、气缸体上平面裂纹，以及变速器壳体均可采用加热减应焊。

9.1.5.4　手工电弧焊

手工电弧焊是利用普通电弧作为热源，以焊条为填充金属材料，采用手工操纵焊条进行焊接的方法。

（1）手工电弧焊的特点及适用范围

手工电弧焊具有设备简单、操纵方便、连接强度高、施焊速度快、生产率

高、零件变形小等优点，广泛应用于碳钢、合金钢及铸铁等金属材料不同厚度及不同位置的焊接，主要用于修复汽车零部件的裂纹、裂痕和断痕等。但由于其焊缝硬而脆、塑性差、机械加工性能比气焊差，且在焊接应力作用下易产生裂纹及焊缝剥离，为保证焊接修复质量，应在工艺上采取措施。

（2）手工电弧焊工艺

Ⅰ. 预热保温

对较大的零件应进行预热和焊后保温，可以减小焊接应力及防止裂纹产生。

Ⅱ. 焊前准备

当母材材质较差时，为防止焊接时裂纹延伸和提高焊补强度，在裂纹两侧钻止裂孔，止裂孔的直径根据板厚来确定，一般为 3～5mm。在裂纹处开坡口，可以全部或部分地除去裂纹。其坡口形状如图 9-9 所示。

Ⅲ. 施焊

采取小电流、分层、分段、趁热锤击等方法，以减少焊接应力和变形，并限制母材金属成分对焊缝的影响。

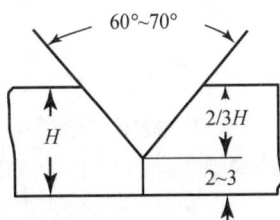

图 9-9　焊缝坡口

1）分段施焊法。焊接过程可减小焊补区与整体之间的温差，相应减少焊接时的应力和变形；

2）分层施焊法。通常在工件较厚时采用此法。用较细的焊条、较小的电流，使后焊的一层对先焊的一层有退火软化作用。同时趁热锤击，每焊完一段，应趁热锤击焊缝，直到温度下降至 40～60℃时为止，然后再焊下一段。其目的是消除焊接应力，砸实气孔，提高焊缝的致密性。

Ⅳ. 焊后检查

零件焊完后，应检查有无气孔、裂纹，焊缝是否致密、牢固，如有缺陷，应采取必要的补救措施。

9.1.6　喷涂与喷焊修复法

9.1.6.1　喷涂

金属喷涂是用高速气流将被热源熔化的金属（丝材、棒材或粉末）雾化成细小的金属颗粒，以极高的速度吹敷到已准备好的零件表面上。金属电喷涂是指压缩空气把熔化的金属吹散成为直径 0.01～0.015mm 的微小颗粒并以 100～180m/s 的速度撞击到经过准备的零件表面上。根据熔化金属所用热源的不同，喷涂可分为电喷涂、气体火焰喷涂、高频电喷涂、等离子喷涂、爆炸喷涂等。喷涂具有设备简单、操作简便、应用灵活、噪声小等优点，因此在汽车零件修复中应用最广，主要用于修复曲轴、凸轮轴、气缸等。

（1）气体火焰喷涂（氧-乙炔喷涂）设备

所用设备主要有喷涂枪、氧气瓶、乙炔发生器等。

（2）喷涂粉末

主要有打底层粉末、工作粉末。

（3）喷涂工艺

1）工件表面的准备：喷涂前工件表面准备是喷涂成败的关键，通过表面准备使待喷涂表面绝对干净，并形成一定粗糙度，才能保证涂层与工件的结合强度。

2）喷涂：喷打底层（厚约 0.1mm）；喷工作层应来回多次喷涂，且总厚度不应超过 2mm，太厚则结合强度会降低。

3）喷涂层加工。

（4）涂层性质

喷涂层性质与很多因素有关，如粉末材料、喷涂工具、喷涂工艺等，尤其是所选用的材料不同，其性能各异。

1）硬度。喷涂层的组织是在软基体上弥散分布着硬质相，并含有 12% 的气孔，其硬度值主要取决于所选用的喷涂材料。

2）耐磨性。喷涂层的耐磨性优于新件和其他修复层；这是由于涂层组织决定的，喷涂层这种软硬相间的结构能保证摩擦面间最小的摩擦系数；此外涂层中的气孔有助于磨损表面形成油膜，起到减磨贮油作用，但是磨合期或干摩擦时磨损较快，且磨下的颗粒易堵塞油道。

3）涂层与基体结合强度。涂层与基体主要靠机械结合，因此结合强度较低。

4）疲劳强度。喷涂对零件疲劳强度影响比其他修复法小，一方面是因为喷涂前表面加工量小，另一方面是喷涂时，基体没有熔化，基材损伤小。

9.1.6.2 喷焊

（1）喷焊特性

喷焊是利用高速气流将氧-乙炔火焰加热熔化的自熔合金粉末喷涂到准备好

的零件表面，经再一次重熔处理形成一层薄而平整、呈焊合状态的表面层，即喷焊层。喷焊层能够使工件表面具有耐磨、耐蚀、耐热及抗氧化的特殊性能。

喷焊层与喷涂工艺相似，但可达到堆焊的效果。一般喷涂的缺点是涂层与工件之间呈机械结合、结合强度低、内应力大，而堆焊层虽与工件是冶金结合，但堆焊时基体的熔池较深且不规则、堆焊层粗糙不平、基体冲淡率大，而氧-乙炔焰喷焊能克服以上两个缺点，喷涂层薄且均匀、表面光滑、结构致密、冲淡率极小，且焊层与基材结合强度高。因而得到了广泛应用，可用于修复旧件，也可用于新件表面强化。

（2）喷焊设备

氧-乙炔喷焊设备包括喷焊炬、氧气和乙炔供给装置。为了适应不同工艺及工况要求，喷焊炬分为中小型和大型两类。

（3）喷焊工艺

氧-乙炔喷焊工艺一般为：工件表面准备—喷前预热—喷涂粉末—重熔处理—冷却—精加工等几道工序。

Ⅰ．工件表面准备

工件表面准备主要包括除油污、铁锈、氧化物及电镀、渗碳、氧化等表面层，有时为了容纳一定焊层厚度还需开槽。

Ⅱ．预热

预热的目的是为了防止涂层脱落。预热温度应根据其材质的性质而定。通常碳钢的预热温度为 250 ~ 300℃，合金钢为 350 ~ 400℃，预热温度不应使零件变形。

Ⅲ．喷涂与重熔

氧-乙炔焰喷焊有两种基本操作方法，即边喷边熔一步法和先喷后熔两步法。

1）边喷边熔一步法。喷焊是喷涂和熔化在同一操作过程中完成，喷焊时先预热工件，然后再送粉进行熔化，这种连续的喷熔直到整个待喷表面被喷焊层覆盖为止。

喷焊时要求火焰为中性焰或轻微的碳化焰，喷嘴与工件的距离为 100 ~ 150mm 或火焰内焰与工件的距离为 10mm。一步法喷焊对工件热影响小，适用于面积小或形状不规则的零件。

2）先喷后熔两步法。喷涂和重熔分开进行，先将合金粉用轻微碳化焰喷涂到零件上形成一定厚度，然后立即用中性焰或弱碳化焰将涂层重熔处理。喷涂时要求喷嘴与工件距离为 150mm；重熔时要求喷嘴与涂层表面距离为 20 ~ 30mm，且火焰与零件表面成 60°~70°夹角；两步法适用于轴类及外形简单的大批生产。

Ⅳ. 冷却及加工

由于焊层延展性差，线膨胀系数较大，冷却过程易产生裂纹或使工件变形，因此喷焊后可埋入石棉、草灰中缓冷；对于合金钢件，不锈钢件应在喷焊后进行等温退火。喷焊层的加工可用车削和磨削来进行。车削加工时，应选用强度较高、耐磨性较好的刀具，切削速度可选 5~17m/min，切削宽度为 0.3~1mm/r，深度为 0.5mm。磨削加工时，最好采用人造金刚石或氧化硼砂轮，对于镍基或铁基粉末焊层也可选用碳化硅砂轮进行磨削。

Ⅴ. 喷焊层性能及用途

喷焊层性能取决于喷焊合金粉末材料。

1）硬度和耐磨性。喷焊层组织为在奥氏体基体上分布着碳化物和硼化物的硬质相，其硬度可达 1000~1200HV（维氏硬度），这些硬质相分布在整个焊层内，正是由于这些软硬不同的硬质相，赋予该焊层优良的耐磨性。

2）结合强度。焊层与基材的结合不同于喷涂，其属于冶金结合。用 Ni45 在 40Cr 上喷焊测定，其结合强度在 5.99~6.29MPa。

由于喷焊层具有较高的结合强度和较好的耐磨性。目前被广泛用于修复阀门、气门、键轴、凸轮等零件。

9.1.7 电镀和电刷镀修复法

电镀是汽车零件修复工艺的重要方法之一。由于电镀过程温度不高，不致使零件受损、变形，也不影响基体组织结构，且可以提高机械零件的表面硬度，改善零件表面性能，同时还可恢复零件的尺寸，因此在汽车零部件修复中得到广泛应用。例如，各种铜套镀铜修复，既能修复零件，又能延长零件寿命，还可节约大量贵重金属铜。特别是对于磨损 0.01~0.05mm 就不能使用汽车的重要零件，用电镀修复最为方便。电镀可以采用有槽电镀和无槽电镀等方式。

9.1.7.1 电镀

（1）电镀的基本原理

电镀是将金属工件浸入电解质（酸类、碱类、盐类）溶液中（刷镀则不浸入），以工件为阴极通直流电，在电流作用下，溶液中的金属离子（或阳极溶解的金属离子）析出，沉积到工件表面上，形成金属镀层的过程。根据零件的结构特点和使用性能，目前用来修复磨损零件的金属电镀有镀铁、镀铬和镀铜等。

（2）电镀工艺

电镀工艺包括镀前准备、电镀及镀后处理。镀前准备包括清洗、机械加工、除锈除油、冲洗等。

电镀包括表面电化学处理和电镀。表面电化学处理包括阳极刻蚀、交流活化、侵蚀，目的是除去待镀表面的氧化膜、钝化膜，以保证镀层与基体良好结合。

镀后处理：将镀件放在清水中冲洗，然后在 70～80℃ 的 10% 苛性钠溶液中浸泡 5～10min，以中和残留在镀件上的电解液，再放入热水中清洗，最后进行机械加工。

9.1.7.2 刷镀

刷镀又称涂镀，是近些年发展起来的一种零件修复工艺。其特点是设备简单，无需镀槽，在不解体或半解体条件下快速修复零件，可用于轴、壳体、孔类、花键槽、轴瓦瓦背平面类及盲孔、深孔等各类零件的修复。

刷镀机动灵活，可用于零件的局部修复，且镀层均匀、光滑、致密，尺寸精度容易控制，修理成本低，因此在修理行业得到广泛推广和应用。

（1）刷镀基本原理

刷镀的基本原理和槽镀相同，刷镀就是利用刷子似的镀笔在被镀工件上来回摩擦而进行电镀的方法，其原理如图 9-10 所示。零件作为阴极装在机床的卡盘上，石墨镀笔接阳极，刷镀时用外包吸入纤维的镀笔吸满镀液在工件上相对运动，这时镀液中的金属离子在电场力作用下，向工件表面扩散，镀在工件表面形成镀层，刷笔刷到哪里，哪里就形成镀层，直至达到所需厚度。

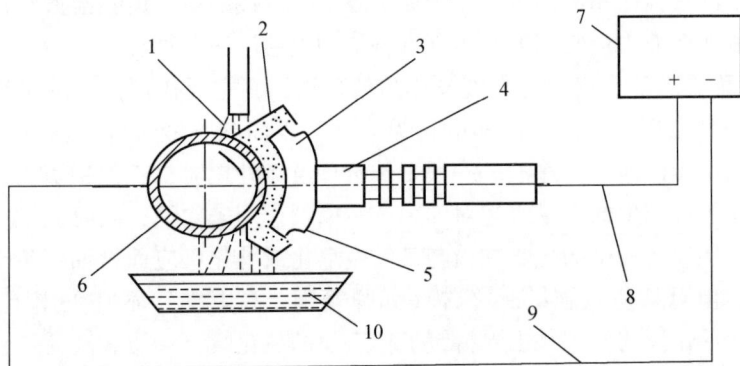

图 9-10　刷镀原理简图

1-刷镀液；2-阳极包套；3-石墨阳极；4-刷镀笔；5-刷镀层；6-工件；7-电源；8-阳极电缆；
9-阴极电缆；10-储液盒

（2）刷镀设备

刷镀设备主要包括刷镀电源、刷镀笔及辅助工具等。

1）刷镀电源。刷镀电源用直流电源，要求其输出的外特性平直，输出电压为 0～25V，并能无级调节。目前国内刷镀电源种类繁多，但其基本结构形式分为两大类，即硅整流电源和可控硅电源。

2）刷镀笔。刷镀笔由导电手柄和阳极两部分组成，阳极和导电手柄用螺纹相连或压紧。导电手柄的作用是连接电源和阳极，使操作者可以移动阳极做需要的动作，以实现金属刷镀，其构造如图 9-11 所示。阳极是镀笔的工作部分，一般采用石墨作阳极。为了适应不同形状零件刷镀的需要，阳极有圆柱形、平板形、瓦片形、圆饼形、半圆形、板条形等。

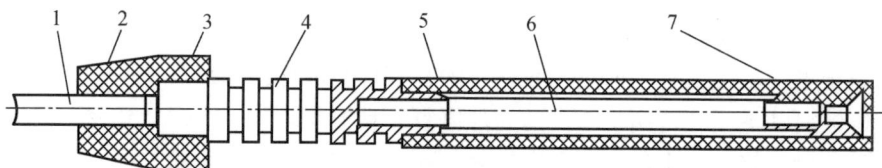

图 9-11　导电手柄结构

1-阳极；2-"O"形密封圈；3-锁紧螺母；4-手柄套；5-绝缘套；6-连接螺栓；7-电缆插座

3）刷镀辅助工具。主要有转胎和镀液循环泵，主要作用是夹持工件和泵送镀液。

（3）刷镀溶液

刷镀溶液按其作用不同可分为表面准备液、电镀溶液、退镀溶液和钝化溶液四大类。刷镀溶液中最常用的是表面准备液和电镀溶液两种。

1）表面准备液。表面准备液又称预处理液，其主要作用是去除被镀零件表面的油污和氧化物，以获得洁净的待镀表面。表面准备液有电净液和活化液两种，电净液用于镀前工件除油。一般工件进行电净处理时，工件接负极，镀笔接正极。利用氢气产生的大量气泡对油膜产生撕裂作用来除油，同时镀笔在工件上反复擦拭，促使溶液中的化学物质与其发生皂化或乳化反应而将油污带走，起到除油效果，但对某些氢脆敏感零件（如弹簧钢、高碳钢）不宜采用上述方法，以防氢脆。活化液的作用是去除待镀工件表面的氧化膜、杂质和残留物，从而使基体金属露出其纯净的显微组织，以利于金属的沉积，活化处理有阳极活化和阴极活化，但以阳极活化居多。

2）刷镀溶液。刷镀溶液种类很多，但常见的有镍、铜、铬、镉、锡、锌、铟、银、金等盐镀液和合金镀液数十种，以满足被镀件的不同需要。

（4）刷镀工艺

刷镀的工艺过程包括：一般预处理—电净—水冲—活化—水冲—镀过渡层—水冲—镀工作层–镀后处理。电净结束的标志是水冲后，被镀表面水膜连续，活化好的标志是低碳钢表面呈银灰色，高、中碳钢呈黑灰色，铸铁表面呈深黑色。过渡层一般用特殊镍或碱铜作过渡层，工作层一般根据工件不同需要和要求选取后进行刷镀。

（5）刷镀层的性能

1）镀层与基体结合强度。结合强度是衡量刷镀层质量好坏的重要指标之一。镍、铁等刷镀层的结合强度大于镀层本身结台强度，并且远高于喷涂。

2）硬度。刷镀层硬度比槽镀镀层硬度高，一般硬度可选 50HRC 以上。

3）刷镀层的耐磨性。刷镀的耐磨性比45#淬火钢好，其中镀铁层是45#淬火钢耐磨性的 1.8 倍；

4）刷镀层对基体疲劳强度的影响。刷镀层由于内应力较大，对金属疲劳强度影响较大，一般下降 30% ~ 40%，但镀后若进行 200 ~ 300℃ 低温回火，可降低其对疲劳强度的影响。

9.1.8 黏接修复法

黏接修复是应用胶黏剂将两个物体或损坏的零件牢固地黏接在一起的一种修复方法。由于其具有工艺简单、设备少、修复成本低、不会引起变形和金属组织变化的特点，因此在机械修复中得到了广泛应用。常用于车身零件、黏补散热器水箱、油箱和其他壳体上穿孔和裂纹等修复，也可用于黏接制动蹄、离合器摩擦片及缸体裂纹等。例如，柴油机机体外侧壁裂纹的修复。柴油机机体外侧壁裂纹长约100mm，此部位承受一定的载荷，但由于裂纹不长，又是垂直方向，故采用在裂纹处开"V"形坡口直接涂胶修复方法，如图 9-12 所示，采用的胶黏剂是 JW-1 环氧修补胶。

修复工艺过程如下。

1）清除零件表面油污，找出裂纹的走向。

2）在裂纹两端钻止裂孔，以防裂纹进一步扩展。止裂孔的直径为 3 ~ 5mm。

3）用狭凿沿裂纹凿出"V"形槽，长度超过裂纹两端各 5 ~ 10mm，深度视零件壁厚度而定。在零件壁厚度较大、不影响强度条件下，最好将裂纹全部凿去，以利于消除应力、避免裂纹进一步扩大，如图9-13所示。

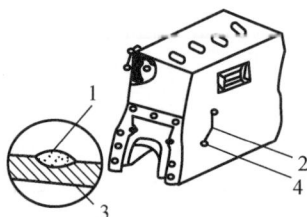

图9-12　柴油机体侧面壁裂纹修复
1-胶黏剂；2-裂纹；3-"V"形坡口；4-止裂孔

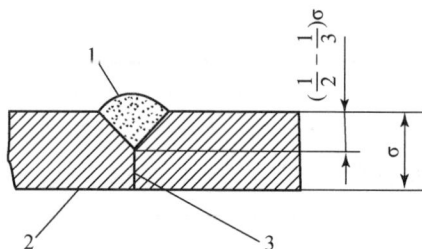

图9-13　"V"形槽
1-胶黏剂；2-"V"形槽；3-裂纹

4）用丙酮或四氯化碳等有机溶剂仔细清洗裂纹及其周围部分，一般清洗2～3次。

5）根据所选定胶黏剂的配比及所修零件的用胶量配胶。

6）在"V"形槽内灌满配好的胶黏剂。

7）根据胶黏剂种类确定固化条件，进行固化，待完全固化后，用锉刀与砂皮进行表面修整，然后进行缸体水压试验。

胶黏剂种类繁多，有机胶黏剂有环氧树脂、酚醛树脂、Y-150厌氧胶、J-19高强度胶黏剂等；无机胶黏剂常用氧化铜胶黏剂；汽车零件胶黏修复中常用的是环氧树脂胶、酚醛树脂胶、氧化铜胶等胶黏剂。

（1）环氧树脂胶胶黏剂

环氧树脂胶胶黏剂是一种人工合成的树脂状化合物，能使多种材料表面产生较大的黏接力，是目前广泛使用的一种胶黏剂。环氧树脂本身不能单独作为胶黏剂使用，使用时必须加入固化剂、稀释剂、增塑剂和填料等。其特点是黏附力强，固化收缩小，机械强度高，且耐腐蚀、耐油、电绝缘性好，适合工件工作温度在150℃以下。其缺点在于其性脆、韧性较差。

（2）酚醛树脂胶黏剂

酚醛树脂是由酚醛类在催化剂中经缩合而得到的一类树脂，其可以单独使用，也可以和环氧树脂混合使用。酚醛树脂有较高的黏接强度，耐热性好，但脆性较大，不耐冲击。汽车修理中常用来黏接制动蹄片及离合器摩擦片。

酚醛树脂与环氧树脂混合使用时，其用量为环氧树脂的30%～40%，同时还要添加增塑剂和填料。为加速固化，可加入5%～6%乙二胺，既改善其耐热性，又提高其韧性。

（3）氧化铜胶黏剂

氧化铜胶黏剂具有耐热好（耐热温度为 $600 \sim 900 ℃$），黏接工艺简单、使用方便、操纵容易，且固化过程体积略有膨胀，宜采用槽接或套接。适用于缸体上平面、气门室裂纹、管接头防漏等黏接。其缺点是黏接脆性大、耐冲击能力差。氧化铜胶黏剂是由粒度为 320 目的纯氧化铜粉和密度为 $1.7 g/cm^2$ 的磷酸（H_3PO_4）调和而成。调制过程中，将纯氧化铜粉和无水磷酸放在铜片上用竹片调匀，待能拉出 $7 \sim 10mm$ 的细丝时即可使用。

9.1.9　埋弧自动堆焊

随着科学技术的进步，机械设备（包含汽车）向着高精度、高自动化、高智能化方向发展，因而对机械零件的修复加工要求更高。传统的机件修复法主要依靠电焊或气焊，但许多精密件对强韧性、尺寸精度都有严格要求，焊接工艺往往不能满足要求。而昂贵的配件的更换（如模具）会大幅度增加成本，减少经济效益，并且许多配件并无现成的备件，因此更需要进一步提高机件的修复技术水平。利用传统手段难以达到高质量的修复要求，因此需要借助现代先进的修复技术。

埋弧自动堆焊又称焊剂层下自动堆焊，是埋弧自动焊的一种。其焊剂对电弧空间有可靠的保护作用，可减少空气对焊层的不良影响。熔渣的保温作用使熔池内的冶金作用比较完全，焊层的化学成分和性能比较均匀，焊层表面也光洁平直，焊层与基体金属结合强度高，能根据需要选用不同焊丝和焊剂以获得比较满意的堆焊层。与手工堆焊相比，埋弧自动堆焊劳动条件好，生产率高 10 倍左右，适于堆焊修补面积较大、形状不复杂的工件。

（1）埋弧自动堆焊原理

埋弧自动堆焊原理如图 9-14 所示。电弧在焊剂下形成，由于电弧的高温放热，熔化的金属与焊剂蒸发形成金属蒸气与焊剂蒸气，在焊剂层下形成一个密闭的空腔，电弧在此空腔内燃烧。空腔的上面由熔化的焊剂层覆盖，隔绝了大气对焊缝的影响。由于气体的热膨胀作用，空腔内的蒸气压力略高于大气压力，此压力与电弧吹力共同作用向后方挤压熔化的金属，增大了基体金属的熔深。随金属一同被挤向熔池较冷部分的熔渣相对密度较小，在流动过程中渐渐与金属分离而上浮，最后浮于金属熔池的上部，因其熔点较低、凝固较晚，而降低了焊缝金属的冷却速度，使液态时间延长，有利于熔渣、金属及气体之间的反应，能够更好地清除熔池中的非金属质点、熔渣和气体，从而得到化学成分相近的金属焊层。

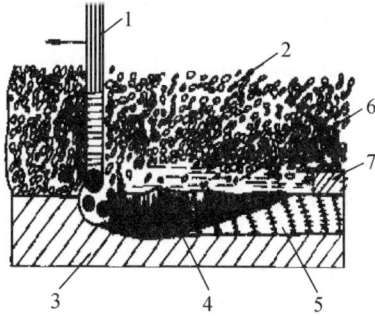

图 9-14　埋弧自动堆焊原理图

1-焊丝；2-焊剂；3-基体；4-熔化金属；5-凝固焊层金属；6-熔渣；7-渣壳

（2）埋弧自动堆焊设备

埋弧自动堆焊设备包括堆焊电源、送丝机构、堆焊机床和电感器。堆焊电源是直流电，具有平硬或缓降的特性，能提供 0～26V 电压及 0～320A 的电流。送丝机构能实现无级调节，速度一般在 1～3m/min。堆焊机床可根据拟修复工件的要求设计，一般要求其主轴转速在 0.3～10r/min 范围内进行无级调节，堆焊螺距在 2.3～6mm/r 范围内调节，埋弧自动堆焊设备如图 9-15 所示。

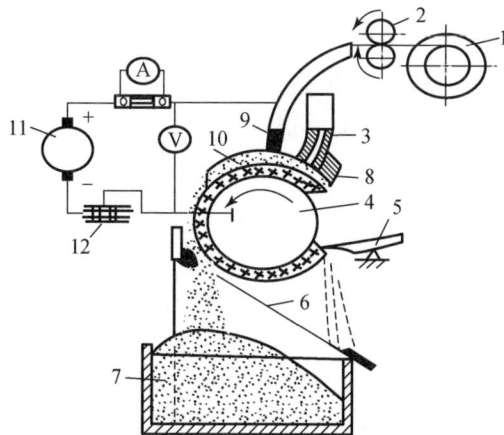

图 9-15　埋弧自动堆焊设备工作示意图

1-送丝盘；2-送丝轮；3-焊剂软管；4-工件；5-除渣刀；6-渣壳筛；7-焊剂箱；8-焊剂挡板；9-焊丝导管；10-焊剂；11-堆焊电源；12-电感器

9.1.10 等离子喷焊

等离子喷焊和等离子喷涂都是以等离子弧为热源，但等离子喷焊采用转移和非转移联合型弧。转移弧用于加热工件使其表面形成熔池，同时将喷焊粉末材料送入等离子弧中，粉末在弧柱中得到预热，呈熔化或半熔化状态，被焰流喷射至工件熔池里，充分熔化并排出气体，浮出熔渣。随着喷焊枪和工件的相对移动，合金熔池逐渐凝固，形成合金熔焊层。

9.1.10.1 等离子喷焊特点

喷焊层成形平整、光滑、尺寸可得到较精确的控制。一次喷焊可控制宽度为3~40mm，厚度为0.25~8mm，而其他堆焊法难以实现；喷焊层稀释率低，可控制在5%以下；焊层成分和组织均匀；等离子弧温度高，可进行各种材料的喷焊，尤其适用于难熔材料的喷焊；工艺稳定性好，易于实现喷焊过程自动化。

根据以上特点，目前等离子喷焊主要用于修补那些对焊层质量要求较高的工件，诸如高温耐磨件、强腐蚀介质耐磨件及承受强负荷冲击、冲刷的工件。

9.1.10.2 等离子喷焊设备

由于等离子喷焊工艺程序和规范的控制要求较严格，要求配备精密设备。等离子粉末喷焊设备由焊接电源、电气控制系统、喷焊枪、供粉系统、气路系统、水冷系统和机械装置等成分组成。其中大部分与等离子喷涂设备相类似，等离子喷焊设备仅增加一个摆动机构，且主电路、喷焊枪与离子喷涂存在差别，如图9-16所示。

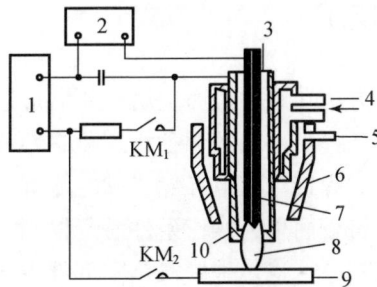

图9-16 等离子喷焊系统示意图

1-焊接电源；2-高频振荡器；3-离子气；4-冷却水；5-保护气；6-保护气罩；7-钨极；8-等离子弧；9-工件；10-喷嘴 KM$_1$、KM$_2$-接触器触头

9.1.10.3 等离子喷焊工艺

等离子喷焊工艺主要包括非转移弧和转移弧的电流、喷焊速度与送粉量、喷焊枪的摆动频率和摆幅摆动、工作气体、电极内缩短喷距参数。

非转移弧和转移弧的电流。非转移弧对喷焊过程的稳定性和熔敷率都有较大影响，为提高合金粉末在弧柱中的预加热效果，减少传给工件的热量，以降低熔深，喷焊中应保留非转移弧，但其电流大小要适当，电流过大，会造成喷嘴冷却强度不够，不利于对电弧的压缩。转移弧是喷焊的主要热源，规范的电压和电流是决定喷焊层质量的主要参数，要得到较大的熔敷率和较小的冲淡率，则需根据工件大小、焊层厚度和宽度来适当选择转移弧电流值。

喷焊速度与送粉量。提高喷焊速度，焊层变薄，熔深减小，稀释率降低。若速度过快，会出现未焊透、气孔等质量缺陷。增加送粉量，焊层变厚，熔深减小，焊层稀释率降低。送粉量过大将造成熔化不好，严重飞散，成形恶化。

喷焊枪的摆动频率和摆幅摆动。频率要保证电弧对喷焊面均匀加热，避免焊道出现锯齿状；摆幅按一次焊道宽度要求确定。

工作气体。工作气体包括离子气、送粉气和保护气。离子气是等离子弧的介质，其流量大小对电弧的稳定性和压缩效果产生较大影响。流量过小，对电弧压缩不好，造成电弧不稳定；流量过大，则电弧呈刚性，使基体熔深增大、稀释率增大。一般采用柔性弧，其流量选取 6～9L/min 为宜。送粉量过小会发生堵塞，送粉量过大则会干扰电弧。一般将送粉量控制在 20～100g/min 为宜，保护气流量一般选离子气流量的 1～2 倍。

电极内缩短喷距。电极内缩量一般为喷嘴孔道长度再增加 2.5mm，喷距一般按焊层厚度和弧电流大小在 6～18mm 范围内进行调整。

9.1.11 特种电镀技术

电镀是一种用电化学方法在镀件表面上沉积所需形态的金属覆层工艺。电镀的目的是改善材料的外观，提高材料的各种物理化学性能，赋予材料表面特殊的耐蚀性、耐磨性、装饰性、焊接性及电/磁/光学性能等，因此镀层仅需几微米到几十微米厚。电镀工艺设备较简单，操作条件易于控制，镀层材料广泛，成本较低，因而在工业中广泛应用，这也是报废汽车零部件表面修复的重要方法。

镀层种类很多，按使用性能分类，可分为以下 9 类。

1）防护性镀层，如 Zn、Zn-Ni、Ni、Cd、Sn 等镀层，作为耐大气及各种腐蚀环境的防腐蚀镀层。

2）防护-装饰性镀层，如 Cu-Ni-Cr 镀层等，既具有装饰性，又具有防护性。

3）装饰性镀层，如 Au 及 Cu-Zn 仿金镀层、黑铬、黑镍镀层等。

4）耐磨和减磨镀层，如硬铬、松孔镀、Ni-SiC、Ni-石墨、Ni-PTFE 复合镀层等。

5）电性能镀层，如 Au、Ag、Rh 镀层等，既具有高导电率，又可防氧化，避免增加接触电阻。

6）磁性能镀层，如软磁性能镀层有 Ni-Fe、Fe-Co 镀层；硬磁性能镀层有 Co-P、Co-Ni、Co-Ni-P 镀层等。

7）可焊性镀层，如 Sn-Pb、Cu、Sn、Ag 等镀层。可改善可焊性，在电子工业中广泛应用。

8）耐热镀层，如 Ni-W、Ni、Cr 镀层，熔点高，耐高温。

9）修复用镀层。一些造价较高的易磨损件，或加工超差件，采用电镀修复尺寸，可节约成本，延长使用寿命。例如，对可电镀 Ni、Cr、Fe 层进行修复。

若按镀层与基体金属之间的电化学性质分类，可分为阳极性镀层和阴极性镀层。凡镀层相对于基体金属的电位为负时，镀层是阳极，称为阳极性镀层，如钢材的镀锌层。而镀层相对于基体金属的电位为正时，镀层呈阴极，称为阴极性镀层，如钢材的镀镍层和镀锡层等。

按镀层的组合形式分，镀层可分为单层镀层、多层金属和复合镀层。单层镀层如 Zn 或 Cu 镀层，多层金属镀层如 Cu-Sn/Cr、Cu/Ni/Cr 镀层等；复合镀层如 Ni-Al$_2$O$_3$、Co-SiC 镀层等。

若按镀层成分分类，可分为单一金属镀层、合金镀层及复合镀层。

不同成分及不同组合方式的镀层具有不同的性能，如何合理选用镀层，其基本原则与通常的选材原则基本相同。首先要了解镀层是否具有所要求的使用性能，然后按照零件的工作条件及使用性能要求，选用适当的镀层；其次，要参照基材的种类和性质，选用相匹配的镀层，如阳极性或阴极性镀层，特别是当镀层与不同金属零件接触时，更要考虑镀层与接触金属的电极电位差对耐蚀性的影响，或摩擦副是否匹配；再次，要依据零件加工工艺选用适当的镀层，如铝合金镀镍层，镀后需通过热处理提高结合力，对于时效强化铝合金镀后热处理会造成超过时效；此外，要考虑镀覆工艺的经济性。

9.2 表面技术

表面技术是一门与应用技术结合十分密切的学科，其理论基础是表面科学。表面科学主要包括表面物理、表面化学、表面技术三部分内容。表面物理和表面化学主要研究两相间所发生的物理和化学过程，从理论体系上讲，包括微观理论和宏观理论两个方面。微观主要指在原子、分子水平上研究表面的组成、原子的结构及运输现象、电子结构与运动及其对表面宏观性质的影响；在宏观尺度上，主要是从能量角度研究各种表面现象。表面分析技术是揭示表面现象的微观实质和各种动力学过程的必要手段，主要包括表面的原子排列结构、原子类型和电子能态结构等内容。上述三部分相互补充、相互依存，表面科学不仅有重要的基础研究意义，而且与许多技术科学密切相关，在应用上具有非常重要的意义。

表面技术涉及的科学技术领域宽广，是一门具有极高使用价值的基础性技术。表面技术的使用可以追溯到很久以前，早在战国时期，我国就已经使用淬火技术提高钢的表面硬度。欧洲使用类似的技术也有较长历史。但是，表面技术的迅速发展是从 19 世纪工业革命开始的，尤其在最近几十年内，随着工业的现代化、规模化、产业化，以及高新技术的不断发展，表面技术得到了迅速发展，人们在广泛使用和不断试验的过程中积累了丰富经验，目前表面技术已经成为支撑当今技术革新与技术发展的重要因素。表面技术的应用理论主要包括表面失效分析、摩擦磨损理论、腐蚀与防护理论、表面结合、复合理论与功能效应等，这些理论对表面技术的发展与应用具有直接的指导意义。

对于固体材料而言，应用表面技术的主要目的如下。

1）提高材料抵御环境作用能力。

2）赋予材料表面某种机械性能、装饰性能、物理性能或某种其他特殊性能，包括光、电、磁、声、热、吸附和分离等各种物理和化学性能。

3）利用固体表面的失效机理和各种特殊性能要求，实施特定的表面加工来制备性能优异的构件、零部件和元器件等先进产品。

9.2.1　表面技术的作用

表面技术的应用已经遍及各行各业，内容十分广泛，可用于耐蚀、耐磨、修复、强化、装饰等，也可用于光、电、磁、声、热、化学、生物等方面（钱苗根，2004）。表面技术所涉及的基体材料不仅包括金属材料，还包括无机非金属材料、有机高分子材料及复合材料。表面技术的种类繁多，将这些技术适当用于构件、零部件和元器件，能够获得非常可观的效益。

表面技术应用的重要性主要包括如下几点。

1）材料的疲劳断裂、磨损、腐蚀、氧化、烧损及辐照损伤等，一般都是从表面开始，由其带来的破坏和损失十分惊人。因此，采用各种表面技术，加强材料表面保护具有十分重要的意义。

2）随着经济和科学技术的迅速发展，人们对各种产品抵御环境作用能力和长期运行的可靠性、稳定性提出了越来越高的要求。而构件、零部件和元器件的性能和质量，主要取决于材料表面的性能和质量。例如，由于表面技术有了很大的改进，材料表面成分和结构可以得到严格的控制，同时又能进行高精度的微细加工，因而许多电子元器件大大缩小了产品的体积和减轻了重量，而且生产的重复性、成品率和产品的可靠性、稳定性都显著提高。

3）许多产品的性能主要取决于表面的特性和状态，而表面（层）很薄，用材很少，因此表面技术可实现以最低的经济成本来生产优质产品。同时，许多产品要求材料表面和内部具有不同性能或者对材料提出其他一些棘手的难题，如"材料硬面不脆"、"耐磨而易切削"、"体积小而功能多"等，此时表面技术就成了必不可少的途径。

4）应用表面技术可在广阔的领域中生产各种新材料和新器件。目前表面技术已在制备高临界温度超导膜、金刚石膜、纳米多层膜、纳米粉末、纳米晶体材料、多孔硅、碳 60 等新型材料中起到关键作用，同时又是许多光学、光电子、微电子、磁性、量子、热工、声学、化学、生物等功能器件的研究和生产上的最重要的基础之一。表面技术的应用使材料表面具有原本没有的性能，大幅度拓宽了材料应用领域，充分发挥了材料的潜能。

表面技术主要通过以下两种途径来提高材料抵御环境作用能力和赋予材料表面某种功能特性。

1）施加各种覆盖层。主要采用各种涂层技术，包括电镀、电刷镀、化学镀、涂装、黏结、堆焊、熔结、热喷涂、塑料粉末涂敷、热浸涂、搪瓷涂敷、陶瓷涂敷、真空蒸镀、溅射镀、离子镀、化学气相沉积、分子束外延制膜、离子束合成薄膜技术等。此外，还有其他形式的覆盖层，如各种金属经氧化和磷化处理后的膜层、包箔、贴片的整体覆盖层、缓蚀剂的暂时覆盖层等。

2）采用机械、物理、化学等方法，改变材料表面的形貌、化学成分、相组成、微观结构、缺陷状态或应力状态，即采用各种表面改性技术。主要有喷丸强化、表面热处理、化学热处理、等离子扩渗处理、激光表面处理、电子束表面处理、高密度太阳能表面处理、离子注入表面改性等。

9.2.2　表面涂敷技术

表面涂敷技术是指用涂料通过各种方法涂布于材料表面的一种技术，已有非常广泛的应用。常用的涂敷技术，包括涂装、黏接、堆焊、热喷涂、电火化表面涂敷、熔结、热浸涂、陶瓷涂层、搪瓷及塑料涂敷。

9.2.2.1 涂装

用有机涂料通过一定方法涂覆于材料或制件表面，形成涂膜的全部工艺过程，称为涂装。

涂装用的有机涂料是涂于材料或制件表面而能形成具有保护、装饰或特殊性能（如绝缘、防腐、标志等）固体涂膜的一类液体或固体材料的总称。早期大多以植物油为主要原料，故有"油漆"之称，后来合成树脂逐步取代了植物油，因而统称为"涂料"、现在对于呈黏稠液态的具体涂料品种仍可按习惯称为"漆"外，对于其他一些涂料，如水性涂料、粉末涂料等新型涂料不能称为"漆"。

（1）涂料主要组成

涂料主要由成膜物质，颜料、溶剂和助剂四部分组成。

（2）涂装工艺

使涂料在被涂的表面形成涂膜的全部工艺过程称为涂装工艺。具体的涂装工艺要根据工件的材质、形状、使用要求、涂装用工具、涂装时的环境、生产成本等加以合理选用。涂装工艺的一般工序如下。

Ⅰ. 涂前表面预处理

为获得优质涂层，涂前表面预处理十分重要，对于不同工件材料和使用要求。有各种具体规范，总括起来主要有以下内容。

1）清除工件表面的各种污垢。

2）对清洗过的金属工件进行各种化学处理，以提高涂层的附着力和耐蚀性。

3）若前道切削加工未能消除工件表面的加工缺陷和得到合适的表面粗糙度，则在涂前要用机械方法进行处理。

Ⅱ. 涂布

涂布的方法很多，常用的方法有手工涂布法，浸涂、淋涂和转鼓涂布法，空气喷涂法，无空气喷涂法，静电涂布法，电泳涂布法，粉末涂布法，自动喷涂，辊涂法，抽涂和离心涂布法等。

Ⅲ. 干燥固化

涂料主要靠溶剂蒸发及熔融、缩合、聚合等物理或化学作用而成膜。

9.2.2.2 黏结与黏涂

用胶黏剂将各种材料或制件连接成为一个牢固整体的方法，称为黏结或黏合。作为黏结技术的一个分支，黏涂技术获得迅速发展，该技术是将特种功能的胶黏剂（通常是在胶黏剂中加入二硫化钼、金属粉末、陶瓷粉末和纤维等特殊的填料）直接涂敷于材料或零件表面，成为一种有效的表面强化和修补手段。

（1）胶黏剂分类

胶黏剂又称黏合剂，俗称胶，是由基料、固化剂、填料、增韧剂、稀释剂及其他辅料配合而成。按基料分，胶黏剂分为无机胶黏剂和有机胶黏剂（天然胶黏剂、合成胶黏剂）。

无机胶黏剂有硅酸盐、磷酸盐、氧化铅、硫黄、氧化铜-磷酸等。天然有机胶黏剂有植物、动物、矿物胶黏剂之分，资源丰富，价格低廉，多数是水溶性、水分散性或热熔性，无毒或低毒的，生产工艺简单，使用方便，但耐水性不好，质量不稳定，易受环境影响，黏接强度不够理想，部分品种不耐真菌腐蚀。近年来，由于高分子化学和合成材料工业的进步，促使了合成胶黏剂迅速发展，品种繁多，性能各异，用途广泛，几乎已经取代了天然胶黏剂，合成胶黏剂虽然耐热性和耐老化性通常不如无机胶黏剂，但具有良好的电绝缘性、隔热性、抗震性、耐腐蚀性及产品多样性，已占胶黏剂的主导地位。

胶黏剂可黏结各种材料，特别适合于黏结弹性模量与厚度相差较大，不宜采用其他方法连接的材料，以及薄膜、薄片材料等。黏结也可作为修补零部件的一种方法。

（2）胶黏剂应用

目前胶黏剂应用甚广，主要集中在机械工业、电子电器、汽车、航空宇航等工业领域。

1）机械工业。例如，钻探机械制动衬片和离合器面片用改性酚醛黏料制成；机械紧固采用了厌氧胶；立车侧刀架用快固化丙烯酸酯结构胶定位，再用无机胶装配；大型制氧设备用聚氨酯超低温胶修复等。

2）电子电器工业。例如，印刷电路板上安装芯片使用液型环氧胶或UV固化型胶黏剂；彩电调谐器、录像机、摄像机、计算机、程控交换机的组装生产采用单组分高温快固化环氧胶；微型电机、继电器开关处用有机硅胶黏剂等。

3）汽车工业。例如，发动机罩内外挡板和行李箱用氯丁胶黏剂；挡风玻璃和后窗玻璃用液湿气固化聚氨酯胶；车身两侧粘贴的聚氯乙烯保护条及装饰条用双面压敏胶带等。

4）航空宇航工业。例如，目前小型机体、大型机械50%以上连接部位采用黏结结构。胶黏剂以120℃固化的环氧-丁腈胶为主，并以胶膜形式使用。胶黏剂还应用于纺织工业、木材工业和医疗卫生业等。

（3）黏涂技术

表面黏涂技术是将加入二硫化钼、金属粉末、陶瓷粉末和纤维等特殊填料的胶黏剂，直接涂敷于材料或零件表面，使之具有耐磨、耐蚀、绝缘、导电、保温防辐射等功能的新技术，黏涂技术是黏结技术的一个分支，目前主要应用于表面强化和修复。

黏涂具有黏结技术的大部分优点，如应力分布均匀、容易做到密封、绝缘、耐蚀和隔热等。其工艺简单，不需要专门设备，而是将配好的胶涂敷于清理好的零件表面，待固化后进行修整即可。黏涂通常在室温操作，不会使零件产生热影响和变形等。

黏涂工艺适用范围广，能黏涂各种不同的材料。黏涂层厚度可以从几十微米到几十毫米，并且具有良好的结合强度，在修复应用方面，除一般零件外，黏涂对难于或无法焊接的材料制成的零件、薄壁零件、复杂形状的零件、具有爆炸危险的零件及需要现场修复的零件等也可使用。黏涂突出的优点，使其成为表面工程的一项重要技术。

9.2.2.3 堆焊

堆焊是在金属材料或零件表面熔焊上耐磨、耐蚀等特殊性能的金属层的一种工艺方法。通过堆焊可以修复外形不合格的金属零部件及产品，或制造双金属零部件。

堆焊工艺技术已被广泛地应用于航天、兵器、能源、冶金、矿山、石油、化工设备、建筑、农机、纺织以及工模具的制造与修复领域。

（1）堆焊材料的分类

所有堆焊材料可归纳为铁基、镍基、钴基、碳化钨基和铜基等几种类型。铁基堆焊材料性能变化范围广，韧性和耐磨性匹配好，能满足许多不同的要求，而且价格低，所以应用最广泛。镍基、钴基堆焊材料价格较高，但高强性能好，耐腐蚀，主要用于要求耐高温磨损、耐高温腐蚀的场合。铜基堆焊材料耐蚀性好，并能减少金属间的磨损。碳化钨基堆焊材料价格较高，但在耐严重磨料磨损的条件下。堆焊仍然占有重要地位。

（2）常用堆焊材料及堆焊工艺

Ⅰ. 铁基堆焊材料及堆焊工艺

铁基堆焊材料按合金元素含量分为低合金、中合金和高合金三种。为防止堆焊层开裂（高铬铸铁允许堆焊裂纹存在），工件通常需焊前预热和焊后缓冷。

Ⅱ．镍基堆焊材料及工艺

镍基堆焊材料中除了高镍堆焊材料用于铸铁堆焊时常作为过度层外，其他常用镍基堆焊材料是 Ni-Cr-B-Si 型、Ni-Cr-Mo-W 型以及近年来开发研制的 Ni-Cr-W-Si 和 Ni-Mo-Fe。镍基堆焊材料比铁基有更高的耐热强度和更好的耐热腐蚀性，但价格远高于铁基，故应用相当有限。只有要求堆焊层耐热或耐腐蚀及耐低应力磨料磨损时，才用镍基堆焊材料。

镍基堆焊材料常用的堆焊方法为焊条电弧堆焊、氧-乙炔喷涂、等离子堆焊等。在低碳钢、低合金钢和不锈钢上堆焊镍基堆焊材料时，一般不要求预热。尽量采用小线能量，焊后一般不热处理，工件含碳量高时，应先堆焊过渡层。

Ⅲ．钴基堆焊材料和堆焊工艺

钴基堆焊材料主要指钴铬钨堆焊材料，即通常所谓斯太利合金。该堆焊层在650℃左右仍能保持较高的硬度。这是钴基堆焊材料得到较多应用的重要原因。钴基堆焊材料价格昂贵，所以尽量用镍和铁基堆焊材料代替。

为节约昂贵的钴基堆焊材料，应尽量采用低稀释率的氧-乙炔焰堆焊或粉末等离子堆焊，当工件较大时也可采用焊条电弧堆焊。

氧-乙炔焰堆焊质量很好，常用于 D802 的堆焊。其工艺原则是采用 3~4 倍乙炔过剩焰，以获得还原性气氛，并使母材表面增碳，降低工件表面熔点和浸润温度，使堆焊易于进行，对于较厚的工件采用中性焰预热 430℃ 堆焊，焊后缓冷。

粉末等离子堆焊要求焊前严格清除工件表面的氧化物和油污。堆焊工艺要控制适当，以避免堆焊层稀释率过高；大工件应焊前预热，焊后缓冷。

焊条电弧焊稀释率较大，对堆焊层性能不利，一般适用于要求高耐磨性的较大工件的堆焊，焊条焊前须 150℃ 烘干 1h。宜采用直流反接，小电流短弧堆焊的方法。

9.2.2.4　热喷涂

热喷涂技术是采用气体、液体燃料或电弧、等离子弧、激光等作热源，使金属、合金、金属陶瓷、氧化物、碳化物、塑料及它们的复合材料等喷涂材料加热到熔融或半熔融状态，通过高速气流使其雾化，然后喷射，沉积到经过预处理的工件表面，从而形成附着牢固的表面层的加工方法。若将喷涂层再加热重熔，则产生冶金结合。这种方法称为热喷涂方法。

采用热喷涂技术不仅能使零件表面获得各种不同的性能，如耐磨、耐热、耐腐蚀、抗氧化和润滑等性能，而且在许多材料（金属、合金、陶瓷、水泥、塑料、石膏、木材等）表面上都能进行喷涂，喷涂工艺灵活，喷涂层厚度达 0.5 ~ 5mm，而且对基体材料的组织和性能的影响甚小。

（1）热喷涂原理

喷涂时，首先将喷涂材料加热到熔化或半熔化状态；接着是熔滴雾化阶段；然后是被气流或热源射流推动向前喷射的飞行阶段；最后以一定的动能冲击基体表面，产生强烈碰撞展平成扁平状涂层并瞬间凝固，如图 9-17（a）所示。在凝固冷却的 0.1s 中，此扁平状态层继续受环境和热气流影响，如图 9-17（b）所示，间隔 0.1s 第二层薄片形成，通过已形成的薄片向基体或涂层进行热传导，逐渐形成层状结构的涂层，如图 9-17（c）所示。

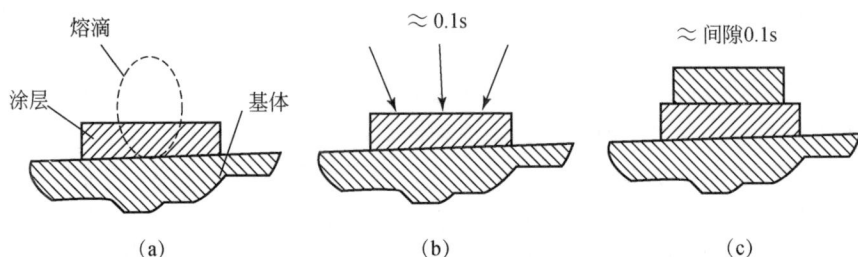

图 9-17　热喷涂层形成过程

（2）热喷涂种类和特点

Ⅰ. 热喷涂种类

按涂层加热和结合方式，热喷涂有喷涂和喷熔两种，前者是基体不熔化，涂层与基体成机械结合；后者则是涂层经再加热重熔，涂层与基体互溶并扩散形成冶金结合；热喷涂与堆焊的根本区别都在于母材基体不熔化或极少溶化。

热喷涂技术按照加热喷涂材料的热源种类分为火焰喷涂、电弧喷涂、高频喷涂、等离子弧喷涂（超音速喷涂）、爆炸喷涂、激光喷涂和重熔、电子束喷涂。

Ⅱ. 热喷涂特点

适用范围广，涂层材料可以是金属和非金属及复合材料，被喷涂工件也可以是金属和非金属；工艺灵活，喷涂既可在整体表面上进行，也可在指定区域内涂敷；喷涂层的厚度可调范围大，涂层厚度可从几十微米到几毫米；工件受热程度可以控制，工件不会发生畸变，不改变工件的金相组织；生产率高，大多数工艺方法的生产率可达到每小时喷涂数千克喷涂材料，有些工艺方法可高达 50kg/h 以上。

（3）热喷涂材料

热喷涂材料有热喷涂线材（碳钢及低合金钢丝、不锈钢丝、铝丝、锌丝、钼丝、铅及铅合金丝、铜及铜合金丝等）；热喷涂粉末（金属及合金粉末、陶瓷粉末、复合材料粉末、塑料等）。

（4）热喷涂工艺

工件经清整处理和预热后，一般先在表面喷一层打底层（或称过渡层），然后再喷涂工作层。具体喷涂工艺因喷涂方法不同而有所差异。

9.2.3 表面改性技术

表面改性技术是指采用某种工艺手段使材料表面获得与其基体材料的组织结构、性能不同的一种技术。材料经表面改性处理后既能发挥基体材料的力学性能，又能使材料表面获得各种特殊性能（如耐磨、耐腐蚀、耐高温、合适的射线吸收、辐射和反射能力、超导性能、润滑、绝缘、储氢等）。表面改性技术可以掩盖基体材料表面缺陷。延长材料和构件使用寿命，节约稀、贵材料，节约能源，改善环境，并对各种高新技术的发展具有重要作用，表面改性技术的研究和应用已有多年历史。20世纪70年代中期以来，国际上出现了表面改性热，表面改性技术越来越受到人们的重视。表面改性技术包括表面形变强化、表面热处理、等离子表面处理、激光表面处理、电子束表面处理、高密度太阳能表面处理等。

9.2.3.1 表面形变强化

表面形变强化是提高金属材料疲劳强度的重要工艺措施之一，基本原理是通过机械手段（滚压、内挤压和喷丸等）在金属表面产生压缩变形，使表面形成形变硬化层，此形变硬化层的深度可达0.5～1.5mm。

（1）表面形变强化主要方法

表面形变强化是近年来国内外广泛研究应用的工艺之一，强化效果显著，成本低廉、常用的金属表面形变强化方法主要有液压、内挤压和喷丸等工艺，尤以喷丸强化应用最为广泛。

Ⅰ.滚压

图9-18（a）为表面滚压强化示意图，目前滚压强化用的滚轮、滚压力大小

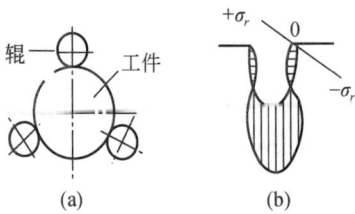

图9-18 表面滚压强化示意图

等尚无标准。对于圆角、沟槽等可通过滚压获得表层形变强化，并能在表面产生约5mm深的残余压应力，其分布如图9-18（b）所示；

Ⅱ. 内挤压

内孔挤压是使孔的内表面获得形变强化的工艺措施，效果明显，美国已申请专利。

Ⅲ. 喷丸

喷丸是国内外广泛应用的一种在结晶温度以下的表面强化方法，即利用高速弹丸强烈冲击零部件表面，使之产生形变硬化层并引进残余压应力。喷丸强化已广泛用于弹簧、齿轮、链条、轴、叶片、火车轮等零部件；可显著提高零件的抗弯曲疲劳、抗腐蚀疲劳、抗应力腐蚀疲劳、抗微动磨损、耐点蚀（孔蚀）能力。

（2）喷丸表面形变强化工艺及应用

Ⅰ. 喷丸材料

喷丸材料有铸铁弹丸、铸钢弹丸、钢丝切割弹丸、玻璃弹丸、陶瓷掸丸、聚合塑料弹丸等。

冷硬铸铁弹丸最早使用的是金属弹丸，冷硬铸铁弹丸碳的质量分数在2.75%～3.60%，硬度很高，为58～65HRC，但冲击韧度低。弹丸经退火处理后，硬度降至30－57IIRC，可提高弹丸的韧性，铸铁弹丸的尺寸为0.2～1.5mm，使用中，铸铁弹丸易于破碎，损耗较大，要及时分离排除破碎弹丸，否则会影响零部件的喷丸强化质量。目前这种弹丸已很少使用。

铸钢弹丸的品质与碳含量有很大关系。其碳的质量分数一般为0.85%～1.2%，锰的质量分数为0.60%～1.20%。

目前使用的钢丝切割弹丸是用碳的质量分数一般为0.7%的弹簧钢丝（或不锈钢丝）切制成段，经磨圆加工制成。常用钢丝直径为0.4～1.2mm，硬度45～50HRC为最佳，使用寿命比铸铁弹丸面高20倍左右。

玻璃弹丸是近十几年发展起来的新型喷丸材料，已在国防工业和飞机制造业中获得广泛应用，玻璃弹丸应为含质量分数为67%以上的SiO_2，直径为0.05～0.40mm，硬度为46～50HRC，脆性较大，密度为2.45～2.55g/cm^3。目前玻璃弹丸在市场上按直径分为小于0.05mm、0.05～0.15mm、0.16～0.25mm和0.26～0.35mm四种。

Ⅱ. 喷丸强化用设备

喷丸采用的专用设备，按驱动弹丸的方式可分为机械离心式喷丸机和气动式喷丸机两大类。喷丸机又有干喷和湿喷之分，干喷式工作条件差，湿喷式是将弹丸混合在液态中成悬浮状，然后喷丸，因此工作条件有所改善。

无论哪类设备，喷丸强化的全过程必须实行自动化。而且喷嘴距离、冲击角度和移动（或回转）速度等的调节都要稳定可靠，喷丸设备必须具有稳定重现强化处理强度和有效区的能力。

9.2.3.2　表面热处理

表面热处理是指仅对零部件表层加热、冷却，从而改变表层组织和性能而不改变成分的一种工艺，是最基本，应用最广泛的材料表面改性技术之一。当工件表面层快速加热时，工件截面上的温度分布是不均匀的，工件表层温度高且由表及里逐渐降低，从而得到硬化的表面层，即通过表面层的相变达到强化工件表面的目的。

表面热处理工艺包括感应加热表面淬火、火焰加热表面淬火、接触电阻加热表面淬火、浴炉加热表面淬火、电解液加热表面淬火、高密度能量的表面淬火及表面保护热处理等。

（1）感应加热表面淬火

生产中常用工艺是高频和中频感应加热淬火，近年来又发展了超音频、双频感应加热淬火工艺。当感应线圈通以交流电后，感应线圈内即形成交流磁场。置于感应线圈内的被加热零件引起感应电动势，零件内将产生闭合电流（即涡流），在每一瞬间，涡流的方向与感应线圈中电流方向相反。被加热的金属零件电阻极小、涡电流很大，可迅速将零件加热。对于铁磁材料，除涡流加热外，还有磁滞热效应，可以使零件加热速度更快。

感应加热方式有同时加热和连续加热，用同时加热方式淬火时，零件需要淬火的整个区域被感应器包围，通电加热到淬火温度后迅速冷却淬火，可以直接从感应器的喷水孔中喷水冷却，也可以将工件移出感应器迅速浸入淬火槽中冷却。此法适用于大批量生产，用连续加热方式淬火时，零件与感应器相对移动，使加热和冷却连续进行、适用于淬硬区较长，设备功率又达不到同时加热要求的情况。

（2）火焰加热表面淬火

火焰加热表面淬火是应用氧-乙炔或其他可燃气体对零件表面加热，随后淬火冷却的工艺。与感应加热表面淬火等方法相比，具有设备简单，操作灵活，适用钢种广泛，零件表面清洁，一般无氧化和脱碳、畸变小等优点。常用于大尺寸和重量大的工件，尤其通用于批量少、品种多的零件或局部区域的表面淬火，如大型齿轮、轴、轧辊和导轨等。但加热温度不易控制，噪音大，劳动条件差，混合气体不够安全，不易获得薄的表面淬火层。

(3) 接触电阻加热表面淬火

接触电阻加热表面淬火是利用触头（铜滚轮或碳棒）和工件间的接触电阻使工件表面加热。并依靠自身热传导来实现冷却淬火。该方法设备简单、操作灵活、工件变形小，淬火后不需回火。接触电阻加热表面淬火能显著提高工件的耐磨性和抗擦伤能力，但淬硬层较薄（0.15~0.30mm），金相组织及硬度的均匀性都较差，目前多用于气缸套、曲轴等的淬火。

(4) 浴炉加热表面淬火

将工件浸入高温盐浴（或金属浴）中，短时加热，使表层达到规定淬火温度，然后激冷的方法称为浴炉加热表面淬火。此方法不需添置特殊设备，操作简便，特别适合于单件小批量生产。所有可淬硬的钢种均可进行浴炉加热表面淬火，但以中碳钢和高碳钢为宜，高合金钢加热前需预热。

浴炉加热表面淬火加热速度比高频和火焰淬火低，采用的浸液冷却效果没有喷射强烈，所以淬硬层较深，表面硬度较低。

(5) 表面光亮热处理

对高精度零件进行光亮热处理有两种方法，即真空热处理和保护热处理。最先进的方法是真空热处理，真空热处理设备投资大，维护困难，操作技术比较复杂，在国内应用尚在不断扩大中。虽然目前国内研制的涂层的自剥性和保护效果还不能令人满意，价格也较贵，但涂料品种多，工艺成熟，应用广泛。表面光亮热处理在各种钢等材料的淬火、固溶、时效、中间退火、锻造加热或热成型时均可应用。

9.2.3.3　金属表面化学热处理

金属表面化学热处理是利用元素扩散性能，使合金元素渗入金属表层的一种热处理工艺。其基本工艺是：首先将工件置于含有渗入元素的活性介质中加热到一定温度，使活性介质通过分解（包括活性组分向工件表面扩散以及界面反应产物向介质内部扩散）并释放出欲渗入元素的活性原子、活性原子被表面吸附并溶入表面、溶入表面的原子向金属表层扩散渗入形成一定厚度的扩散层，从而改变表层的成分、组织和性能。

(1) 金属表面化学热处理目的

1) 提高金属表面的强度、硬度和耐磨性。例如，渗氮可使金属表面硬度达到 950~1200HV，渗硼可使金属表面硬度达到 1400~2000HV 等，可使工件表面具有极高的耐磨性。

2）提高材料疲劳强度。例如，渗碳、渗氮、渗铬等渗层中由于相变使体积发生变化，导致表层产生很大的残余压应力，从而提高疲劳强度。

3）使金属表面具有良好的抗黏着、抗咬合的能力和降低摩擦系数，如渗硫等。

4）提高金属表面的耐蚀性，如渗氮、渗铝等。

（2）化学热处理种类

根据渗入元素的介质不同，化学热处理可分以下几类。

Ⅰ. 渗硼

渗硼就是把工件置于含有硼原子的介质中加热到一定温度，保温一段时间后，在工件表面形成一层坚硬的渗硼层。其主要目的是为了提高金属表面的硬度、耐磨性和耐蚀性。可用于钢铁材料、金属陶瓷和某些有色金属材料，如钛、钽和镍基合金，但该方法成本较高。

Ⅱ. 渗碳、渗氮、碳氮共渗

渗碳、渗氮、碳氮共渗等可提高材料表面硬度、耐磨性和疲劳强度，在工业中得以广泛的应用。

Ⅲ. 渗金属

渗金属方法是使工件表面形成一层金属碳化物的一种工艺方法，即渗入元素与工件表层中的碳结合形成金属碳化物的化合物层，次层为过渡层。此类工艺方法适用于高碳钢，渗入元素大多数为 W、Mo、Ta、V、Nb、Cr 等碳化物形成元素，为获得碳化物层，基材的碳的质量分数必须超过 0.45%。

Ⅳ. 其他渗元素

渗硅是将含硅的化合物通过置换，还原和加热分解得到的活性硅，被材料表面所吸收并向内扩散，从而形成含硅的表层。渗硅的主要目的是提高工件的耐蚀性、稳定性，硬度和耐磨性。

渗硫的目的是在钢铁零件表面生成 FeS 薄膜，以降低摩擦系数，提高抗咬合性能，工业上应用较多的是在 150~250℃ 进行的低温电解渗硫。

多元共渗，包括多元渗硼、氧氮共渗。

Ⅴ. 表面氧化和着色处理

在水蒸气中对金属进行加热时，在金属表面将生成 Fe_3O_4，处理温度约为 550℃ 左右；通过水蒸气处理后，金属表面的摩擦系数将大为降低。用阳极氧化法可使铝、镁表面生成氧化铝、氧化镁膜，改善其耐磨性。

金属着色是金属表面加工的一个环节，用硫化法和氧化法等可使铜及铜合金生成氧化亚铜（Cu_2O）或氧化铜（CuO）的黑色膜，钢铁包括不锈钢也可着黑色，铝及铝合金可着灰色和灰黑色等多种颜色，从而起到美化装饰作用。

9.2.3.4　激光表面处理

激光表面处理是高能密度表面处理技术中的一种主要手段，其在一定条件下具有传统表面处理技术或其他高能密度表面处理技术不能或不易达到的特点，这使得激光表面处理技术在表面处理的领域内占据了一定的地位。目前，国内外对激光表面处理技术进行了大量的试验研究。研究和应用已经表明，激光表面处理技术已成为高能粒子束表面处理方法中的一种最主要的手段。

激光表面处理的目的是改变表面层的成分和显微结构，激光表面处理工艺包括激光相变硬化、激光熔覆、激光合金化、激光非晶化和激光冲击硬化等，从而提高表面性能，以适应基体材料的需要。激光表面处理的许多效果与快速加热和随后的急速冷却分不开，加热和冷却速率可达 106～108℃/s，目前，激光表面处理技术已用于汽车再制造等领域，并正显示出越来越广泛的工业应用前景。

9.2.3.5　电子束表面处理

高速运动的电子具有波的性质。当高速电子束照射到金属表面时，电子能深入金属表面的一定深度，与基体金属的原子核及电子发生相互作用。电子与原子核的碰撞可看作为弹性碰撞，能量传递主要是通过电子束的电子与金属表层电子碰撞而完成的。所传递的能量立即以热能形式传与金属表层原子，从而使被处理金属的表层温度迅速升高。这与激光加热有所不同，激光加热时被处理金属表面吸收光子能量，激光并未穿过金属表面。目前电子束加速电压达 125kV，输出功率达 150kW，能量密度达 $103MW/m^2$，这是激光器无法比拟的。因此，电子束加热的深度和尺寸比激光大。

（1）电子束表面处理设备

处理设备包括高压电源、电子枪、低真空工作室、传动机构、高真空系统和电子控制系统。

（2）电子束表面处理的应用

1）薄形三爪弹簧片电子束表面处理。三爪弹簧片材料为 T7 钢，要求硬度为 800HV，用 1.75kW 电子束能量，扫描频率为 50Hz，加热时间为 0.5s。

2）美国 SKF 公司与美国空军莱特研究所共同成功研究了航空发动机主轴轴

承圈的电子束表面相变硬化技术。用 Cr 的质量分数为 4.0% 、Mo 的质量分数为 4.0% 的美国 50 钢所制造的轴承圈易在工作条件下产生疲劳裂纹面导致突然断裂。采用电子束进行表面相变硬化后，在轴承旋转接触面上得到 0.76mm 的淬硬层，有效地防止了疲劳裂纹的产生和扩展，提高了轴承圈的寿命。

9.2.3.6 高密度太阳能表面处理

太阳能表面处理是利用聚焦的高密度太阳能对零件表面进行局部加热，使表面在短时间 (0.5s ~ 数秒) 内升温到所需温度 (对钢铁件加热到奥氏体相变温度)，然后冷却的处理方法。

（1）太阳能表面处理设备

高温太阳炉由抛物面聚焦镜、镜座、机电跟踪系统、工作台、对光器、温度控制系统及辐射测量仪等部件组成；常用的高温太阳炉主要技术参数为：抛物面聚焦镜直径 1560mm，焦距 630mm，焦点 6.2mm，最高加热温度 3000℃，跟踪精度即焦点漂移量小于 ±0.25mm/h，输出功率达 1.7kW。

（2）太阳能表面处理应用

太阳能表面处理从节能的角度来看优点是很突出的，在表面淬火、碳化物烧结、表面耐磨堆焊等方面很有发展前途，是一种先进的表面处理技术。

I . 太阳能相变硬化

太阳能淬火是一种自冷淬火，可获得均匀硬度，且方法简便、太阳能淬火层的耐磨性比普通淬火 (盐水淬火) 的耐磨性好。

II . 太阳能合金化处理

太阳能合金化使工件表面获得具有特殊性能的合金表面层。

III . 太阳能表面重熔处理

太阳能表面重熔处理是利用高能密度太阳能对工件表面进行熔化—凝固的处理工艺，以改善表面耐磨性等性能。铸铁件表面经太阳能表面重熔处理后，硬化区可达 4 ~ 7mm，表面硬度达 860 ~ 1000HV，表面平整。尤其以珠光体球墨铸铁的表面质量最佳，抗回火能力强，经 400℃ 回火后仍能保持 700HV，具有良好的耐磨性能。

9.2.4 表面微细加工技术

表面加工技术，尤其是表面微细加工技术，是表面技术的一个重要组成部分。目前高新技术不断涌现，大量先进产品对加工技术的要求越来越高，在精细化上已从微米级、亚微米级发展到纳米级，表面加工技术的重要性日益提高。

微电子工业的发展在很大程度上取决于微细加工技术的发展，所谓的微细加工是一种加工尺度从微米到纳米量级的制造微小尺寸元器件或薄膜图形的先进制造技术。微细加工技术不仅是大规模和超大规模、特大规模集成电路的发展基础，也是半导体微波技术、声表面波技术、光集成等许多先进技术的发展基础，在其他许多制造部门中，涉及加工尺度从微米至纳米量级的精密、超精密加工技术也将越来越多。例如，用于汽车、飞机、精密机械的微米级精密加工。

9.2.4.1 光刻加工

光刻加工是用照相复印的方法将光刻掩模上的图形印制在涂有光致抗蚀剂的薄膜或基材表面，然后进行选择性腐蚀，刻蚀出规定图形。所用的基材有各种金属、半导体和介质材料。光致抗蚀剂俗称光刻胶或感光胶，是一类经光照后能发生交联、分解或聚合等光化学反应的高分子溶液。

光刻工艺按技术要求不同而有所下同，但基本过程通常包括涂胶、曝光、显影、坚膜、腐蚀、去胶等步骤。在制造大规模、超大规模集成电路等场合，需采用电子计算机辅助技术，把集成电路的设计和制版结合起术，即进行自动制版。

9.2.4.2 电子束加工

电子束加工是利用阴极发射电子，经加速、聚焦成电子束，直接射到放置于真空室中的工件上，按规定要求进行加工。该技术具有小束径、易控制、精度高以及对各种材料均可加工等优点，因而应用广泛，目前加工方法主要有两类。

1）高能量密度加工，即电子束经加速和聚焦后能量密度高达 $106 \sim 109 \text{W}/\text{cm}^2$，当冲击到工件表面很小的面积上时，在几分之一微秒内将大部分能量转变为热能，使受冲击工件局部位置达到几千摄氏度高温而熔化和气化。

2）低能量密度加工，即用低能量电子束轰击高分子材料，发生化学反应，进行加工。电子束加工装置通常由电子枪、真空系统、控制系统和电源等部分所组成。电子枪产生一定强度电子束，可利用静电透镜或磁透镜将电子束进一步聚成极细束径，其束径大小随应用要求而确定。如用于微细加工时约为 $10\mu\text{m}$ 或更小；用于电子束曝光的微小束径是平行度高的电子束中央部分，仅有 $1\mu\text{m}$ 量级。

9.2.4.3 离子束加工

离子束加工是利用离子源中电离产生的离子，引出后经加速、聚焦形成离子束，向真空室中的工件表面进行冲击，以其动能进行加工，目前主要用于离子束注入、刻蚀、曝光、清洁和镀膜等方面。

9.2.4.4 激光束加工

激光束加工是利用激光束具有高亮度（输出功率高），方向性好，相干性、单色性强，可在空间和时间上将能量高度集中起来等优点，对工件进行加工。当激光束聚焦在工件上时，焦点处功率密度可达 107 ~ 1011 W/cm^2，温度可超过10 000℃。

（1）激光束加工的优点

1）不需要工具，适合于自动化连续操作。

2）不受切削力影响，容易保证加工精度。

3）能加工所有材料。

4）加工速度快，效率高，热影响区小。

5）可加工深孔和窄缝，直径或宽度可小到几微米，深度可达直径或宽度的10 倍以上。

6）可透过玻璃对工件进行加工。

7）工件可不放在真空室中，不需要对 X 射线进行防护，装置较为简单。

8）激光束传递方便，容易控制。

目前用于激光束加工的能源多为固体激光器和气体激光器。固体激光器通常为多模输出，以高频率的掺钕钇铝石榴石激光器为最常使用。气体激光器一般用大功率的二氧化碳激光器。

（2）激光束加工技术的主要应用

1）激光打孔。例如，喷丝头打孔，发动机和燃料喷嘴加工，钟表和仪表用的宝石轴承打孔，金刚石拉丝模加工等。

2）激光切割或划片。例如，集成电路基板的划片和微型切割等。

3）激光焊接。目前主要用于薄片和丝等工件的装配，如微波器件中速调管内的钽片和钼片的焊接，集成电路中薄膜焊接，功能元器件外壳密封焊接等。

4）激光热处理，如表面淬火，激光合金化等。

5）铝合金的激光熔敷。采用适当的工艺，完全可以获得稀释度很小而又有良好结合力的熔敷层。铝合金的激光熔敷已往国外获得应用。例如，丰田汽车的发动机阀板，过去是把烧结合金或耐磨合金镶于气缸头，后来用激光熔敷代替，使阀板的耐磨性、润滑性、耐凝集性、冷却性、耐久性都提高了。

实际上激光加工有着更广泛的应用，从光与物质相互作用的机理看，激光加工大致可以分为热效应加工和光化学反应加工两大类。

激光热效应加工是指用高功率密度激光束照射到金属或非金属材料上，使其产生基于快速热效应的各种加工过程，如切割、打孔、焊接、去重、表面处理等；

光化学反应加工主要指高功率密度激光与物质发生作用时，可以诱发或控制物质的化学反应来完成各种加工过程，如半导体工业中的光化学气相沉积、激光刻蚀、退火、掺杂和氧化，以及某些非金属材料的切割、打孔和标记等。这种加工过程，热效应处于次要地位，故又称激光冷加工。

9.2.4.5 超声波加工

超声波加工是利用超声波进行加工的一种方法，可用来清洗、焊接及对硬脆材料进行加工等。

超声波加工适合于加工各种硬脆材料，尤其是不导电的非金属硬脆材料，如玻璃、陶瓷、石英、铁氧体、硅、锗、玛瑙、宝石、金刚石等。对于导电的硬质金属材料如淬火钢、硬质合金等，也能进行加工，但加工效率较低。加工的尺寸精度可达 ±0.01mm，表面粗糙度可达 $0.63 \sim 0.08\mu m$。主要用于加工硬脆材料圆孔，弯曲孔、型孔、型腔；可进行套料切割、雕刻以及研磨金刚石拉丝模等；此外，也可加工薄、窄缝和低刚度零件。

超声波加工在焊接、清洗等方面有许多应用。超声波焊接是两焊件在压力作用下，利用超声波的高频振荡，使焊件接触面产生强烈的摩擦作用，表面得到清理，并且局部被加热升温面实现焊接的一种压焊方法。用于塑料焊接时，超声振动与静压力方向一致，而在金属焊接时超声振动与静压力方向垂直。振动方式有纵向振动、弯曲振动、扭转振动等。接头可以是焊点；相互重叠焊点形成的连续焊缝，用线状声极一次焊成直线焊缝，用环状声极一次焊成圆环形、方框形等封闭焊缝。相应的焊接机有超声波点焊机、缝焊机、线焊机、环焊机。超声波焊接适于焊接高导电、高导热性金属，以及焊接异种金属、金属与非金属、塑料等，可焊接薄至 $2\mu m$ 的金箔。

表面微细加工技术除以上介绍的几种以外，还有电火花加工、电解加工、电铸加工等，表面微细加工技术在现代加工技术中应用越来越广泛。

9.2.5 复合表面处理技术

单一表面技术往往具有一定局限性，不能满足人们对材料越来越高的使用要求，因此，近年来综合运用两种或用种以上的表面处理技术的复合表面处理得到迅速发展。将两种或两种以上的表面处理工艺方法用于同一工件的处理，不仅可以发挥各种表面处理技术的各自特点，而且更能显示组合使用的突出效果，这种组合起来的处理工艺称为复合表面处理技术。复合表面处理技术在德国、法国、美国和日本等国家已获广泛应用，并取得了良好效果。

9.2.5.1 复合表面化学热处理

复合表面化学热处理是指将两种或两种以上热处理方法复合起来的加工技术，在生产实际中已得到广泛应用。

1）渗钛与离子渗氮的复合处理强化方法是先将工件进行渗钛的化学热处理，然后再进行离子渗氮的化学热处理，经过这两种化学热处理复合处理后，在工件表面形成硬度极高，耐磨性很好且具有较好耐腐蚀性的金黄色 TiN 化合物层，其性能明显高于单一渗钛层和单一渗氮层的性能。

2）渗碳、渗氮、碳氮共渗对提高零件表面的强度和硬度有十分显著的效果，但这些渗层表面抗黏着能力并不十分令人满意。在渗碳、渗氮、碳氮共渗层上再进行渗硫处理，可以降低摩擦系数，提高抗黏着磨损的能力，提高耐磨性。例如，渗碳淬火与低温电解渗硫复合处理工艺是先将工件按技术条件要求进行渗碳淬火，在其表面获得高硬度、高耐磨性和较高的疲劳性能，然后再将工件置于温度为（190±5）℃的盐浴中进行电解渗硫。渗硫后获得复合渗层，渗硫层是呈多孔鳞片状的硫化物，其中的间隙和孔洞能储存润滑油，因此具有很好的自润滑性能，有利于降低摩擦系数，改善润滑性能和抗咬合性能，减少磨损。

9.2.5.2 表面热处理与表面化学热处理复合强化处理

表面热处理与表面化学热处理的复合强化处理在工业上的应用实例较多。

1）液体碳氮共渗与高频感应加热表面淬火的复合强化。液体碳氮共渗可提高工件的表面硬度、耐磨性和疲劳性能，但该项工艺有渗层浅，硬度不理想等缺点。若将液体碳氮共渗后的工件再进行高频感应加热表面淬火，则表面硬度可达 60 ~ 65HRC，硬化层深度达 1.2 ~ 2.0mm，零件的疲劳强度也比单纯高频淬火的零件明显增加，其弯曲疲劳强度提高 10% ~ 15%，接触疲劳强度提高 15% ~ 20%。

2）渗碳与高频感应加热表面淬火的复合强化。一般渗碳后要经过整体淬火与回火，虽然渗层深，其硬度也能满足要求，但仍有变形大，需要重复加热等缺点。使用该复合处理方法，不仅能使表面达到高硬度，面且可减少热处理变形。

3）氧化处理与渗氮化学热处理的复合处理工艺。氧化处理与渗氮化学热处理的复合称为氧氮化处理。就是在渗氮处理的氨气中加入体积分数为 5% ~ 25% 的水分，处理温度为 550℃，适合于高速钢刀具。高速钢刀具经过这种复合处理后，钢的外表层被多孔性质的氧化膜（Fe_3O_4）覆盖，其内层形成由氮与氧富化的渗氮层。其耐磨性、抗咬合性能均显著提高，改善了高速钢刀具的切削性能。

4）激光与离子渗氮复合处理。钛的质量分数为 0.2% 的钛合金经激光处理后再离子渗氮，硬化层硬度从单纯渗氮处理的 600HV 提高到 700HV，钛的质量分数为 1% 的钛合金经激光处理后再离子渗氮，硬化层硬度从单纯渗氮处理的 645HV 提高到 790HV。

9.2.5.3 热处理与表面形变强化的复合处理工艺

1）普通淬火回火与喷丸处理的复合处理工艺在生产中应用很广泛，如齿轮、弹簧、曲轴等重要受力件经过淬火回火后再经喷丸表面形变处理，其疲劳强度、耐磨性和使用寿命都有明显提高。

2）复合表面热处理与喷丸处理的复合工艺。例如，离子渗氮后经过高频表面淬火后再进行喷丸处理，不仅使组织细致，而且还可以获得具有较高硬度和疲劳强度的表面。

3）表面形变处理与热处理的复合强化工艺。例如，工件经喷丸处理后再经过离子渗氮，虽然工件的表面硬度提高不明显，但能明显增加渗层深度，缩短化学热处理的处理时间，具有较高的工程实际意义。

9.2.5.4 镀覆层与热处理的复合处理工艺

镀覆后的工件再经过适当的热处理，使镀覆层金属原子向基体扩散，不仅增强了镀覆层与基体的结合强度，同时也能改变表面镀层本身的成分，防止镀覆层剥落并获得较高的强韧性，可提高表面抗擦伤、耐磨损和耐腐蚀能力。

1）在钢铁工件表面电镀 20μm 左右含钢（铜的质量分数约 30%）的铜-锡合金，然后在氮气保护下进行热扩散处理，升温时在 200℃ 左右保温 4h，再加热到 580~600℃ 保温 4~6h，处理后表层是 1~2μm 厚的锡基含铜固溶体，硬度约为 170HV，有减摩和抗咬合作用、其下为 15~20μm 厚的金属化合物 Cu_4Sn，硬度约为 550HV，这样，钢铁表面覆盖了一层高耐磨性和高抗咬合能力的青铜镀层。

2）在钢铁表面上电镀一层锡锑镀层，然后在 550℃ 进行扩散处理，可获得表面硬度为 600HV（表层碳的质量分数为 0.35%）的耐磨耐蚀表面层，也可在钢表面上通过化学镀获得镍磷合金镀层，再经 400~700℃ 扩散处理，这不仅提高了表面层硬度，并具有优良的耐磨性、密合性和耐蚀性，这种方法已用于制造玻璃制品的模具、活塞和轴类等零件上。

3）铜合金先镀 7~10mm 厚锡合金，然后加热到 400℃ 左右（铝青铜加热到

450℃左右）保温扩散，最表层是抗咬合性能良好的锡基固溶体，其下是 Cu_3Sn 和 Cu_4Sn，硬度为 450HV（锡青钢）或 600HV（含铅黄铜）左右。提高了铜合金工件的抗咬合、抗擦伤、抗磨料磨损和黏着磨损性能，并提高了表面接触疲劳强度和抗腐蚀能力。

4）在铝合金表面同时镀 $20 \sim 30 \mu m$ 厚的铟和铜，或先后镀锌、铜和铟，然后加热到 150℃进行热扩散处理。处理后外表层为 $1 \sim 2 \mu m$ 厚的含铜与锌的铟基固溶体，第二层是铟和铜含量大致相等的金属间化合物（硬度为 $400 \sim 450$HV）；靠近基体的为 $3 \sim 7 \mu m$ 厚的含铟铜基固溶体，该表层具有良好的抗咬合性和耐磨性。

5）锌浴淬火法是淬火与镀锌相结合的复合处理工艺。如碳的质量分数为 0.15% ~ 2.3% 的硼钢在保扩气氛中加热到 900℃，然后淬入 450℃的含铝的锌浴中等温转变，同时镀锌，该复合处理缩短了工时，降低了能耗，提高了工件性能。

9.2.5.5 覆盖层与表面冶金化的复合处理工艺

利用各种工艺方法先在工件表面上形成所要求的含有合金元素的镀层、涂层、沉积层或薄膜，然后再用激光、电子束、电弧或其他加热方法使其快速熔化，形成符合要求的经过改性的表面层。

柴油机铸铁阀片经过镀铬、激光合金化处理，表层的表面硬度达 60HRC，该层深度达 0.76mm，延长了使用寿命。45#钢经过 Fe-B-C 激光合金化后，表面硬度可达 1200HV 以上，提高了耐磨性和耐蚀性。

9.2.5.6 离子辅助涂覆

等离子体辅助沉积技术是将离子镀和溅射沉积所应用的等离子体与气相反应物相结合，产生一种称为等离子辅助化学气相沉积（PACVD）的技术。若用离子束代替等离子体来完成类似效应的技术称为离子辅助涂覆，该技术具有灵活性和重复性，可在低温操作，且快速、可控的优点，通常用于高度精密表面处理及普通技术不能处理的一些表面。

9.3 报废汽车零部件修复工艺选择

9.3.1 汽车零件修复质量评价

汽车零件的修复质量可用修复零件的工作能力来表示，而零件的工作能力是由耐用性指标来评价的。

修复零件的耐用性指标与覆盖层的物理机械性能及对基体金属的影响程度有关。统计资料表明修复零件丧失工作能力的基本原因是覆盖层与基体金属结合强度不够，耐磨性不好，零件疲劳强度降低过多。因此在一般情况下，上述三个指标决定了修复零件的质量。

（1）修复层结合强度

结合强度是评定修复层质量的重要指标，如果修复层的结合强度不够，在使用中就会出现脱皮、滑圈、掉块等现象。结合强度按受力情况可分为抗拉、抗剪及抗扭转、抗剥离等类型，其中抗拉结合强度能较真实地反映了修复层与基体金属的结合力。

抗拉结合强度试验目前国内暂无统一标准，检验零件修复层结合强度的方法主要有敲击法、车削法、磨削法、凿剔法和喷砂法等，出现脱皮、剥落则为不合格。

（2）修复层耐磨性

修复层耐磨性通常以一定工况下单位行程磨损量来评定，不同方法修复的覆盖层耐磨性不完全一致。

（3）修复层对零件疲劳强度的影响

许多汽车零件常处于高交变载荷及高冲击荷载环境下工作，因此修复层对零件疲劳强度的影响是考核零件修复质量的一个重要指标。修复层不仅影响零件的使用寿命，而且关系行车安全。例如，由于振动堆焊对疲劳强度的影响大，因而不允许应用这种方法修复转向节和半轴。

9.3.2 汽车零件修复方法选择

汽车零件修复方法的选择直接影响汽车零件的修复成本与修复质量。应根据零件的结构、材料、损伤情况、使用要求及企业的工艺装备等情况进行选择，通过对零件的适用性指标、耐用性指标和技术经济指标进行统筹分析后来确定。

零件的适用性指标取决于零件的材料、结构复杂程度、损伤状况及可修性等因素，可由下列函数表示：

$$K_n = f(M_n, \ Q_g, \ D_g, \ E_g, \ H_g, \ \sum T_i) \tag{9-5}$$

式中，M_n 为修复件的材料；Q_g，D_g 为修复件的外形和直径；E_g 为修复件需要修复缺陷的数量及其组合；H_g 为修复件承受载荷的性质与数量；$\sum T_i$ 为修复工艺累计时间或工作量。

耐用性指标取决于零件修复后的耐磨性系数、疲劳强度影响系数、结合强度影响系数等，是用来表征零件修复的质量指标，可用公式表示为

$$K_g = f(K_e,\ K_b,\ K_c) \tag{9-6}$$

式中，K_e 为耐磨性系数；K_b 为疲劳强度影响系数；K_c 为结合强度影响系数。

技术经济指标取决于修复方法的生产率和修复费用，并与相应的经济指标有关，可表示为

$$K_{ne} = f(K_n,\ E) \tag{9-7}$$

式中，K_n 为修复方法生产率系数；E 为修复方法的经济指标。

广义的零件修复方法选择，是指在给定条件下能得到最好修复效果的方法，应根据技术可行、质量可靠、经济合理等原则来确定选择方法，同时还应考虑以下几点。

1）充分考虑零件的工作条件（工作温度、润滑条件、载荷及配合特性等）及其对修复部位的技术要求等，使选择的方法技术上可行。

当零件磨损严重时，有些修复方法不能适用。例如，用镀铬修复磨损零件时，镀层厚度一般不超过 0.30mm。

零件工作条件不同，其所要求的修复方法也不同。例如，环氧树脂胶黏剂修复的零件一般只适用于工作温度不超过 100℃ 的零件；金属喷涂法修复零件时，因涂层与基体结合强度低，不能修复用于承受冲击载荷及抗剪结合强度要求较高的零件；用电脉冲堆焊修复零件时，因堆焊对零件的疲劳强度影响较大，不适用于修复对疲劳强度十分敏感的零件；用镀铬修复的零件，因光滑的镀铬层适油性差，磨合性不好，不适宜在润滑困难的条件下工作。

2）应掌握各种修复方法的特点、影响因素及适用范围。

3）确定零件修复方法时，要同时进行成本核算。某种零件修复方法的选择合理性应符合下式

$$\frac{C_p}{L_p} \leqslant \frac{C_h}{L_h} \tag{9-8}$$

式中，C_p 为修复成本，包括原材料费、基本工资和其他杂费等；L_p 为制造成本，包括原材料、基本工资和其他杂费等；C_h 为零件修复后的行驶里程；L_h 为新零件的行驶里程。

式（9-8）表明，修复件每百公里成本应低于新零件，否则成本核算不合格，即经济不合算。但是，衡量是否经济，要从全局观点出发，如配件供应不足，停工待料等。

4）确定零件修复方法时应考虑企业现有生产设备，必须采用新工艺方案时，应进行经济论证。

通常工艺方案的改变会直接导致设备的更换和工艺的变更，需要追加基建投资。经济论证的目的在于比较不同方案的生产率增长速度和修复成本。

9.4　报废汽车零部件增材制造

近20年来，增材制造是信息技术、新材料技术与制造技术多学科融合发展的一种先进制造技术。增材制造作为有望产生"第三次工业革命"的代表性技术，引领大批量制造模式向个性化制造模式发展。

美国材料与试验协会（ASTM）F42 国际委员会对增材制造和3D 打印有明确的概念定义。增材制造（additive manufacturing，AM）技术是通过 CAD 设计数据采用材料逐层累加的方法制造实体零件的技术（朱胜和姚巨坤，2009）。相对于传统的材料去除（切削加工）技术，是一种"自下而上"材料累加的制造方法。自20 世纪80 年代末增材制造技术逐步发展，期间也被称为"材料累加制造"（material increase manufacturing）、"快速原型"（rapid prototyping）、"分层制造"（1ayered manufacturing）、"实体自由制造"（solid free-form fabrication）、"3D 打印技术"（3D printing）等（徐滨士等，2013）。

增材制造技术不需要传统的刀具、夹具及多道加工工序，利用三维设计数据在一台设备上可快速而精确地制造出任意复杂形状的零件，从而实现"自由制造"，解决许多过去难以制造的复杂结构零件的成形，并大大减少了加工工序，缩短了加工周期，而且越是复杂结构的产品，其制造的速度作用越显著（朱胜和姚巨坤，2011）。近年来，增材制造技术取得了快速的发展。增材制造原理与不同的材料和工艺结合形成了许多增材制造设备。目前已有设备种类达到20 多种。该技术一出现就得到了快速的发展，在各个领域都得到了广泛的应用，如在消费电子产品、汽车、航天航空、医疗、军工、地理信息、艺术设计等。

9.4.1　报废汽车零部件增材制造的优越性

与传统再制造手段相比，增材制造技术生产报废汽车零部件可以快速成型，运用快速成型技术能及时发现产品设计差错，缩短开发周期，降低研发成本，快速验证关键、复杂零部件或样机的原理及可行性，如缸盖、同步器开发，以及橡胶、塑料类零件的单件生产。增材制造技术无需金属加工或任何模具，能够省去模具开发、铸造、锻造等繁杂工序，省去试制环节中大量的人员、设备投入。据调查，目前国内零部件模具开发周期一般在 45 天以上，而增材制造技术可以在没有任何刀具、模具及工装夹具的情况下，快速实现零件的单件生产。根据零件的复杂程度，加工时间仅需 1~7 天，与传统铸造或锻造加工方式相比，增材制造技术具有绝对的高效率。

增材制造设备所使用的原材料并不局限于树脂或工程塑料，金属材质同样可以进行增材制造。金属材质通过激光或电子束直接熔化成金属粉末，逐层堆积金属，形成金属直接成型技术。该技术在报废汽车零部件再制造领域的应用显现突出优势：一方面，增材制造可以直接制造复杂结构的金属零部件，省去开发模具、再制造零部件的工序；另一方面，增材制造目前的技术水平可以使汽车金属零部件的力学性能和精度达到锻造件的性能指标，能够保证汽车零部件对于精度和强度的需求。

美国福特汽车公司运用增材制造技术制造了不同类型的汽车零部件，如福特 C-MAX 和福特福星混合动力汽车的转子、阻尼器外壳和变速器，福特翼虎混合动力汽车使用 EcoBoost 四气缸发动机和福特 2011 年版探险家的刹车片。目前我国已有报废汽车零部件再制造企业通过增材制造技术制作缸体、缸盖、变速器齿轮等产品，并采用增材制造技术修复受损的汽车零部件。

9.4.2　增材制造对汽车零部件制造业的影响

目前美国已将增材制造技术广泛应用于汽车零部件的制造与再制造领域，我国也正在探索增材制造技术在该领域中的应用，增材制造技术主要优点在于以下几个方面。

9.4.2.1　加快汽车更新换代

由于增材制造技术集概念设计、技术验证与生产制造于一体，将会使更多的"概念汽车"梦想成真，并将极大缩小概念汽车从"概念"到"定形"的时间差，缩短汽车设计研发的周期，从而加快汽车更新换代。增材制造技术能使赛车的技术研发和性能改进更加快捷，能将现代汽车制造技术发挥到极致；增材制造技术同样能使跑车、特种车辆的研发随心所欲，将使汽车具备更多功能，以充分满足人们的不同需求。总之，增材制造技术的不断发展将使个性化的定制产品成为主流，在互联网和搜索引擎的链接下，社会需求将同制造无缝衔接，促成个性化、实时化、经济化的生产和消费模式，对汽车制造业产生很大的影响。

9.4.2.2　简化生产环节

增材制造技术将对传统制造业产生"革命性"冲击，其将取代模具、部件、半成品到成品等生产环节。传统的劳动力、设备投资、工人技能、生产型管理将变得不再重要。由此可见，增材制造将对我国劳动密集型的汽车及其零配件产业带来较大冲击。

9.4.2.3　便捷汽车零部件再制造

增材制造技术会对汽车零部件再制造产生深远的影响。当高挡轿车的贵重零部件如曲轴、缸体、缸盖出现磨损、裂纹等故障时，技术人员可利用增材制造技术进行修复，延长关键零部件的使用寿命，降低零部件制造成本，甚至直接把损毁的部件、紧缺的零件增材制造出来，减少备件库存和备件资金占用。

当前，以增材制造技术为重要代表的第三次工业革命初现端倪，增材制造技术将生产制造从大型、复杂、昂贵的传统工业过程中分离出来，人类将以新的合作方式进行生产制造，制造过程与管理模式将发生极大变革。因此，增材制造在未来必将带来一场产业革命并深刻影响着报废汽车零部件制造产业。

9.4.3　增材制造汽车零部件存在的问题

尽管增材制造技术已成功地将传统复杂的生产工艺简单化，将材料领域的疑难问题程序化，拥有诸多优势，但就目前的发展来看，如何推广增材制造技术的应用还存在一些问题。受技术装备、新型材料、设计软件、质量安全和公共环境等制约和影响，目前仅适用于少批量、小尺寸、高精度、造型复杂的零部件的加工制造，尚难以代替传统制造业大规模、大批量的加工制造优势。

由于报废汽车零部件产品再制造成本较高及再制造所需材料种类较少，导致增材制造技术在报废汽车零部件制造领域中的推广应用受到一定制约。增材制造技术取代传统铸造、锻造技术进行汽车零部件的大批量、规模化生产尚存在差距。只有将增材制造技术的个性化、复杂化、高难度的特点与传统制造业的规模化、批量化、精细化相结合，与制造技术、信息技术、材料技术相结合，才能不断推动增材制造技术在汽车零部件产业的创新发展。

9.5　报废汽车资源化与再制造

我国是一个人口众多、资源相对贫乏和生态环境脆弱的发展中国家。建设节约型社会，以尽可能少的资源消耗，满足人们日益增长的物质和文化需求；以尽可能小的经济成本，保护好生态环境，实现经济社会的可持续发展，已成为国家重要的战略发展取向。建设节约型社会，必须实现低耗的生产方式。传统的生产方式侧重于产品本身的属性和市场目标，把生产和消费造成的资源枯竭和环境污染等问题留待以后"末端治理"（徐滨士，2013）。从可持续发展的高度审视产品的整个生命周期，在汽车开发之前就预先评估新车型所使用的材料组合或零部件的可循环利用性（宁淼等，2014）。这种理念也许不会在销售新车时带来直接的经济效益，但却能在未来获得环境效益。报废汽车回收利用是节约自然资源，实现环境保护，保证资源合理利用的重要途径，是我国经济可持续发展的重要措施之一。报废汽车的回收利用是涉及面很广的系统工程，既需要政府通过完善的法规加强宏观调控，又需要市场合理配置资源。对于当今的汽车工业，汽车回收已成为一个必然面对的问题。

9.5.1 报废汽车资源化

汽车再生工程是汽车再生资源利用工程的简称，是对废旧汽车进行资源化处理活动。主要包括对废旧汽车所进行的回收、拆解及再利用等生产过程（储江伟，2007b）。

随着中国经济快速持续发展，人们消费水平提高，汽车产品更新换代的频率不断加快，但是也必须要面对自然资源的日益匮乏和汽车等机电产品报废量激增的现实。同时，如果废旧汽车等产品不能及时有效地资源化，也将成为环境公害之一。废旧汽车产品资源化的基本途径可分为再使用（reuse）、再制造（remanufacture）和再利用（recycling）三部分。其中，再使用和再制造是废旧汽车资源化的最佳形式和首选途径，具有更加显著的综合效益。虽然再利用也有资源和环境效益，但是采用这种方式是由当前技术水平或经济条件所决定的。汽车再生工程主要包括汽车再生资源利用理论、汽车再生资源利用技术和汽车再生资源利用管理三个方面。

汽车等废旧机电产品资源化需要经历从废旧产品回收，到使其转化为新的产品或者材料的复杂过程，这一过程需要采用各种高新技术（徐树杰等，2014）。目前，采用的关键技术可分为共性技术、再制造技术和再利用技术等。

1）共性技术。包括面向废旧产品的资源化设计技术、资源化方式选择建模技术、废旧产品剩余寿命评估技术、资源化预处理技术、产品全生命周期费效分析及逆向物流管理等。

2）再制造技术。包括对零部件失效分析、检测诊断、寿命评估、质量控制等多种学科。例如，微纳米表面工程技术、产品再制造信息化升级技术、质量控制技术、先进材料成形与制备一体化技术、虚拟再制造技术、先进无损检测与评价技术、再制造快速成形技术等。

3）再利用技术。包括材料分类检测技术、产品粉碎及粒化技术、材料物理及化学分选技术、产品循环利用技术等。

循环经济主要有三大原则，即"减量化、再利用、资源化"原则，每一原则对循环经济的成功实施都是必不可少的。

1）减量化原则是输入端方法，旨在减少进入生产和消费过程中物质和能源流量。换句话说，对废弃物的产生，是通过预防的方式而不是末端治理的方式来加以避免。

2）再利用原则属于过程性方法，目的是延长产品和服务的时间强度。也就是说，尽可能多次或多种方式地使用物品，避免物品过早地成为垃圾。

3）资源化原则是输出端方法，能把废弃物再次变成资源以减少最终处理量，也就是通常所说的废品的回收利用和废物的综合利用。资源化能够减少垃圾的产生，制成使用能源较少的新产品。

总之，循环经济要求最大限度地将废弃物转化为商品，力求以最小的资源和环境成本来取得最大的经济效益，以实现社会经济的可持续发展。汽车行业作为国民经济的支柱产业，其循环经济的发展已引起社会的高度关注。汽车再生工程以汽车再生资源综合利用为目的，是汽车行业发展循环经济的途径之一。

在汽车的安全、污染和节能等方面问题相继解决之后，汽车再生资源利用问题将是人们对汽车关注的新热点。汽车再生资源利用工程的意义在于（夏训峰和席北平，2008）如下。

1）随着我国汽车产业的发展，产品制造消耗大量资源。因此，资源的减少和环境的污染，将势必制约汽车工业的发展。对废旧汽车零部件和材料的再使用、再制造和再利用，可以保护环境和节约资源。

2）汽车消费量逐年增加，每年将有占保有量7%～10%的车辆达到报废期限。如果这些废旧车辆不能被有效地处置，将形成对自然环境十分有害的固体污染源。例如，欧盟每年报废车辆900万～1000万辆，产生的废品就达到800万～900万t。同样，未来我国的报废汽车对环境的影响问题不容忽视。

3）废旧汽车中可再使用、再制造和再利用的零部件，是数量巨大的再生资源。如果不能对这些部分进行有效地再生利用，将是资源的巨大浪费。为此，各国政府陆续发布了相应的技术标准和指令。

9.5.2　汽车零部件再制造

近年来，我国汽车产量和保有量迅速增长，同时报废汽车的数量也在逐年增加。因此，汽车零部件再制造产业的发展存在巨大的市场潜力。2005年，国务院发布了《关于加快发展循环经济的若干意见》和做好建设节约型社会近期重点工作的通知，明确提出要积极支持废旧机电产品再制造。2006年3月，全国人大审议批准了《国民经济和社会发展第十一个五年规划纲要》，提出"十一五"期间要建设若干汽车发动机等再制造示范企业。2009年1月实施的《循环经济促进法》将再制造纳入法制化轨道。2010年5月，国家发展和改革委员会等11部门31日联合发文宣布，我国将以汽车发动机、变速器、发电机等零部件再制造为重点，把汽车零部件再制造试点范围扩大到传动轴、机油泵、水泵等部件；同时，推动工程机械、机床等再制造，大型废旧轮胎翻新。在对国内外再制造产业发展状况深入研究的基础上，国家发展和改革委员会、商务部、公安部和国务院法制办等有关部门就加快推进再制造产业发展也制定了相关政策。

美国、加拿大和欧盟等发达国家的废旧机电产品再制造，已有几十年的发展历史，在技术标准、生产工艺、加工设备、产品回收、再制造产品销售和售后服务等方面形成了一套完整的产业体系。再制造产品的范围已覆盖汽车零部件、机床、工程机械、铁路装备、医疗设备及部分电子类产品。其中，汽车零部件再制造无论从技术成熟性、经济合理性，还是产业规模都具有发展优势。例如，汽车发动机再制造与新品相比，节约能源60%、原材料70%，降低成本50%左右。再制造作为新兴产业，不仅能够提升传统产业的竞争力，而且还能提供大量就业机会。实践证明，发展再制造产业具有显著的经济效益、环境效益和社会效益，是发展循环经济、建设资源节约型和环境友好型社会的途径。

汽车再制造工程是以废旧汽车的再生资源利用为目标，通过产品化的生产组织方式，对可再用的总成、零部件运用先进的再制造加工技术、严格的质量控制和系统的利用管理，使汽车再生资源得到高质量再生的生产过程和充分利用的系统性工程活动（储江伟等，2007a）。

汽车零部件再制造的意义体现在以下五个方面。

1）充分发挥废旧汽车零部件的使用价值。汽车的寿命可分为物质寿命、技术寿命和经济寿命，技术和经济寿命通常大大短于其物质寿命。由于一部分废旧汽车总成和零部件没有达到其物质寿命，可以再使用或通过再制造成为新型零部件。

2）有利于提取废旧汽车零部件的附加值。再制造是直接以废旧零部件做毛坯的，所以能充分提取报废零部件的附加值。而再循环不能回收产品的附加值，还需要增加劳动力、能源和加工等成本，才能把报废产品转变成原材料。再制造是一种从部件中获得最高价值的合理方法，其产品的平均价格为新品的40%～60%。再制造作为从旧产品中获取最高价值的方法，是对产品的二次投资，更是使废旧产品升值的重要手段。再制造零部件借助专用设备和特殊加工工艺，不仅能够充分挖掘、利用旧零部件的潜在价值，而且再制造过程采取专业化、大批量的流水线生产方式，提高了生产效率，降低了生产成本。

3）使汽车全生命周期延长。传统的汽车生命周期由论证、设计、制造、使用和报废环节组成，而现代的汽车全生命周期是"从研制到再生"，即汽车报废后通过回收利用零部件使其寿命被延长，并形成资源的循环利用系统。

4）使汽车产业链得到延伸。在汽车全生命周期延长的同时，汽车产业链也得到了延伸，即形成了汽车再制造企业。汽车再制造业是美国最大的再制造产业。1996 年，汽车再制造公司总数达 50 538 个，年销售总额 365 亿美元，总雇员近 34 万人。在美国有专门的发动机再制造协会，仅美国该协会就有 160 多个会员。协会负责管理协调汽车发动机再制造行业之间的一切技术、设备、产品和备件供应等事宜。世界著名的汽车制造厂，如福特、通用、大众和雷诺等，或者自己有发动机再制造厂，或者与其他独立的专业发动机再制造公司保持固定的合作关系，对旧发动机进行再制造。再制造发动机作为其售后服务体系不可缺少的组成部分，对维护本公司产品在市场上良好的形象和声誉，起到了强有力的保证作用。

5）可节约能源和降低污染。虽然传统的废品回收利用也具有再利用的意义，但是这种回收利用的层次较低。重新利用废旧产品的材料需要消耗较多的能源，并可能造成环境的二次污染。与此相反，汽车零部件再制造不仅能节约能源消耗，而且还降低了零部件在制造过程中对环境的污染。据美国 Argonne 国家实验室统计，美国的汽车再制造在节约能源方面具有十分明显的作用，如新制造一台汽车的能耗是再制造的 6 倍；新制造一台汽车发电机的能耗是再制造的 7 倍；新制造汽车发动机中关键零部件的能耗是再制造的 2 倍。

参 考 文 献

巴兴强，陈长茂，朱海涛，等. 2015. 基于 RFID 技术的报废汽车回收拆解信息系统设计. 森林工程，31（1）：70-74.

贝绍轶. 2016. 报废汽车绿色拆解与零部件再制造. 北京：化学工业出版社.

陈家瑞. 2009a. 汽车构造（上册）（第三版）. 北京：机械工业出版社.

陈家瑞. 2009b. 汽车构造（下册）（第三版）. 北京：机械工业出版社.

陈亮. 2009. 上海市废旧汽车零部件再制造的前景研究. 上海：同济大学硕士学位论文.

陈孝旭. 2011. 机电产品生命周期评价建模研究及支持工具开发. 济南：山东大学硕士学位论文.

储江伟. 2013a. 汽车再生工程. 北京：人民交通出版社.

储江伟. 2013b. 汽车维修工程. 北京：人民交通出版社.

储江伟，金晓红，崔鹏飞，等. 2007a. 报废汽车拆解信息系统软件设计分析. 中国资源综合利用，25（2）：37-40.

储江伟，金晓红，崔鹏飞，等. 2007b. 国际汽车拆解信息系统的特点和应用. 汽车技术，（2）：43-45.

储江伟，张铜柱，崔鹏飞，等. 2010. 中国汽车再制造产业发展模式分析. 中国科技论坛，（1）：33-38.

方海峰，杨沿平，黄永和. 2008. 汽车安全气囊的回收利用研究. 资源再生，（3）：62-64.

弗兰克·亨宁，埃尔韦拉·穆勒. 2015. 轻量化产品开发过程与生命周期评价. 北京：北京理工大学出版社.

高有山. 2013. 车辆燃料生命周期能耗和排放分析方法. 北京：冶金工业出版社.

关文达. 2011. 汽车构造（第三版）. 北京：机械工业出版社.

郭天一. 2014. 汽车企业绿色制造模式及关键技术研究. 长春：吉林大学硕士学位论文.

胡明义. 2007. 汽车起动机结构、原理与检修. 北京：机械工业出版社.

金友良，樊琦. 2016. 汽车产业再生资源利用的价格形成探讨. 西安财经学院学报，29（2）：72-75.

李博洋，顾成奎. 2015. 中国区域绿色制造评价体系研究. 工业经济论坛，2（2）：23-30.

李岩. 2013. 日本循环经济研究. 北京：经济科学出版社.

鲁植雄. 2010. 汽车服务工程. 北京：北京大学出版社.

毛峰. 2015. 汽车电器设备与维修. 北京：机械工业出版社.

宁淼，徐耀宗，董长青. 2014. 我国报废汽车拆解信息发布方式探索. 绿色科技，（2）：149-151.

戚赟徽. 2006. 面向能源节约的产品绿色设计理论与方法研究. 合肥：合肥工业大学博士学位论文.

钱苗根. 2004. 现代表面技术. 北京：机械工业出版社.

曲向荣，李辉，王俭. 2012. 循环经济. 北京：机械工业出版社.

任勇，周国梅. 2009. 中国循环经济发展的模式与政策. 北京：中国环境科学出版社.

邵定文，邢春霞. 2009. 汽车空调 CFC-12 制冷剂的回收. 汽车维护与修理，(3)：32-35.

石生斌. 2012. 发电企业管理信息系统的设计与实现. 厦门：厦门大学硕士学位论文.

司传胜，沈辉. 2012. 汽车维修工程. 北京：国防工业出版社.

田长有，刘义林. 2012. 上海桑塔纳 2000 型轿车空调系统的工作原理和使用维护. 农机使用与维修，(5)：85-86.

田晟. 2014. 汽车服务工程. 广州：华南理工大学出版社.

魏帮顶. 2013. 汽车电器设备. 西安：西安交通大学出版社.

夏训峰，席北斗. 2008. 报废汽车回收拆解与利用. 北京：国防工业出版社.

解柠羽. 2015. 美日汽车产业集群生命周期比较研究. 北京：冶金工业出版社.

徐滨士. 2013. 装备再制造工程. 北京：国防工业出版社.

徐滨士，董世运，朱胜，等. 2012. 再制造成形技术发展及展望. 机械工程学报，48（15）：96-105.

徐树杰，徐耀宗，董长青. 2014. 报废汽车绿色拆解信息化管理研究. 汽车工业研究，(2)：32-35.

许平. 2005. 汽车维修企业管理基础. 北京：电子工业出版社.

员巧云. 2010. 再制造产品供应链管理信息系统. 中国制造业信息化（学术版），39（21）：5-8.

张春华，静永臣. 2011. 桑塔纳 2000/3000 轿车快修精修手册. 北京：机械工业出版社.

张能武. 2015. 汽车底盘构造、检测、拆装、维修. 北京：化学工业出版社.

张友根. 2015. 基于“新常态”战略的汽车塑料工程绿塑创新驱动的分析研究. 橡塑技术与装备，4（20）：20-50.

张宇平. 2011. 报废汽车拆解处理及资源回收技术研究进展. 资源再生，(5)：38-42.

赵文轸，刘琦云. 2000. 机械零件修复新技术. 北京：中国轻工业出版社.

周大森，许莹. 2010. 汽车产品全生命周期工程. 北京：北京工业大学出版社.

朱胜，姚巨坤. 2009. 再制造设计理论及应用. 北京：机械工业出版社.

朱胜，姚巨坤. 2011. 再制造技术与工艺. 北京：机械工业出版社.

Boyang L I, Chengkui G U. 2015. 中国区域绿色制造评价体系研究. 工业经济论坛，2（2）：23-30.